上川龍之進
Kamikawa Ryunoshin

電力と政治

日本の原子力政策全史 上

勁草書房

はしがき

本書は、原子力発電を中心とした戦後日本の電力・エネルギー政策、とりわけ東京電力福島第一原子力発電所事故発生以後の電力・エネルギー政策について、政治学の観点から分析を行うものである。なぜ原子力発電を中心とした電力・エネルギー政策を対象とするのか。それは、原発をめぐる政治が戦後日本政治の縮図だからである。族議員・官僚・業界団体間の癒着と対立の関係、過疎地域への迷惑施設の押し付けなど中央政府と地方政府の関係、日米関係、労働組合と野党の関係、左派政党の分裂と住民運動の関係、経済界の権力関係、政治と司法の関係、政府・企業とマスメディアの関係、政府・企業と学界の関係、政界・経済界の教育現場への介入、これらの暗黒面がすべて凝縮されている。原発をめぐる政治を分析せずして、戦後日本政治の実像は理解し得ないのである。

福島第一原発事故が発生するまでは、こうした暗黒面は覆い隠され、政治学者による分析も、本田宏による一連の優れた研究など一部の例外を除けば、きわめて限られたものしかなかった。だが福島第一原発事故の発生により、ジャーナリストや関係者たちから、これまで語られることのなかった多くの事実関係が明らかにされるようになった。そこでは東京電力を中心とした「原子力ムラ」の権力により、原発が推進される一方で、電力自由化と原子力発電は両立困難であることから、他の先進国では急速に進んでいた電力自由化は停滞を余儀なくされ、電力会社一〇社による地域独占体制が維持されてきたことが暴かれている。

現実の政治も大きな転換を見せ始めた。福島第一原発事故発生後、民主党を中心とした政権は、「二〇三〇年代に原発稼働ゼロを可能とするよう、あらゆる政策資源を投入する」と明記した「革新的エネルギー・環境戦略」を決定するなど、「脱原発」路線をとった。さらに、これまで「原子力ムラ」に阻止されてきた電力小売りの全面自由化・発送電分離といった電力システム改革論議も急速に進展した。しかし、自民党が政権に復帰すると、「原発ゼロ」政策は撤回され、再び原発推進へと政策が再転換されることになった。

しかしながら詳細に検討すると、民主党政権の脱原発路線は、実のところ看板倒れで、民主党政権が継続していても脱原発は実現困難であったことがわかる。「原子力ムラ」の権力は、崩壊してはいなかったのである。他方、政権再交代後の自民党を中心とした政権下では、政権が原発推進に強い意欲を示しているにもかかわらず、原発の再稼働はなかなか進まず、原発の新設・増設も決定されないなど、「原発回帰」は十分には進んでいない。その一方で自民党政権は、民主党政権が着手した電力システム改革を引き継いだ。二〇一六年四月には電力小売りの全面自由化が実現され、二〇二〇年四月には送配電部門の法的分離が予定されるなど、改革は着実に進んでいるように見える。「原子力ムラ」の権力が完全に復活したわけでもなかったのである。はたして原子力発電と電力システム改革をめぐる政治は、福島第一原発事故の発生後、どのように展開してきたのか。そして今後、どのように展開していくのであろうか。

このことを知るためには、次の問いに答えなければならない。第一に、福島第一原発事故発生以前において「原子力ムラ」、そしてその中心であった東京電力は、どのような権力を有していたのか。それは原発事故後も維持されているのか。第二に、なぜ民主党政権は、まやかしの「脱原発」政策しか決められなかったのか。第三に、その一方で民主党政権は、なぜ電力システム改革論議を進めることができたのか。第四に、なぜ自民党政権は原発推進の意向が強いにもかかわらず、原発回帰を思い通りに進めることができないのか。第五に、自民党政権は原発を推進しているにもかかわらず、なぜ電力システム改革を進めているのであろうか。

これらの問いに答えるため、まず第1章と第2章では、一九八〇年代までの電力・エネルギー政策を、原子力発電を中心に振り返る。電力会社は、当初は原子力発電の導入には積極的ではなかったのだが、原子力発電を導入しようとする政治家や、エネルギーの自給体制の確立を目指して核燃料サイクルの実現に固執する科学技術庁、原子力産業の発展に期待する産業界などの意向に背中を押され、さらに電力業界に影響力を及ぼそうとする通商産業省（通産省）に対抗するため、原子力発電の導入に舵を切る（第1章）。ところが、官民一体で原発が推進されるようになると、その政策から利益を得る利害関係者が強固に組織化され、すなわち「原子力ムラ」が生まれ、原発を推進する動きは、ますます強まる。それに対して原発に反対する勢力も現れるものの、政府・電力会社が一体となって、そうした勢力を封じ込めていった（第2章）。

第1章と第2章では、戦後の電力・エネルギー政策の歩みから、「原子力ムラ」がいかに出現し、どのように強大化していったのか、そして反対勢力をどのようにして抑え込んでいったのか、その過程を描写する。

引き続き第3章と第4章では、一九九〇年代以降、福島第一原発事故発生までの電力・エネルギー政策を、原子力発電を中心に振り返る。一九九〇年代に入ると電力需要は停滞し、さらに原子力関係の事故が続発して世論の不信感も高まり、「原子力冬の時代」が到来する。そのうえ経済産業省（経産省、旧通産省）の一部の官僚が、電力自由化を進めようとし、「原子力ムラ」は危機を迎えた。しかし「原子力ムラ」は危機をはね返す。電力族議員と結託することで電力自由化の進展を阻止したのである（第3章）。さらに世界的な「原子力ルネサンス」の潮流に乗り、「原子力ムラ」は原発輸出に活路を見出す。二〇〇九年には自民党から民主党へ政権が交代したものの、「原子力ムラ」の威光は揺るがず、民主党政権は自民党政権よりも積極的に原発拡大路線をとることになる（第4章）。

第3章と第4章では、「原子力ムラ」が、その権力を行使して、どのようにして危機を乗り越えたのかが記述されるとともに、政権交代が起きたのに、なぜ電力・エネルギー政策は変化しなかったのかが分析される。

次に第5章では、これまでの歴史記述を踏まえたうえで、東京電力（東電）の政治権力・経済権力についてまとめる。これまで東電は、原発反対の声を抑圧して原発を推進し、経産省の電力自由化の目論見を打破してきた。さらに何よりも重要なのは、福島第一原子力発電所事故は、けっして「想定外」の天災によるものではなく、事前に数多くの警告が発せられていたにもかかわらず、それへの対応がとられなかったがゆえに起きた「人災」だったことである。電力会社が想定していた以上の大規模な地震や津波が発生する可能性は、地震学者から何度も指摘されていたし、全交流電源喪失（ステーション・ブラックアウト）や過酷事故が起きた場合の対策について考えておくべきだという声もあった。原発訴訟でも、こうした論点は提示されていた。だが、こうした警告は、電力会社、行政、その周辺の学者たちによって、ことごとく無視された。

東電が、こうした警告を無視することができたのはなぜか。それは東電には、原発反対の声を抑圧し、原発の「安全神話」を作り上げることを可能にする政治権力と経済権力があったからである。第5章では、東電の政治権力・経済権力について他の政治アクターとの関係ごとに概観していく。

続いて第6章と第7章では、福島第一原発事故発生以後における民主党政権の電力・エネルギー政策について見ていく。第6章では菅内閣期が、第7章では野田内閣期が扱われる。これらの章では、原発事故後、東電が実質的に国有化され電力業界の影響力が低下したことから、電力システム改革論議が急速に進むことになったものの、その一方で「原子力ムラ」の影響力は残存し、「脱原発」を進めることは難しかったことが示される。

民主党内では、脱原発を目指すグループと原発維持を目指すグループとが対立し、党内ガバナンスを欠く民主党は、その対立を収めることができなかった。そのうえ脱原発には、経産省や文部科学省、電力会社、電力総連、原発立地自治体、核燃料サイクル施設が立地する青森県と六ケ所村、さらにはアメリカなどが反対した。結局、民主党政権は、利害関係者の抵抗を抑えることができなかった。「二〇三〇年代に原発稼働ゼロ」を目指すとした政策は、具体的方策を欠く政治的スローガンに過ぎなかったのである。このため、かりに民主党政権が継続していたとしても「脱原発」は無理だったのであり、民主党政権には「脱原発」のような複雑な利害関係が絡み合う難問を解く力はなかったことが示される。

それから第8章、第9章、第10章では、第二次・第三次安倍内閣の電力・エネルギー政策について見ていく。自民党政権は「原発ゼロ政策」を転換し、「原子力ムラ」も復活したかのようである。ところが「原発回帰」は、「原子力ムラ」の思い通りには進んでいない。たしかに原発の再稼働は進んでいるものの、その進展具合は、原発の早期再稼働を求める電力業界や産業界、原発立地自治体およびそこから選出された自民党議員の期待からは程遠い。そもそも原発の再稼働については、実のところ民主党政権も、原子力規制委員会の安全確認を受けた原発については認める方針だったのであり、自民党政権になったからといって大きな転換があったとは言えない。

それでは原発再稼働の審査が、かなり慎重かつ厳格に行われているのはなぜなのか。これは、国家行政組織法第三条による機関として設置された原子力規制委員会の政府からの独立性が高いためで、政府・自民党も、原子力規制委員会の意思決定には介入しづらいからである。そして皮肉なことに、原子力規制委員会の独立性を高めたのは、野党時代の自民党なのである（第8章）。

さらに、経済成長には原発再稼働が必要と主張する安倍晋三首相も、「安倍一強」と称されるほどの強い権力を握っていると考えられているにもかかわらず、世論の反発を警戒して、原発の新設・増設については想定していないと言い続けている。電力を安定的に低コストで供給できる「重要なベースロード電源」として原子力を位置付け、二〇三〇年度の電源構成について原子力の比率を二〇〜二二パーセントとしているにもかかわらずにである。その一方で、電力自由化は原発の推進とは矛盾するはずなのだが、民主党政権が着手した電力システム改革は、安倍首相のリーダーシップにより着実に進展している（第9章）。

このように自民党政権は、民主党政権の電力・エネルギー政策を大きく転換させられてはいないと考えられる。それは世論の力にくわえて、野党自民党の「誤った」制度選択と、民主党政権期の政策が、自民党政権を呪縛しているからである。

他方、福島第一原発事故の賠償費用や廃炉費用は、東電の手に負えるものではなく、国民へのつけ回しが進められているものの、東電の経営再建の見通しは立っていない。また核燃料サイクル事業も、実現の見通しが立たないのが現状である。しかし安倍内閣は、そうした不都合な真実からは目を背けているように見える。

これらのことからして、民主党政権も、政権復帰した自民党政権も、表向き主張している政策は異なるものの、ともに原発問題に対しては短期的な観点からの政策対応しか行っていないという点では共通していることがわかる。複雑な利害関係が絡み合う難問であるがゆえに、長期的な観点からして必要とされる政策対応は、政治のリーダーシップが発揮されることなく先送りされているのである（第10章）。

最後に終章では、本書の議論を理論的に検討する。本書では、現在の電力・エネルギー政策が、その歴史的経緯によって拘束されていることが明らかにされる。このため、政治学で有力な理論とされている歴史的制度論の枠組みを適用することで、理論的な説明が可能になると考えられる。そこで終章では、近年の歴史的制度論研究で提示されている、「経路依存」、「正のフィードバック」、「ロックイン」、「収穫逓増」、「タイミング」、「配列」、「長期的過程」、「政策併設」、「政策転用」、「政策放置」といった概念を適用することで、戦後の電力・エネルギー政策がどのように分析できるのかを検討する。

なお本書中の人名に関しては敬称を省略させていただいた。肩書きは、原則として当時のものである。引用文については、表記は明らかな誤字・脱字を除き、原則そのままとしている。ただし算用数字は漢数字に、「%」は「パーセント」に、表記を統一している。

目次

下巻目次

日本の原子力発電所一覧（2016 年 12 月末現在、数字は出力〈万 kW〉）

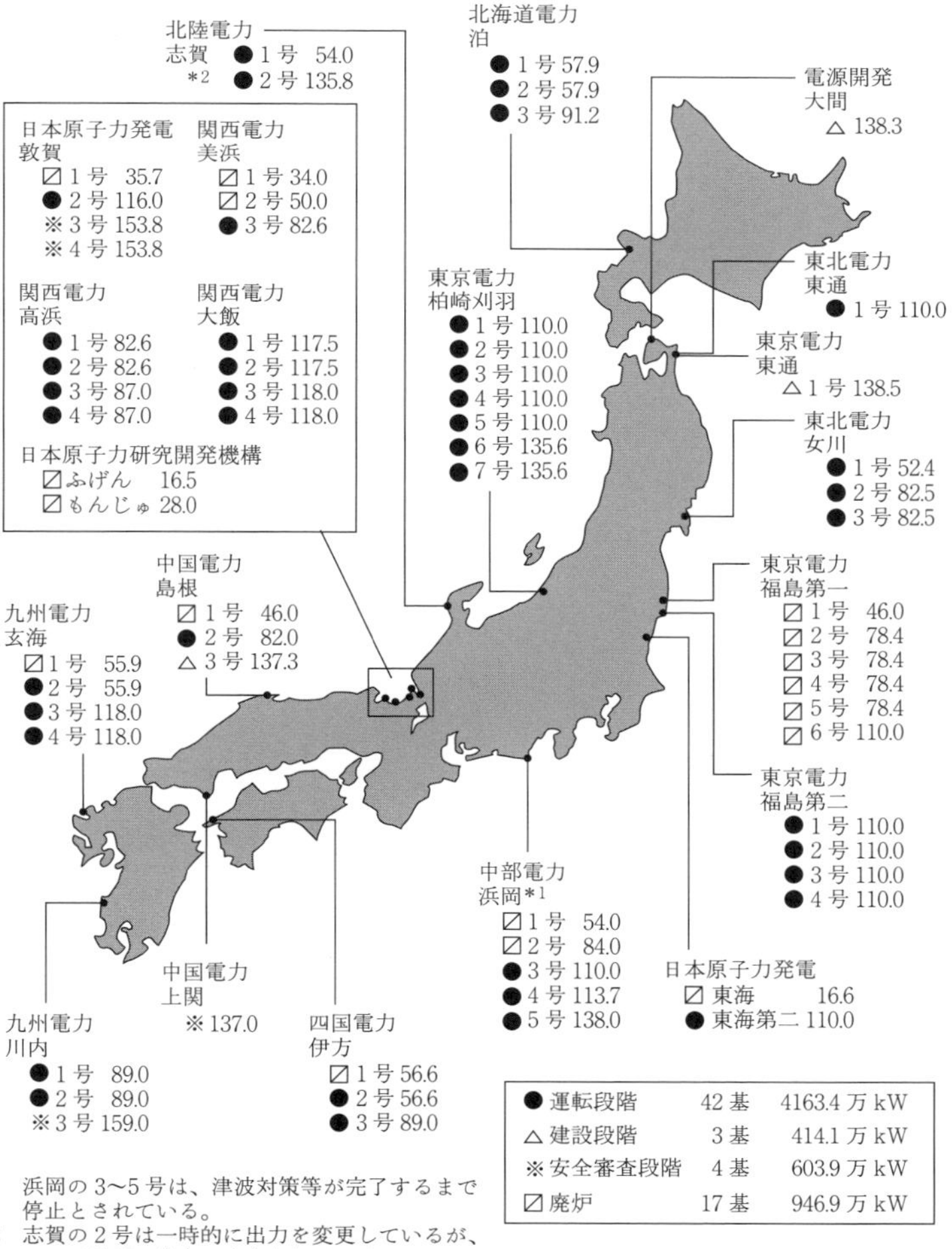

*1 浜岡の 3〜5 号は、津波対策等が完了するまで停止とされている。
*2 志賀の 2 号は一時的に出力を変更しているが、ここでは元の出力のままとしている。

出典：原子力資料情報室編（2017）『原子力市民年鑑 2016-17』七つ森書館、100 頁。

第1章

原発導入

●政官業の思惑と対立の構図

第1章から第4章にかけては、福島第一原発事故が起きるまでの電力・エネルギー政策の歩みを、原子力発電を中心に振り返る。この歴史を踏まえることで、第5章で分析する東京電力の政治権力・経済権力が、どのように形成されてきたのかが明らかになる。さらに第6章から第10章にかけては、福島第一原発事故以後の電力・エネルギー政策を、原子力発電を中心に分析するのだが、そこでは戦後の原子力発電・核燃料サイクル事業の歴史が、現在の政策決定を呪縛していることが明らかにされる。それゆえ、まずは歴史を振り返ることが必要なのである。

まず第1章と第2章では、戦前からの電力事業の歴史を概観し、そのうえで終戦後から一九八〇年代までの電力・エネルギー政策を、原子力発電を中心に振り返る。なお電力事業の歴史については、橘川武郎、戦後の原子力開発・利用の歴史については、吉岡斉、本田宏、NHK ETV特集取材班、山岡淳一郎、中日新聞社会部、秋元健治、田原総一朗らの優れた著作がすでに公刊されている。第1章と第2章の記述も、これらの研究に多くを依拠している。

1 九電力体制の成立

配電と送電

本節ではまず、民有民営・発送配電一貫経営・地域独占の九電力体制(北海道、東北、東京、北陸、中部、関西、中国、四国、九州の各電力、一九八八年の沖縄電力の民営化後は一〇電力体制)の成立について、主として橘川武郎の研究に依拠してまとめておく。

ただ、その前に、「発送配電一貫経営」とは、どういうことなのかを理解するために、配電と送電の違いを簡単に説明しておきたい(図表1-1参照、電圧の数値は現在の値)。

発電所では、数千~二万ボルトの電圧の電気をつくる。この電気は、発電所に併設された変電所で、二七万五〇〇〇~五〇万ボルトという送電に効率の良い、超高電圧に変電されて、送電線に送り出される。この電気は、各地に設けられた超高圧変電所で一五万四〇〇〇ボルトに変電され、その後、一次変電所で六万六〇〇〇ボルトまで下げられる。変電を繰り返して徐々に電圧を下げるのは、発熱による送電ロスを少なくするためである。

六万六〇〇〇~一五万四〇〇〇ボルトに変電された電気は、一部が鉄道会社や大規模工場に送られ、

図表 1-1　電気の送られ方

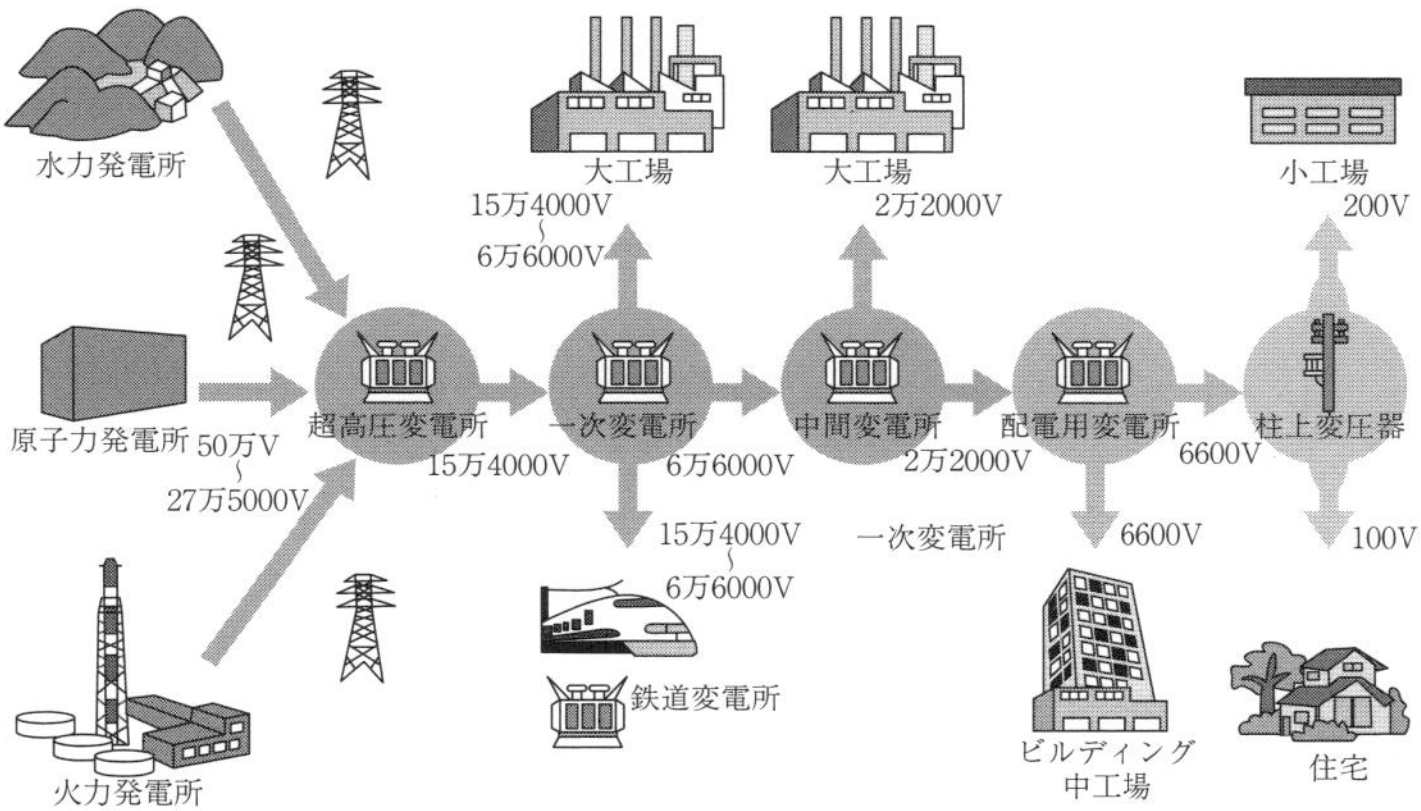

出典：電気事業連合会ウェブサイト（http://www.fepc.or.jp/enterprise/souden/keiro/sw_index_01/index.html）

各企業内の変電設備で必要な電圧に落とされる。残りは中間変電所に送られ、さらに低い二万二〇〇〇ボルトに変電される。ここでも一部の電気が、大規模工場やコンビナートに供給される。

二万二〇〇〇ボルトに変電された電気は、配電用変電所に送られて、六六〇〇ボルトに変電される。その電気の一部は、大規模なビルや中規模工場へ配電され、残りは、街中の電線に配電される。六六〇〇ボルトになった電気は、電柱の上にある柱上変圧器（トランス）で一〇〇ボルトまたは二〇〇ボルトに変圧されて、引込線から各家庭に送られる。

これが発電所からの電気の流れであり、配電用変電所までを送電（その間の電気を送る線は送電線）、そこから先を配電（変電所〈変圧器〉から各家庭へ電気を配る線は配電線）と呼んでいる。現在の日本では、発電所（昇圧変電所）から家庭に届くまでが、送配電会社の管轄である。だが、国や地域によっては、配電線を小売り電気事業者が所有する場合も

ある。(1)

電力戦とその終焉

本題に戻ろう。日本における電力事業は、民間が主導して進められた。日本最初の電力会社である東京電燈会社が設立許可を受けて発足したのは、一八八三年二月のことである。だが、開業資金の調達に難航し、開業したのは一八八六年七月であった。その後、全国各地で電灯会社が設立されていった。当時の電力会社は都市ごとに事業展開し、市中の小規模な石炭火力発電もしくは近郊の小規模な水力発電によって、都市部の電灯用に電気を供給していた。送配電網は貧弱であったため、電力会社間の競争はほとんど起きなかった。

ところが一九〇七年一二月に東京電燈が、山梨県桂川水系に出力一万五〇〇〇キロワットの駒橋発電所を建設し、七六キロメートル離れた東京・早稲田の変電所に向けて、五万五〇〇〇ボルトの高圧で送電することに成功した。この遠距離高圧送電技術の確立により、全国で中・長距離の高圧送電を利用した水力開発が活発化し、電灯市場をめぐって需要家の争奪戦が始まる。

第一次世界大戦による電力需要の増加を受けて、一九一九年に電力業の所轄官庁である逓信省は、卸売電力会社の設立を認めるとともに、電灯や小口電力については重複供給を許可しないものの、大口電力需要家に限って重複供給を認めることにした。このため一九二〇年代には、大容量水力開発と遠距離高圧送電を結合させた卸売電力会社が、大口需要家への小売り事業に参入し、都市部に送配電網を張り巡らして地域独占に成功していた小売電力会社との間で、「電力戦」と呼ばれる、大口電力需要家の争奪戦が展開される。

電力戦の中心となったのは、東京電燈（営業基盤は関東地域）、東邦電力（営業基盤は中部地域と北九州地域）、宇治川電機（営業基盤は関西地域）の小売電力会社三社と、大同電力、日本電力の卸売電力会社二社の五大電力で、東京、名古屋、大阪で熾烈な顧客獲得競争を繰り広げた。小売三社は、既存の大口電力需要家を確保するため、卸売二社から不利な条件で電力を購入して、競争を終結させようとした。この結果、一九二三年から二八年にかけて、卸売二社の業績が好転する一方、小売三社の業績は悪化する。そこで小売三社は、一九二〇年代半ば頃から、電力業界の再編成（電力統制）を主張し始める。他方、中小の電力会社も、全国各地で活発な電力戦を展開しており、電力事業者の数は、最高時（一九三三年）には八一八社に上った。

五大電力を中心とした電力戦は、一九三二年には収束に向かう。一九三一年一二月に金輸出が再禁止されると円が下落し、外債で資金を調達していた電力会社の元利金支払い負担が急増した。このため、電力業界の自主統制が進んだからである。一九三二年四月に五大電力は、カルテル組織である電力連盟を結成し、複数の電力会社から同じ地域への重複供給を凍結した。同年一二月には改正電気事業法が施行され、公的監督機関である電気委員会が発足し、新規の重複供給を厳しく制限することにした。これにより、供給区域の独占が確立されることになったのである。(2)

一九三二年に施行された改正電気事業法では、電気料金は届出制から政府認可制に変更され、政府が電気料金を決定することになった。電気料金の決定の基準としては、アメリカで採用されていた総括原価方式がとられることになった。総括原価方式とは、適正原価と適正利潤（適正報酬または公正報酬）の和を総括原価として、この総括原価と事業収入が一致する水準に料金を決定するというものである。一九三三年に電気委員会が、「電気料金認可基準」を決定し、適正原価に何を含めるべきか、適正利潤は適正原価のどの程度であるべきかを定めた。(3)

革新官僚による電力国家管理の策謀

他方、一九二五年に普通選挙が実施され、参政権が拡大したころから、候補者が有権者の歓心を買うため、電気料金引き下げを公約にするようになった。一九三〇年に日本経済が昭和恐慌に陥って以降、消費者や政治家のみならず、不況に苦しむ企業の経営者の間でも電気料金値下げの要求は高まり、海軍までもが、横須賀海軍工廠の電気料金値下げを求めてきた。田原総一朗によると、ここで電力の国家管理体制を目論む革新官僚たちが、電力会社が電力戦で泥仕合を展開し、政治家を買収していることや、電力会社が競争の激しい大消費地でダンピング合戦をする一方で、競争の少ない農村では電気料金を不当に高くしているといった情報を新聞記者たちにリークした。このため新聞には、電力会社の悪徳商法を糾弾する記事が氾濫したという。(4)しかし、このことに関して橘川武郎は、かつては電力の国家管理の背景として、電力会社が電力戦後のカルテルにより電気料金をつり上げたため、国家管理の必要性が認識されるようになったとする説が通説であったものの、実は電力の相対的な実質価格は下がっていたことを明らかにしている。つまり電力国家管理は、電力会社の電気料金つり上げへの対抗策として行われたわけではなく、(5)全体主義を推進しようとする革新官僚によって、経済合理性とは関係なく推進されたというのである。

さらに革新官僚は、財界を分断し、電力産業の孤立化を図った。革新官僚の働きかけを受けて産業界は、「豊富で低廉な電力の供給」という大義名分のもと、電力の国家管理を支持するようになる。金融界も、外部負債が増えて経営不振に陥っていた電力会社に不安を抱き、国営支持に回った。結局、一九三八年の第七三議会で電力国家管理関連四法案が成立する。第七三議会では、国家総動員法も成立している。(6)

一九三九年四月には、民間電力会社や公営電気事業（県市町村）等の既存の電気事業者からの設備出資を受けて、全国の発電部門・送電部門（発送電部門）は「日本発送電株式会社」という国策会社に統合された。第一次電力国家管理である。この時点で電気事業者から日本発送電に出資された設備は、出力五〇〇〇キロワットを超過する新規水力発電設備、出力一万キロワットを超過する火力発電設備、主要送電設備および変電設備で、既存の主要水力発電設備は出資の対象とはならなかった。

また同時に、国家管理の実施官庁として電気庁も発足した。従来、電力行政の主管官庁は逓信省で、電気庁も逓信大臣の管理に属した。なお、先に電力行政の所管の変遷を見ておくと、その後、一九四二年一一月に電気庁は廃止され、逓信省電気局が電力行政を所管することになる。さらに、一九四三年一一月に商工省が廃止されて軍需省が発足すると、逓信省電気局に代わって軍需省電力局が、電気および発電水力に関する事務を担当することになる。一九四五年の敗戦直後、軍需省が廃止され、八月二六日に商工省が復活すると、軍需省電力局の業務は商工省電力局に引き継がれた。一九四九年五月に商工省が通商産業省（通産省）に改組されると、通産省の外局として発足した資源庁の電力局が電力行政を引き継ぐことになる。(7)

電力国家管理の失敗

一九三九年後半から一九四〇年前半にかけて、深刻な電力不足が発生する。一五〇年ぶりという異常渇水と、石炭の手当てを怠っていたことによる石炭不足によるもので、各地で停電騒ぎが起きた。「豊富で低廉な電力の供給」という政府の謳い文句の前半が、早くも破綻したわけである。そこで一九三九年一〇月には、国家総動員法に基づく電力調整令が施行され、電力の消費規制が開始される。電力不足の原因について、電力国家管理の無理を指摘する電力業経営者に対して、逓信官僚は電力国家管理の不完全性を指摘し、第二次電力国家管理が実行されることになった。

一九四一年四月には、議会の審議を経ずに勅令で電力管理法施行令が改正され、同年八月には配電統制令が施行される。一九四二年四月には、出力五〇〇〇キロワットを超過する既存水力発電設備が日本発送電へ出資された。また配電統制令に基づき、各ユーザーに配電、小売りを行う配電部門は、北海道・東北・関東・中部・北陸・関西・中国・四国・九州という地域ブロック別に設立された九配電会社が担うことになった。これは、戦後の九電力体制とほぼ同じ地域割りである（沖縄は九州配電の担当地域に含まれた）。第二次電力国家管理によって民間電力会社は、ごく一部を除いて解散に追い込まれた。(8)

一九四二年一〇月から、配電料金の全国均一化が漸次、実施され、全国一律の低廉な電気料金は実現された。しかし配電会社は、コスト削減やサービス向上に励むことなく、自社が赤字だと訴えて電力の卸値を引き下げるよう日本発送電を説得することに専心するようになる。一方、日本発送電は国策会社であり、赤字分を政府に補塡してもらうことができるため、コストを下回る卸値で電力供給を行い、赤字に陥った。典型的な「政府の失敗」である。この結果、電源開発や施設整備は進まなくなり、電力不足を引き起こすことになってしまったのである。(9)

九電力体制の成立

戦後もしばらくの間、電力国家管理が続いた。しかし連合国軍最高司令官総司令部（GHQ／SCAP、以下GHQ）からすれば、戦争経済の運営にあたり基幹的な役割を果たした電力事業に対する統制の解除は、経済民主化に不可欠であった。一九四六年七月一七日にGHQのウィリアム・マーカット経済科学局長は、水谷長三郎・商工大臣宛に覚書を発し、電力事業の企業形態を再編するとともに、商工省電力局を廃止し、新たな行政機関としてアメリカ型の独立行政委員会「五人委員会」を創設するよう要求する。また九月四日にGHQ経済科学局は、商工省との会談で、地域別民営会社による発送配電一貫経営への移行という再編案を提示する。(10)この時点ですでに改革案は出揃っていたのだが、これが実現されるには紆余曲折があった。九電力体制を確立させたのは、東邦電力元社長の松永安左エ門である。

松永は、東邦電力副社長であった一九二八年に「電力統制私見」と題する提案を行っていた。電力戦が激しくなるなか、一九二〇年代中頃からは電力業界の統制問題が社会問題化しており、国家管理も主張されるようになっていた。これに対し民営維持を主張していた松永は、電力の安定供給には系統運用が重要で、系統運用能力を高めるには、発送配電一貫の垂直統合体制が必要という考えから、民営、発送配電一貫経営、九地域分割、独占という形態での電力業界の再編成案を提示していたのである。

電力国家管理に移行し、電力業から引退していた松永は、一九四九年一一月二一日に発足した電気事業再編成審議会の会長に指名される。松永は同審議会で、かねてからの主張であった発送配電一貫、地域別九社、民営の再編案を主張する。これに対し商工省は、一九四七年までは日本発送電や日本電気産業労働組合（電産）と同じく、国営形態を継続し、発送配電一貫経営の全国一社化を目指していた。しかし、GHQが全国一社化に強く反対したことから、地域別に民営の電力会社を設立する一方で、卸売専門の会社として日本発送電の事実上の存続を狙う方針へと立場を変えたという。

松永案は同審議会で否決され、一九五〇年二月一日にまとめられた答申案では、日本発送電と九配電会社を解体し、九つの地域別に民営会社を設立する一方、地域間の電力融通を主眼とする新会社を設立することとされた。これは具体的には、日本発送電の発電能力の四二パーセントを継承する卸売専門の電力融通会社を設立する（日本発送電を縮小した形で存続させる）という現状維持に近い再編案であった(11)。

経済の国家統制に反対し、一九三七年には「軍部と手を握った官僚は人間のクズである」と公言して大問題となったこともある松永(12)は、あきらめなかった。自らの案を採用するようGHQへの説得を行うのである（もっとも電力行政機関をアメリカ型の独立行政委員会にすることにこだわっていたのは、松永ではなくGHQであった）。その際、秘書役のような役割を務めたのが、後に東京電力の社長・会長となる、関東配電の木川田一隆であった。松永の工作が功を奏し、GHQは松永案を後押しする。一九五〇年二月一七日から急遽、通産相を兼任することになった大蔵大臣の池田勇人がGHQと折衝を行った結果、松永案をもとにした電気事業再編成法案と公益事業法案がまとめられ、国会に提出されることになったのである。

ところが通常国会では、与野党の反対にあい、同法案は審議未了で廃案となってしまう。そこでGHQが、一一月二二日に同法案を基調とする電気事業再編成令と公益事業令をGHQの指令（いわゆるポツダム政令）として交付した。これにより同年一二月には電力管理法が廃止され、国家行政組織法第三条第二項の規定に基づき、総理府の外局として設置された公益事業委員会が電力行政を担当することになった。一九五一年五月には、日本発送電と九配電会社が解散して、発送配電一貫の民有民営・地域独占の九電力会社が発足する。(13)

通産省の反撃と電力会社の勝利

その後、松永は公益事業委員会の委員長代理に就任し、九電力会社の役員人事も決めるなど、九電力体制を構築していった。また国家管理から民営に移行したことに伴い、電源開発を含む電力業経営が成り立つように、九電力会社は一九五一年と五二年に二回続けていっせいに電気料金の値上げを実施する。これを主導したのも松永である。電気料金の値上げに世論は強く反発した。吉田茂首相が、公益事業委員会は松永の「私益事業委員会」と化していると批判したのをはじめとして、内閣や国会、産業界や労働界も、松永を強く批判した。しかし公益事業委員会は、行政委員会の独立性に基づいて値上げを認可し続けた。このため松永は、主婦連合会などの消費者団体などから「電力の鬼」と呼ば

れることになる。(14)

一九五二年四月にGHQの占領が終わると、通産省は、電力国家管理の復活を目指して反撃に出る。まず同年八月に、電気料金値上げにより世論や政界の支持を失った公益事業委員会が廃止され、新たに電力行政を所管する部局として、通産省内に公益事業局が設置される。通産省は、電力行政の主管官庁としての地位を取り戻したのである。さらに九月には、七月に成立した電源開発法に基づき、全額政府出資で発電事業を担う「電源開発株式会社」が設立される。電源開発は、全国で大型水力発電所を次々と建設していく。当時の日本では、民間企業がダムを伴う大型水力発電所を建設するために巨額の資金を調達することは難しいと見られていた。通産省は、国の事業であれば世界銀行等からの借款も受けやすいと主張することで、電力国家管理につなげることを狙っていたという。

電源開発が日本発送電の再来になりかねないと見た電力会社は、民営を維持するため、この動きに対抗し、電源開発封じ込めに全力を挙げる。橘川武郎によると、民間主導の電力事業を維持する大きな分岐点になったのが、一九六一年に関西電力(関電)が黒部川第四発電所の運転を開始したことだという。関電は、五一三億円に上る建設資金を世界銀行からの借款などで賄い、民間電力会社でも巨大プロジェクトが可能であることを示したのである。

また当時の通産省は、水力発電を中心に火力を補助的に利用する「水主火従」を基本方針としていた。これに対し民間電力会社は、「火主水従」を基本方針とした。アメリカで開発された「新鋭火力」と呼ばれる、高効率の火力発電所の建設を進め、これを安定的に電力を供給するベース用電源として活用し、ダム式水力をピーク調整用に使った。こうすることで発電コストを抑え、電気料金を安価に抑えたのである。

さらに火力発電の燃料についても、通産省は国内石炭産業の衰退に歯止めをかけるため、「炭主油従」政策を打ち出し、一九五五年には重油ボイラー規制法を制定して、石炭を燃料に使わせようとした。だが民間電力会社は、石油価格が低下し、使い勝手もよかったことから「油主炭従」方針をとる。いずれの路線対立も、経済合理性に優れた民間側の勝利に終わった(15)。

九電力会社は積極的に電源開発に取り組み、一九六〇年代初頭には「低廉で安定的な電気供給」を達成する。この結果、民営九電力体制への社会的評価は高まり、通産省もこれを容認せざるを得なくなる。そこで、これまで先延ばしにされてきた電気事業法が制定されることになり、一九六五年七月から施行されることになった(16)。

2　原子力予算の成立

「平和のための原子力」演説

日本で原子力の平和利用への関心が高まったのは、アメリカ政府の原子力政策が転換した一九五三年末以降のことである。原子爆弾を初めて実用化したアメリカに対抗して、ソ連は一九四九年八月二九日に初めての核実験に成功する。これに対しアメリカは、原子爆弾よりも強力な水素爆弾の開発に着手し、一九五二年一一月一日に水爆実験に成功する。ところが翌一九五三年八月一二日には、ソ連も水爆実験に成功し、アメリカ政府は大きな衝撃を受ける。アメリカが原子力の軍事利用で優位を保ち続けることは困難となり、さらにソ連の技術提供を受けて、東側諸国や第三世界の中からも核を保有する国が現れる可能性もあると考えたからである(17)。

その一方でアメリカ国内では、原子力商業利用解禁を求める世論が高まっていた。また西側諸国からも、新しい動きが出てきた。フランスは一九五二年一二月に原子炉を完成させ、原子炉に関する情報を世界に公開すると約束した。イギリスも一九五三年四月に、プルトニウム生産を目的とする軍用炉の黒鉛減速ガス冷却炉を改良し、発電にも使用できる軍民両用炉として普及させるという原子力発電計画を発表した。さらに、その情報を公開するとした(18)。

ここに至ってアメリカ政府は従来の方針を転換し、原子力開発での国際協力の促進と原子力貿易の解禁、原子力開発利用の民間企業への門戸開放へと舵を切る。これまで最高機密としてきた原子力技術を西側諸国と第三世界の各国に積極的に提供し、各国を自陣営に引き込むとともに、アメリカの意図に沿った形で各国の原子力研究をコントロールできるよう、新たな国際機関を設置することにしたのである。

一九五三年一二月八日、国際連合(国連)総会でアメリカのドワイト・アイゼンハワー大統領は、「アトムズ・フォア・ピース」(平和のための原子力)演説を行う。この演説でアイゼンハワーは、国際原子力機関(IAEA)を設置し、そこに主な核開発国政府が、天然ウランやその他の核物質を供出して、それをIAEAが国際的に流通させるという提案を行ったのである(19)。

ところが、その後、この提案の内容は大きく変わる。一九五四年二月一七日にアイゼンハワーは、核物質・核技術の国際移転に関しては、二国間ベースで相手国に供与するという政策を提示し、八月三〇日にアメリカ連邦議会で可決された新しい原子力法（一九五四年原子力法）で明文化される。この二国間協定方式に、イギリス、フランスなど各国は追随する。一方、ＩＡＥＡはソ連の抵抗により設立が遅れ、一九五七年七月になってようやく発足するものの、核拡散監視機関として機能するようになるのは、一九七〇年の核兵器不拡散条約（ＮＰＴ）発効以後のことである。[20] 一九五四年一一月の日米共同声明では、アメリカ側が（後述する）第五福竜丸事件に遺憾の意を表明するとともに、日本への原子力協力が盛り込まれた。[21]

原子力予算の成立

こうしたアメリカの思惑に日本の政治家も呼応する。日本では一九五三年三月に吉田茂内閣が「バカヤロー解散」を行い、四月一九日の衆議院総選挙で与党・自由党は過半数を割り込んだため、改進党の協力を得なければ一九五四年度予算を成立させられなくなっていた。その立場を改進党は利用する。早くから原子力に注目していた改進党の齋藤憲三・衆議院議員は、中曾根康弘、川崎秀二、稲葉修ら改進党の衆議院議員たちにも声をかけ、原子力予算の成立を目論んだ。齋藤らは、衆議院での予算案可決の直前に、突如、修正動議として原子力予算案を提出し、これを盛り込まなければ予算案には賛成しないと自由党に突きつけたのである。この作戦は成功し、原子炉築造費（二億三五〇〇万円）、ウラニウム資源調査費（一五〇〇万円）、原子力関係資料購入費（一〇〇〇万円）からなる総額二億六〇〇〇万円の原子力予算が盛り込まれることになった。[22]

原子力予算が突然現れたことに、科学者たちは仰天する。ここで当時の学界の状況について説明しておこう。戦前の日本でも、理化学研究所の仁科芳雄が大型の実験装置サイクロトロン（粒子加速器）を完成させるなど、原子力研究は進んでいた。陸軍の命により、仁科が中心となった「ニ号研究」と呼ばれる原爆開発や、「Ｆ研究」と名付けられた、海軍による原爆開発も行われていた。しかし、原爆が開発されることなく日本は敗戦した。ＧＨＱは、各研究機関にあったサイクロトロンをすべて破壊し、原子力研究を全面的に禁止する。

一九五二年四月に発効した講和条約では、原子力研究の禁止や制限は盛り込まれなかった。サイクロトロンの再建も許され、実験核物理研究も再開される。六月には自由党の前田正男・衆議院議員が日本学術会議との会合で、原子力と航空機の研究開発を目的として科学技術庁の設立を提案している。これを受けて、かねてより原子力研究の再開を訴えていた、原子核物理を専門とする伏見康治・大阪大学教授が、東京大学教授の茅《かや》誠司・日本学術会議副会長の協力を得て、原子力研究の再開へと動く。一九五二年一〇月の日本学術会議総会で、原子力委員会を総理府に設置し、国家事業として原子力研究を進めるべきとする提言を行うことにしたのである。

しかし、この動きを察知した若手物理学者たちは、政府主導で原子力研究が進められれば、軍事利用につながる危険性が高いとして、反対運動を行う。さらに学術会議総会では、爆心地近くで被爆した三村剛昂・広島大学教授が、米ソの緊張が解けるまで原子力の研究は行うべきではないと強く反対し、多くの学者たちも、この「涙の大演説」に賛同する。結局、学術会議に原子力問題を検討する委員会を設置することだけが決められ、原子力研究の再開は先延ばしにされていたのである。(23)

中曾根康弘の原子力への思い

そうした状況下での突然の原子力予算案の出現であった。茅たちは中曾根らに面会し、原子力予算への反対を申し入れた。これに対し中曾根は、「学者がボヤボヤしているから、札束でほっぺたをひっぱたいて目を覚まさせる」と述べたという（物理学者の武谷三男による。中曾根自身は、この発言を否定してはいるものの、後に自ら「学者がボヤボヤしているから、札束で頭をぶんなぐってやったんだ」と得意げに語っている(24)）。

実は中曾根は、かねてから原子力に関心を持っていた。一九五一年一月二三日にはGHQのダグラス・マッカーサーに、原子力の平和利用を禁止しないよう訴える建白書を提出し、その後、来日した講和特使のジョン・フォレスター・ダレスにも直接面会して、同様の申し入れをしている。一九五三年にはハーバード大学の夏期国際問題セミナーに参加し、終了後、アメリカ国内の原子力施設を見学して回った。さらに中曾根は、バークレーのローレンス研究所にいた理化学研究所の嵯峨根亮吉を訪ねた。嵯峨根は、戦時中には仁科芳雄の研究室でサイクロトロンを使った核物理学の研究をしていた。嵯峨根は中曾根に、長期的な国策として原子力研究を進めるため、法律を作り予算を付け、第一級の学者を集めるよう求めた。中曾根は、「原子力の平和利用については、国家的事業として政治家が決断しなければならない」、「左翼系の学者に牛耳られた学術会議に任せておいたのでは、小田原評定を繰り返すだけで、二、三年の空費は必至である。予算と法律をもって、政治の責任で打開すべき時が来ていると確信した」という(25)。

原子力三原則

もっとも原子力予算の目的については、中曾根らは茅らの意見を受け入れ、原子炉建造から原子力平和利用研究費補助金に変えられたという。学術会議は、原子力予算の成立は不可避との前提のもと、政府の原子力政策が危険な方向に進まないよう原子力憲章を制定することにし、伏見が草案を作成した。この草案をもとに四月二三日には、「民主・自主・公開」の原子力三原則がまとめられる。この三原則は、一九五五年に成立した原子力基本法の第二条に、次のように取り入れられることになった。「原子力の研究、開発及び利用は、平和の目的に限り、民主的な運営の下に、自主的にこれを行うものとし、その成果を公開し、進んで国際協力に資するものとする」。

しかし、科学者の関与はここまでであった。欧米では、すでに原子力発電の実用化研究が進められていた。それに対し日本の科学者たちは、基礎研究中心で、産業に直結する知見を持った者はほとんどいなかったからである(26)。

3 原子力平和利用キャンペーン

第五福竜丸事件

一九五四年三月一日にビキニ環礁での水爆実験で、第五福竜丸の乗組員が被曝する。一四日に第五福竜丸は静岡県・焼津港に帰港し、乗組員二三人は東京大学病院と第一国立病院に収容されるものの、九月二三日に無線長の久保山愛吉が死亡する。

三月一六日に読売新聞が、このニュースをスクープ報道する。その後、マスメディアは、アメリカ側が当初は第五福竜丸の乗組員をスパイ扱いしていたことや、久保山の死因を被曝ではなく感染性の肝炎などと主張したこと、長崎や広島の原爆症の患者の診療にあたったアメリカ人医師が派遣されて来たものの、患者への接し方が同情的ではなかったことなどを報じ、反米世論が強まる。さらに、ビキニ近海でとれたマグロや国内で降った雨から放射性物質が検出されたことで、原水爆禁止運動が盛り上がる。五月九日に東京都杉並区の婦人団体、読書サークル、ＰＴＡ、労働組合の代表三九人が、「水爆禁止署名運動杉並協議会」を結成することで始まった原水爆禁止運動は、一九五五年八月に広島で第一回原水爆禁止世界大会が開かれるまでに、約三〇〇〇万人の署名を集める。

正力松太郎とＣＩＡ

この事態にアメリカ政府は危機感を抱き、事態を収めるため、原子力の平和利用を訴えようと考える。他方、読売新聞社主で日本テレビ放送網株式会社社長の正力松太郎の腹心であった柴田秀利（後の日本テレビ放送網専務）も、原水爆反対運動を抑えるためには原子力の平和利用を訴えるべきだと考えていた。柴田は、アメリカ中央情報局（ＣＩＡ）局員のＤ・Ｓ・ワトソンに働きかけ、両者の利害は一致する。

当時、アメリカ政府は、日本での共産主義勢力の拡大を警戒して心理戦を展開しており、ＣＩＡ、アメリカ政府・心理戦局、国防総省などが、反共産主義者である正力の日本テレビ開設を援助していた。正力は、日本全国、さらにアジアの国々につなぐマイクロ波通信網の建設を悲願としており、これにアメリカ側は一〇〇〇〇万ドルの借款を与えるという内諾もしていた。しかし、この計画は吉田茂首相の反対を受け頓挫した。そこで正力は、マイクロ波通信網を実現するために首相の座を狙い、次の衆議院総選挙で富山二区から立候補する予定であった。このため柴田は、選挙に出馬する正力の政治力の源泉として、原子力を利用するという考えも持っていたのである。

一方、アメリカ側には、ソ連に対抗するため、原子力の平和利用で西側陣営の結束を図るとともに、原子炉を売って利益を得ようという考えもあった。アメリカのゼネラル・ダイナミックス社は、一九五四年一月二一日に加圧水型軽水炉を動力とする原子力潜水艦ノーチラス号を進水させており、この軽水炉を発電用に転用して原子力発電に着手しようと考えていた。ゼネラル・エレクトリック社（GE）、ウェスティングハウス社も、原子力をビジネスチャンスととらえており、アメリカ政府は、これらの企業の活動をバックアップしていた。アメリカ大使館に設置されていた広報文化交流局（USIS）は、新聞や放送、映画などを通じて、原子力の平和利用の宣伝活動を行っていたのである。実はワトソンも、第五福竜丸事件以前から、正力に原子力の平和利用についてレクチャーを行っており、正力は原子力に強い関心を抱くようになっていたという。

マスメディアの平和利用キャンペーン

すでに読売新聞は一九五四年元日から社会面で、原子力研究の過去・現在・未来を見渡し、原子力の平和利用を称える大型連載「ついに太陽をとらえた」を開始していた。この連載は、同年五月に書籍化される。

続いて読売新聞は八月一二日から、「だれにでもわかる原子力展」を開催し、原子力の平和利用促進を訴える。その後も読売新聞は、原子力の平和利用を急ぐよう主張する大型特集を相次いで掲載する。一九五五年五月九日には、読売新聞社がアメリカから招いた原子力平和利用使節団の団長でゼネラル・ダイナミックス社・会長兼社長のジョン・ホプキンスらが講演を行い、日本テレビで全国放送される。一一月一日からは、読売新聞社と米広報庁の主催により「原子力平和利用博覧会」が開催され、六週間で三六万七六六九人を集める。一九五六年には、米広報庁と朝日新聞大阪本社が「原子力平和利用京都展」、「原子力平和利用大阪展」を開催し、さらに被爆地広島でも、広島アメリカ文化センターや中国新聞社などの主催による「原子力平和利用博覧会」が、広島平和記念資料館で開かれた。アメリカ大使館と地元の有力新聞社との主催による博覧会は、二年にわたり全国一〇カ所で開催され、約二六〇万人余りの観客を動員する。これにより原子力の平和利用に対する世論の期待は大きく高まった。USIS東京支部は一九五六年二月二一日に、米国務省に対して「平和のための原子力は日本で成功している」と題した中間報告を送っている。ちなみに、一九五五年一〇月に日本新聞協会が決めた新聞週間の標語は、「新聞は世界平和の原子力」であった。(27)

このように核被爆国の日本で原子力エネルギーが国民的熱狂をもって受け入れられるようになったのは、メディアの力が大きい。

4　原子力導入に向けた政界・産業界の動向

日米原子力協定の締結

原子力予算の成立を受けて、政府は一九五四年五月一一日に、原子力利用準備調査会を設置する。副総理が会長、経済審議庁（経済企画庁の前身）長官が副会長を務め、事務局は経済審議庁が担当した。委員には大蔵大臣、文部大臣、通産大臣、経済団体連合会（経団連）会長、日本学術会議会長などが入った。

一九五五年一月一一日にはアメリカ政府から日本政府に、濃縮ウラン供与を含む日米原子力協定締結の打診がなされた。ところが外務省は三カ月以上にわたり、この情報を隠していた。四月一四日に朝日新聞が、このアメリカからの打診をスクープ報道し、原子力関係者は仰天する。当時は軍事転用できる濃縮ウランの入手は不可能と考えられており、通産省に設置されていた原子力予算打合会は、国産研究炉として天然ウラン重水炉の建設を計画していたからである。また、日米協定が機密保持協定を伴うものであったことから、原子力三原則に反する、学問の自由を破壊するという批判が科学者の間から巻き起こる。これに対し経団連は、「日本学術会議の三原則は、原子力開発利用を阻害するものだ。対米交渉を速かに開始することを適当と考える」という見解を示している。

急遽、この問題を検討することになった原子力利用準備調査会は、五月一九日に提案を受諾することを決定する。翌日の閣議了解を経て、一一月一四日に両政府間で日米原子力協定が正式署名された。

日米原子力協定には、アメリカから日本への原子力技術協力、濃縮ウランの貸与、使用済み核燃料のアメリカへの返還などが規定されていた。この協定に基づく濃縮ウランの受け入れ機関として、一一月三〇日には茨城県那珂郡東海村に財団法人日本原子力研究所（原研）が設置される。翌年、日本原子力研究所法が成立すると、原研は特殊法人になる(28)。一九五〇年代には世界全体のウラン濃縮能力の九〇パーセント以上をアメリカが占めており、アメリカは濃縮ウランを受領国に貸し出して使用済み核燃料を回収する方式を想定していた(29)。

原子力平和利用懇談会の発足

産業界における原子力導入の最初の動きは、電力中央研究所傘下の電力経済研究所（現・社会経済研究所）が新エネルギー委員会を設置し、一九五三年から原子力の勉強会を始めたことだと言われる。電力中央研究所の前身は、日本発送電が一九四七年一〇月に設置した電力技術研究所である。同研究所は、一九五一年五月の電力事業再編成を受けて、一一月に電力九社の寄付金で財団法人電力技術研究所として新たに発足し、五二年七月には経済研究部門を追加して電力中央研究所に改組された。そして電力経済研究所は、一九五三年九月に設立される(30)。その中心となったのは、後藤文夫と橋本清之助であった。

後藤は元内務官僚で、一九二五年に政治団体「新日本同盟」を結成して貴族院勅選議員となる。その後、大政翼賛会の事務総長や副総裁を務め、東条英機内閣では国務大臣となる。そのため敗戦後、A級戦犯に指名されたものの、東京裁判で不起訴となり釈放された。橋本は、時事新報社の記者のころから後藤の考えに共鳴して新日本同盟に参加し、大政翼賛会の事務局長や後藤・国務大臣の秘書官などを務めていた。後藤は巣鴨拘置所に拘留されていたころから、アメリカの原子力発電に注目していたという。その後、アメリカやイギリス、ソ連で原子力発電の実用化に向けた研究が行われていることに着目した後藤と橋本は、電力経済研究所の設立直後、日本でも原子力平和利用の研究を早急に始めるべきという声明を出している。二人は、原子力研究再開の是非をめぐる議論が膠着していた学術界の停滞ムードを打破することを目指していた[31]。

一九五四年四月に原子力予算が成立すると、産業界の原子力への関心はいっそう高まる。一二月には、原子力に関心を持つ有力企業が原子力発電資料調査会を結成し、文献資料の収集・紹介を始める。一九五五年四月には、正力松太郎が代表世話人となって原子力平和利用懇談会を設置する。正力が、経済部記者で後に読売新聞の副社長となる佐々木芳雄に、懇談会に参加するよう財界人の説得に回らせたため、日本を代表する企業がこぞって参加した。

原子力三法の成立

正力と橋本は、貴族院議員として旧知の仲で非常に親しく、橋本は頻繁に正力に相談していたという。一方、後藤は、中曾根ら政治家たちとも親密な関係を持っており、彼らと原子力の最新情報を交換し、原子力導入に向けた準備を進めた。一九五五年八月には、ジュネーブで開かれた国連主催の原子力平和利用国際会議に、前田正男（自由党）、中曾根康弘（日本民主党、改進党と日本自由党が合同して一九五四年一一月二四日に結成）、志村茂治（左派社会党）、松前重義（右派社会党）からなる超党派の国会議員団がオブザーバーとして出席する。その後、彼らは欧米各地を視察して、九月一二日に羽田空港に到着し、その場で原子力開発に関する共同声明を発表した。

彼らは、原子力関連法案の制定のための工作を始め、一〇月一日には両院合同の原子力合同委員会を発足させる。委員長は中曾根が務め、理事には国会議員団の三名と齋藤憲三の四名が就いた。総勢一二名のメンバーには、国会議席のほとんどを独占していた四党（民主党、自由党、左派社会党、右派社会党）から三名ずつが入った。

原子力合同委員会は、国会ではなく総理大臣官邸の一室を借りて開かれた。視察の間にまとめられた四人の原案を基とし、一一月五日の第九回会合までに原子力関連諸法案の原案の大半をまとめてしまう。この間、原子力利用準備調査会は開店休業のようになっており、法案の大半は原子力合同委員会によって決められた。

原子力合同委員会は一二月一〇日に、原子力三法、すなわち、原子力基本法、原子力委員会設置法、総理府設置法の一部を改正する法律（原子力局設置に関するもの）を国会に提出する。それらは一二月一六日に可決され、一九五六年一月一日から施行される。また、科学技術庁設置法、日本原子力研究所法、原子燃料公社法なども、一九五六年三月から四月にかけて相次いで成立する。五月一九日に設立された科学技術庁（科技庁）には、総理府に設置されていた原子力局が移管された。六月に設置された日本原子力研究所（原研）は、原子力研究全般と原子炉の設計・建設・運転を主業務とした。八月に設立された原子燃料公社（原燃公社）は、核燃料事業全般を主業務とした。

原子力委員会の発足

一方、一九五五年二月の衆議院総選挙で初当選した正力は、一一月一五日の自由民主党（自民党）結党に伴って新たに発足した第三次鳩山一郎内閣で防衛庁長官への就任を打診されるものの、それを断り、原子力担当の大臣を希望する。そこで鳩山は、正力を北海道開発庁長官に任命し、原子力担当国務大臣を兼務させることにした。一九五六年一月一日には、総理府に原子力委員会が発足し、正力は委員長に就任した。五月一九日には原子力委員会の事務局として、科技庁が発足する。原子力委員長は科技庁長官が兼ねることになり、正力は科技庁長官に就任する。[32]

原子力委員会については、国家行政組織法第八条で定められた審議機関（八条委員会。各省庁の内部に設置され、重要事項に関する調査審議、不服審査その他学識経験を有する者等の合議により処理することが適当な事務をつかさどらせるための合議制の機関）にするのか、それとも国家行政組織法第三条第二項で定められた決定機関（三条委員会。府省の外局として置かれ、大臣などから指揮監督を受けずに独自に権限を行使できる、独立性の高い機関）にするのか、議論があった。原子力合同委員会は三条委員会としての設置を目指していたものの、かつての公益事業委員会のように政府の統制が及ばなくなることをおそれた第二次鳩山内閣が難色を示し、最終的には、かなり独立性の高い事実上の決定機関ではあるものの、法的には国家行政組織法第八条に基づく審議機関とされた。[33]

原子力委員会は、原子力開発利用の方針を決定する最高意思決定機関であり、その決定を総理大臣は十分に尊重しなければならない。また、その所管事務に関して必要があるときには、内閣総理大臣を通じて関係行政機関の長に勧告する権限が与えられた。原子力委員会は数年ごとに「原子力開発利用長期計画」(略称は「長計」。改定年度によって名称が異なる。二〇〇五年度からは「原子力政策大綱」に名称変更)を策定し、原子力の開発と利用の基本方針・スケジュールを示すことになった。もっとも原子力委員会は、正力委員長のときを除いては、政策決定に強い指導力を発揮することはなく、関係諸官庁や関係業界の利害調整の場として機能することになる。(34)

原子力委員会の委員は、正力や中曾根らが選考し、石川一郎・経団連会長、ノーベル物理学賞受賞者の湯川秀樹・京都大学教授、物理学者の藤岡由夫・東京教育大学教授、経済学者の有澤廣巳・東京大学教授が選出された。一月四日の初会合で正力は、「五年目までに採算の取れる原発を建設する。原子力関係の動力設備、技術など一切を(海外から)受け入れたい」とする声明を発表したいと提案する。これには他の委員たちから「時期尚早」との慎重意見が出され、引き続き協議することになった。

ところが正力は、五日に記者団に対して同様の発言を行う。これに湯川は憤った。湯川は、日本では基礎研究が足りないとして原子力の導入には慎重で、実用化を急ぐのではなく、まずは基礎研究を積み重ねていくべきと考えていたからである。正力の提案には他の委員も反発し、委員会の声明は、「五年間で原子力発電の実現に成功したい」という表現に落ち着いた。しかし、原子力委員会には中曾根ら合同委員会の政治家たちも出席し、実用的な原子力の導入を求める意見を述べるようになった。委員会での正力の独走は止まらず、湯川は一九五七年三月に委員を辞任する。(35)

有馬哲夫によると、正力が、五年以内に採算のとれる原子力発電を建設するよう強く主張したのは、原子力委員会が発足する前にあった原子力利用準備調査会が、すでに研究炉の輸入や国産第一号原子炉の建設計画を決めてしまっていたからだという。自らが手柄を立てるには、動力用原子炉建設と商業発電の早期実現を訴えるしかなかったというのである。(36)

研究炉の導入

一九五五年九月九日に通産省は、研究炉の第一号をアメリカから導入することを決めていた。その建設地として茨城県東海村が選ばれた。建設地の選定にあたっては、原子力合同委員会の政治家たちが地元への誘致に乗り出し、中曾根康弘は群馬県高崎市、社会党左派の志村茂治は神奈川県横須賀市の武山地区を推した。原子力委員会は武山地区を第一候補地と決めたものの、原子力発電の早期実用化を目指していた正力委員長が、研究炉に続き商業用原発を建設するには、一〇〇万坪という広大な国有林がある東海村が好ましいと考え、建設地を東海村に決めてしまう。

原研は一九五六年八月に、ノース・アメリカン・エイビエイション社製のウォーターボイラー型の研究炉JRR－1の建設を始め、一年で完成させる。しかし運転を始めると、トラブル続きであった。続いて一九五七年夏には、アメリカン・マシン・アンド・ファウンドリー（AMF）社製のCP－5型の研究炉JRR－2の建設を始める。だが、もともとタバコ製造器の会社で、原子炉ビジネスに新規参入したばかりのAMF社の技術力は低く、トラブル続きで完成は一年近く遅れてしまう。一九五九年末にようやく完成したものの、運転を始めると、またもやトラブル続きであった。(37)

日本原子力産業会議の発足

政治による原子力推進の動きは、さらに加速する。原子力委員会で藤岡由夫が、「原子力委員会で決定したものは大蔵省が絶対手を触れないという習慣をつくるようにしたい」と発言し、それを受けて中曾根が、「原子力委員会の査定だけで大蔵省にタッチさせないという形にしたい」と言い出したのである。一九五七年度予算の編成に際して研究開発を担う原研が、原子力導入のために要求する予算額の見積もりを行ったところ、一九億円ほどになった。ところが中曾根が、五〇億円くらい要求しろと言ってきた。しかし、どう積み上げても五〇億円にはならず、三六億数千万円で要求したところ、ほとんど満額の三六億二〇〇〇万円が認められた。このころから原子力予算は特別扱いされるようになったという。(38)

一方、産業界でも、原子力推進の動きは加速していく。正力は橋本の提案を受けて、一九五六年三月一日には電力経済研究所、原子力発電資料調査会、原子力平和利用懇談会を母体とし、経団連や、電力九社で構成される電気事業連合会（電事連）、電力中央研究所（電中研）、電気工業会などをメンバーとした財団法人日本原子力産業会議（原産会議、二〇〇六年に日本原子力産業協会に改称）を設立する。原産会議には電力会社や重電機メーカーを中心に、基幹産業のほとんどすべてを網羅する三五〇社が参加した。なお役員には、新聞社・テレビ局など大手メディア関係者が名を連ねた。この時点で大手メディアはすべて原発推進であった。(39)橋本は、原産会議の事務局長を務めるなど政財界のパイプ役となり、「原子力産業育ての親」、「原子力界の黒幕」と呼ばれるようになる。(40)

さらに財閥系企業が、原子力導入を大きなビジネスチャンスととらえて動き出す。一九五五年一〇月に旧三菱財閥系二三社が、原発の導入について独自に調査・研究を進める「三菱原子動力委員会」

を発足させる。これに続いて一九五六年三月には、日立製作所と昭和電工を中心とする一六社が「東京原子力産業懇談会」を、四月には、旧住友財閥系一四社が「住友原子力委員会」を、六月には、東芝など旧三井財閥系三七社が「日本原子力事業会」を、八月には、富士電機、川崎重工業、古河電気工業など旧古河・川崎系の二五社が「第一原子力産業グループ」をそれぞれ結成している。これらのグループの重電機メーカーは、戦前からの海外重電機メーカーとの技術提携関係に基づき、海外からの原子力技術導入を図っていく。三菱電機はウェスティングハウス社と、東芝はゼネラル・エレクトリック社（GE）と提携関係にあったし、かつては国産技術中心主義をとっていた日立製作所も、GEとの間で技術提携関係を結ぶことになった。

「原子力は悪魔」

各メーカーの研究者や技術者たちは、実用技術が確立していない原子力については、人材育成から始め、時間をかけて研究を積み重ねていくべきとの考えであったという。しかし、各グループのトップは政府と同様、原子力の実用化を急いだ。このため、外国のメーカーが開発した研究炉をそのまま導入し、建設から運転までを経験して、技術を学びとるという方針がとられることになった。各メーカーの研究者・技術者は、原研に出向して研究炉の建設と運転にあたった。原発を導入すると、発電所の建設だけではなく、核燃料の製造など、さまざまなビジネスが付随して発生する。商社やメーカーは、新たなビジネス市場を生み出す原子力に、ますます傾倒していった(41)。

ところが肝心の電力会社が、原子力発電には消極的であった。このとき各電力会社は、アメリカで開発された高効率な火力発電の導入に取り組み始めており、一方の原子力発電は、実験レベルの発電にしか成功しておらず、実用化には程遠い状態だったからである。また被爆国である日本では、核アレルギーも強く、国民の反発を受けるのではないかという危惧も強かった。電力会社の経営者たちは原子力には慎重で、松永安左ヱ門は、「原子力なんかに手を出したら火傷する」と述べていたという。[42]また、一九五四年の時点で東電の副社長であった木川田一隆は、原発開発の必要性を説く成田浩・企画課長に対し、「原子力はダメだ。絶対にいかん。原爆の悲惨な洗礼を受けている日本人が、あんな悪魔のような代物を受け入れてはならない」と反論していた。[43]

5　原発をめぐる電力会社と通産省の主導権争い

電力会社による原子力の調査研究の開始

電力会社は、当初は原子力の導入に消極的であった。ところが国策会社の電源開発が、社内に「原子力室」を設置し、原子力の研究を始めたことで、その姿勢は一変する。電力会社の経営者たちは、国が原発を主導することへの反感、「国営アレルギー」から、原子力の調査研究に着手することにしたのである。[44]

一九五五年一一月一日に東京電力は、社長室に原子力室を新設する。[45]このことについて、東電元副社長で東電原発部門の「ドン」と呼ばれていた豊田正敏は、ジュネーブでの原子力平和利用国際会議をきっかけに原子力発電が世界的に盛り上がっていたため、電力会社の経営者の間でも「バスに乗り遅れるな」という雰囲気が高まっていたと証言する。ただ木川田は、将来は原子力発電をやらないといけないとは思っていたものの、放射能や原子炉の安全性について相当心配しており、豊田に対して「原子力は安全最優先でやってくれよ」と何度も言っていたという(46)。

さらに原子力委員長の正力松太郎が一九五六年一月に、海外から原子炉を購入して五年以内に採算のとれる原発を建設するとの談話を発表したことで、主要電力会社は重電機メーカーと協力して、原子力に関する調査研究を進める。関電は一九五六年四月に、原子力発電研究委員会を組織し、内外から収集した資料を用いて概念設計演習を始める。一九五七年九月には、本店内に原子力部を設置している。一方、東電も、一九五六年六月に東芝・日立と協力して東電原子力発電協同研究会を組織し、概念設計演習を始める。両社とも、海外からの技術導入を自明視し、ともに軽水炉を有望視していたという(47)。

海外からの技術導入に関して電力会社は、電源開発にとって重要な意味を持つ機器について、初発機は輸入機を採用し、次発機以降は国産機を使用するという「一号機輸入、二号機以降国産」というプロセスをとってきた。たとえば東電は、火力発電の一二万五〇〇〇キロワットユニット、一七万五〇〇〇キロワットユニット、二六万五〇〇〇キロワットユニット、三五万キロワットユニット、六〇万キロワットユニット、揚水式水力発電のポンプ水車のすべてについて、このプロセスをとっているのであり、原子力発電の発電ユニットについても同様に進めることとされたのである(48)。実際に福島第一原発については、一号機は、GEに一括発注する責任施工方式をとり、出力が増大した二号機は、主要機器をGEに発注したものの、据付工事と補機は東京芝浦電気（東芝）に発注した。そして二号機と出力が同じ三〜五号機は、国産技術を大幅に採用し、三・五号機は東芝に、四号機は日立製作所に一括発注した。一一〇万キロワットという大容量機を採用した六号機については、建設をＧＥと東芝に発注したのだが、主要機器である原子炉、タービン、発電機の施行に責任を持ったのはＧＥであった。なお、一〜四号機すべてが一一〇万キロワットの福島第二原発（福島県双葉郡楢葉町・富岡町）では、全機器に国産技術を採用している(49)。

また豊田によると、当時の電力会社間ではライバル意識が強く、管内の各所に新たな火力発電所の建設などを始めたばかりの東電の経営者にも、「関電に負けるな」、「東京電力が主導権を取るんだ」といった対抗意識が強くあったという(50)。

イギリスによるコールダーホール改良型炉の売り込み

電力会社がアメリカからの軽水炉の導入を有望視していたにもかかわらず、日本最初の商業炉として導入されたのは、イギリスのコールダーホール改良型炉であった（軽水炉は濃縮ウランを、コールダーホール改良型炉は天然ウランを使用する）。研究炉の開発を行ってはいたものの、商業炉を完成させていなかったアメリカに対し、イギリスは研究炉の開発を行わずに商業炉の建設を始めていた。一九五四年にイギリス原子力公社が設立され、ウィンズケール（セラフィールドという地名を戦後にウィンズケールと改称。一九八〇年代に元の地名に戻る）にコールダーホール原子力発電所の建設を始めたのである。

さらにイギリスは、日本に原子炉を輸出することを目論み、正力に接触する。一九五六年三月にイギリス大使館は正力と極秘会談を行い、コールダーホール原発の発電コストは一キロワット時当たり〇・六ペンス（約二円五〇銭）で済むと説明した。当時の日本の発電コストは七円から一〇円で、最新鋭の火力発電所でも約四円であった。さらに五月には、イギリス原子力公社産業部長のクリストファー・ヒントンが来日して正力と面談する。ヒントンは発電コストについて、さらに詳しい説明を行い、イギリスから原子炉を導入するのであれば、最初から一〇万キロワット以上の大きさのものにすべきで、小型の実験炉は必要ないと主張した。この説明を受け、正力はコールダーホール改良型炉の導入を決める。

だが、科技庁の官僚や科学者の間からは、ヒントンの説明に疑問の声が上がった。コールダーホール原発は、まだ実際に営業運転を開始しておらず、ヒントンの説明は試算値に過ぎなかったからである。そこで科技庁がコストの再計算を行ったところ、次のような事実が発覚した。当時、イギリスでは石炭産業を国営化しており、しかも石炭産業の維持のため、石炭を政府が高値で買い上げて火力発電所で使用していた。このため火力発電のコストは高く、これと比べればコールダーホール原発は採算に合うということだったのである。一方、日本の電力会社は、アメリカから最新鋭の火力発電技術を導入しており、発電所の規模もイギリスの約三倍も大きく、日本の火力発電所のコストは、コールダーホール原発よりも、かなり低かった。くわえてコールダーホール原発の原子炉は、核兵器を製造するためにプルトニウムを造り出すことを目的として設計された炉を商業発電用に改良したものであり、炉内で造り出されたプルトニウムは、イギリス政府が買い上げることになっていた。この売り上げが計上されているため、発電コストは低く抑えられていたのである。要するに、コールダーホール改良型炉は、日本では採算に乗るものではなかった。

そのうえコールダーホール改良型炉の安全性についても、疑問の声が投げかけられた。コールダーホール改良型炉では、炉内で飛び交う中性子の速度を抑える減速材として黒鉛を用いていた（軽水炉では普通の水を用いる）。黒鉛のブロックを積み木のように高く積み上げ、ブロックに空けられた穴の中に燃料を挿入するのである。この積み木状の構造は、振動に対して非常に弱い。それゆえ、地震のないイギリスならともかく、地震国の日本では危険極まりないという声が上がったのである(51)。

正力とCIAの対立

しかし正力は、こうした声を無視した。一九五六年一一月一九日に、石川一郎を団長とする訪英調査団がまとめた中間報告を受けて、コールダーホール改良型炉の輸入決定を表明したのである。一二月二三日に石橋湛山が首相に就任し、正力は科技庁長官の地位を外れるものの、一九五七年三月七日に原子力委員会は、発電炉の早期導入方針を決定し、イギリスのコールダーホール改良型炉の導入を前提とした技術的検討を始めることにした。

それではなぜ正力は、コールダーホール改良型炉の輸入にこだわったのか。有馬哲夫によると、CIAは反原子力・反米の動きを鎮める心理戦に正力を利用しただけで、政治的野心の強い正力個人については良い感情を持ってはおらず、核兵器の原料を製造できる動力用原子炉（動力炉）をなかなか提供しようとはしなかった。このため正力は、CIAと決裂し、イギリス製の動力炉購入を決意したというのである。

その後、アメリカ政府は、正力がイギリスから原子炉を購入する構えを見せ、さらにソ連が原子力技術の支援を日本に提示する可能性もあると考えたことから、態度を変える。一九五六年九月二七日にアメリカ原子力委員会のルイス・ストローズ委員長は、訪米中の原子力政策調査議員団に対して、非軍事目的の原子炉購入に関して日米間で協定が締結される場合、秘密条項がつけられることはないと言明し、動力炉の提供に前向きな姿勢を見せたのである。ただし山岡淳一郎によるとストローズは、軍事転用できる濃縮技術、使用済み核燃料の再処理については機密が存在するため、日米間で締結される動力協定では、日本が燃料を購入しても、使用済み核燃料の再処理はアメリカ原子力委員会またはその承認した施設で行わなければならないと規定されるだろうと説明したという(52)。

正力・河野論争

コールダーホール改良型炉の導入は決まったものの、ここで問題となったのは、その受け入れ主体である。一九五七年二月に電源開発が、原子力のような新しく、当分黒字の見込めないものは国営でやるべきだとして、受け入れ主体に名乗りを上げる。電源開発の背後には、原子力開発の主導権を握ることで電力への国家介入を強めようとする通産省がいたという。

これに対し電事連は電力九社の社長会議で、電気事業者と関連業界を出資者とし、発生電力を電力九社に卸売りする民間会社「原子力発電振興会社」の設立構想を打ち出す。電力会社の経営陣は、原発の導入には消極的だった。しかし、電源開発に原発の主導権をとられることを阻止するため、原発導入を決断したのである。東電OBは、当時の電力会社の考えを「日本発送電と九配電会社」のトラウマという図式から説明する。すなわち、通産省の手先である電源開発が全国に原発を建設し、日本縦断の送電線を通して大量の電気を流すことになると、九電力会社は、電源開発から電気を買って配電する会社になりかねないと危惧したというのである。

以後、政界・官界・財界の中枢を巻き込んだ激しい論争が起き、民営論の旗手の正力（一九五七年七月一〇日に第一次岸信介改造内閣で科技庁長官・原子力委員長に復帰）と、国管論の旗手の河野一郎・経済企画庁長官（バックには通産官僚がいた）の名をとって、この論争は「正力・河野論争」と呼ばれた。

この論争は、八月末に決着する。官民合同の「原子力発電株式会社」を設立し、政府（電源開発）二〇パーセント、民間八〇パーセント（電力九社四二パーセント、原子力五グループ二〇パーセント、その他一八パーセント）の出資比率とすることで決着したのである。出資比率に示されるように、民営論の実質勝利であった。これを受け、一九五七年一一月一日に日本原子力発電株式会社（原電）が発足する。(53)

論争の決め手となったのは電力会社からの資金提供であった。ある電力会社の幹部が、河野に「しかるべき〝届け物〟」を持参し、河野が下りた、ただし河野の顔を立てる意味で電源開発からも二〇パーセントの出資をしたというのである。(54)

欠陥原子炉の命運

コールダーホール改良型炉は、第一原子力産業グループの富士電機が受注し、イギリスのゼネラル・エレクトリック社とともに茨城県東海村に東海発電所として建設することが決まった。致命的な欠陥であった耐震性については、一九五七年から原研をはじめ、さまざまな研究所や大学の研究者たちが対策を検討し、炉の設計を一からやり直して、炉心の耐震性を飛躍的に向上させることに成功した。一九五九年春からは、東海発電所の設置許可の安全審査が始められる。この審査の段階で、蒸気を発生させる機器が振動で破損するおそれがあることが発覚し、各研究機関や大学から専門家が集められ、対策が練られた。そして一九六〇年一月に、ようやく建設が始まったものの、イギリスから到着した部品に欠陥が見つかり、日本で作り直すことになった。

最終的に三五〇億円の計画が四六五億円にまで膨れ上がり、その差額分は研究開発費として別の予算で賄われた。そのうえ、一九六六年の運転開始直後からトラブルが相次ぎ、最後まで、予定された一六万六〇〇〇キロワットで運転し続けることはできなかった。(55)

しかも一九六七年一二月二七日には、九月から行ってきた日英動力協定の締結交渉において、イギリスが突然、「免責条項」を受け入れるよう求めてきた。事故が起きてもいっさい責任は負わないというのである。実はこの直前の一〇月にはウィンズケールで、コールダーホール改良型炉の源流をなす黒鉛減速空気冷却型の軍用プルトニウム生産炉が、炉心火災を発端としてメルトダウン事故を起こしていた。このため、独断で拙速にコールダーホール改良型炉の導入を決めた正力への批判は高まる一方であった。イギリスからの申し入れに激怒した正力は、拒否すると明言し、イギリスと対立する。しかし、このころには、原子力関連の国際取引では免責条項は慣例となりつつあり、受け入れざるを得なかった。正力は、一九六九年三月に総選挙への不出馬を表明して政界を引退する。東海原発は、

営業運転開始から三二年後の一九九八年に、設計寿命を残したまま運転を終了する。(56)

結局、コールダーホール改良型炉は一基限りの導入に終わる。一九六一年二月に原子力委員会は原子力開発利用長期計画を発表し、二号炉には軽水炉を導入する方針を決める。その一二日後に原電は、本州西部地域に軽水炉式の発電所を設置することを決定する。同社は用地選定作業を進め、一九六二年一一月に、熱心な誘致を行った福井県敦賀市に決定する。

軽水炉ブームの到来

日本の政府・電力業界・製造業界は、早くから軽水炉を商業用発電炉の本命とみなし、その導入の準備を進めていた。さらに一九六〇年代半ばには、世界的な軽水炉ブームが到来する。そのきっかけは、一九六三年にアメリカのジャージー・セントラル電力会社が、オイスタークリーク原子力発電所を建設する計画を発表したことであった。

オイスタークリーク原発は、アメリカ原子力委員会からの補助金なしで建設される初めての原発で、使用される原子炉は、GEの最新型の沸騰水型軽水炉（BWR）マークIであった。その電気出力は、それまでの軽水炉原発の平均出力一〇万キロワットを大きく上回る六〇万キロワットで、GEは、原子力発電のコスト見積もり表と価格表を公表し、軽水炉が石炭・石油火力と十分に対抗できると宣言した。さらにメーカーが、契約時に固定価格方式で受注を行い、設計から試運転まですべての工程に責任を負い、電力会社は発電所の鍵をひねって動かすだけでよいとする「ターン・キー契約」方式を電力会社に提案する。

この方式は電力会社にとってきわめて魅力的であった。電力会社は技術面に関わる必要がなく、メーカーの作業を見守るだけでよい。また、工期延長や建設費上昇による追加の出費も免除される。ウェスティングハウスなど加圧水型軽水炉（PWR）メーカーも、これに追随した。一九六四年八月にジュネーブで開かれた第三回原子力平和利用国際会議は、アメリカ原子力委員会のグレン・T・シーボーグ委員長が軽水炉技術の優位性を宣言するなど、軽水炉宣伝の場となった。アメリカ、西ヨーロッパ諸国の電力会社は、軽水炉導入を進めることになり、日本の原発も二号炉以降、すべて軽水炉が採用されるようになる。(57)

電力会社と通産省のもう一つの戦い

軽水炉式の原発建設を決めていた原電は、GEの沸騰水型軽水炉とウェスティングハウスの加圧水型軽水炉のいずれかを選定することにし、両社からの見積書を検討した結果、一九六五年九月に前者の導入を決定する（沸騰水型と加圧水型の仕組みの違いについては図表1-2を参照）。原電敦賀原子力発電所は一九六九年末に完成し、七〇年三月一四日から営業運転に入った。(58)その日は大阪で開かれた日本万国博覧会の開幕日で、会場では「原子力の灯が届いた」とアナウンスされた。

一方で電力会社は、合同子会社の原電に原発事業を一本化せずに、自ら原発事業に乗り出す。東電はすでに一九五七年頃から、水面下で原発の建設用地確保に動いていた。だが、東電の電力供給区域内では原発建設を了承する地域はなかった。(59)一九五八年頃には、福島県選出の衆議院議員で、後に福島県知事となる木村守江が、福島県出身で昵懇の仲であった東電の木川田一隆・副社長に、次のよう

図表 1-2　沸騰水型軽水炉と加圧水型軽水炉

沸騰水型軽水炉の概念図

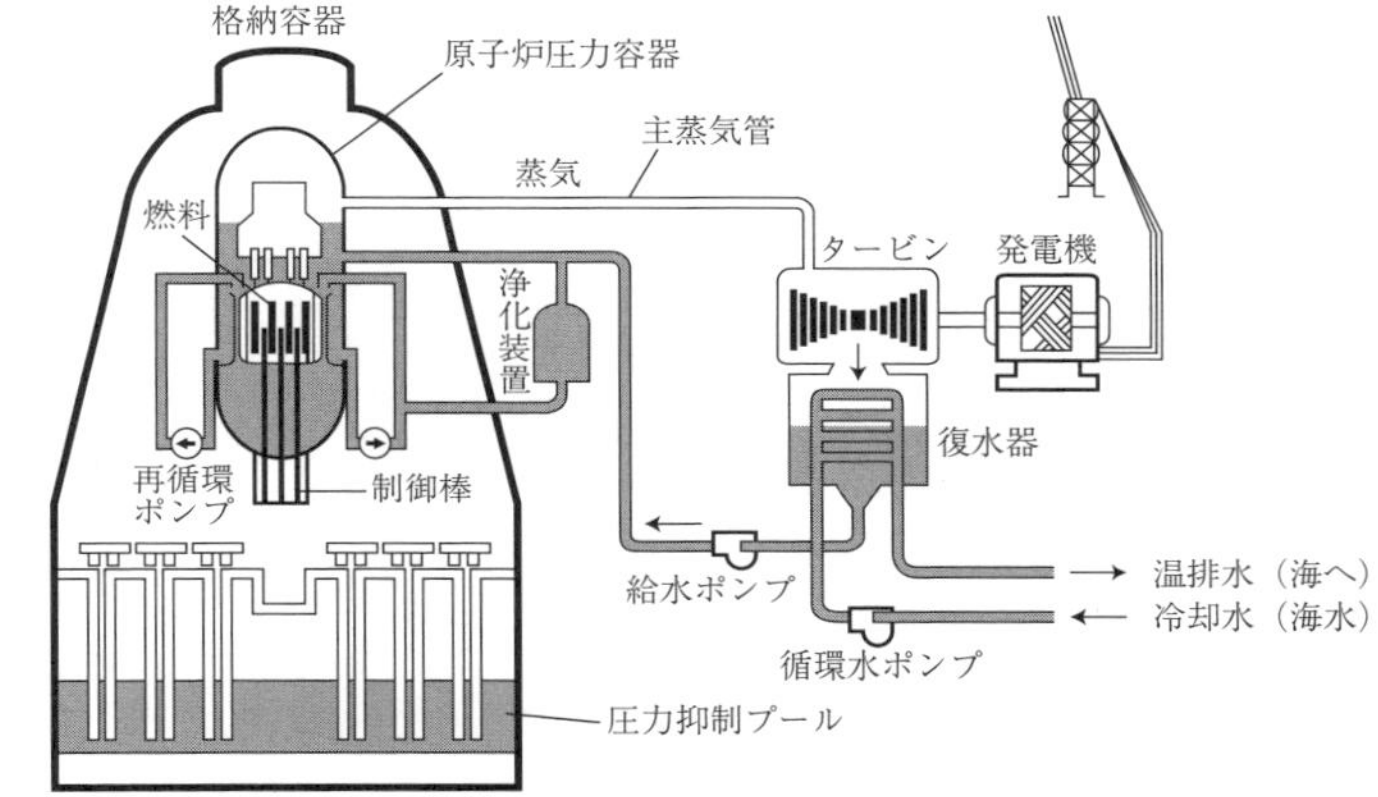

加圧水型軽水炉の概念図

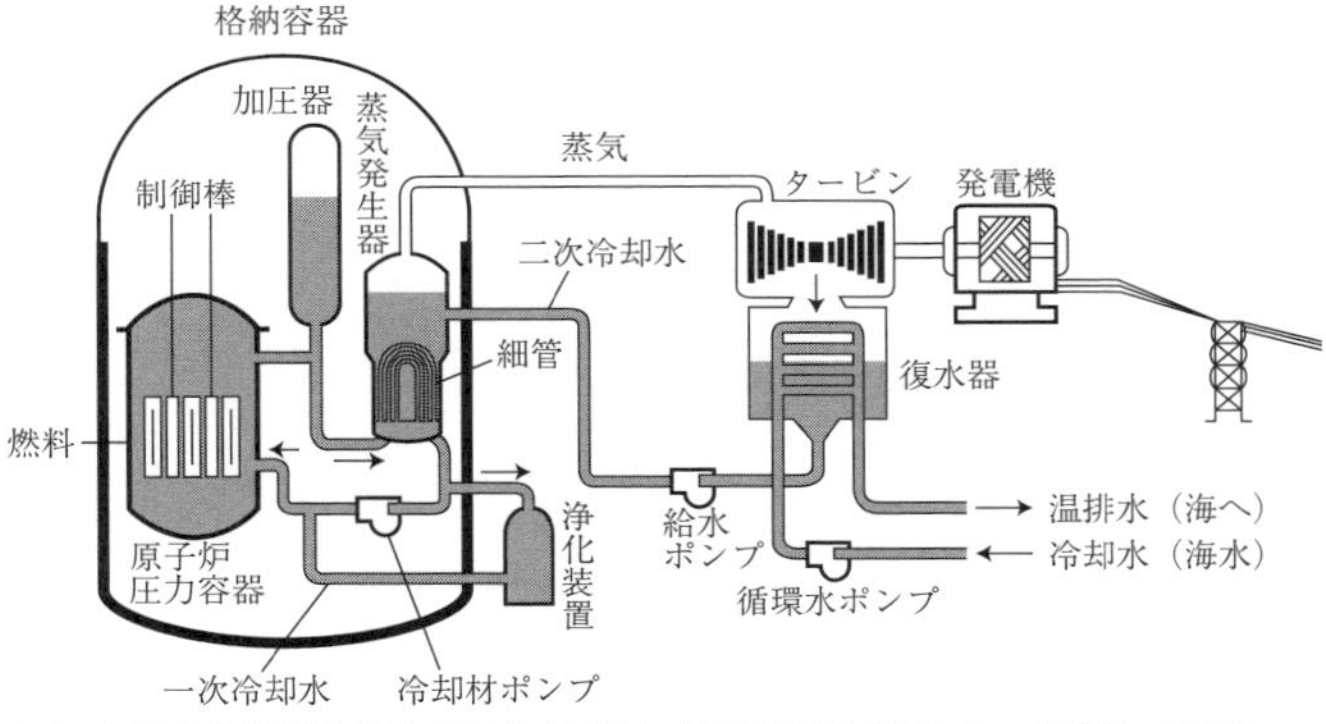

出典：原子力資料情報室編（2017）『原子力市民年鑑 2016-17』七つ森書館、102頁。

な相談をした。自らの票田で、県内でもとくに貧しい大熊町、双葉町の町長たちから、産業誘致を図っているもののうまくいかない、何とかしてほしいと頼まれているというのである。これに対し木川田は、「原子力発電所がよいのではないか」と答えた。木村は、新しい時代の象徴のような原発を福島県に迎えれば、経済のみならず、県のイメージアップにもなると考え、「ぜひ誘致したい」と頼んだ。ところが木川田は、途端にあいまいな態度をとり、この話は止まってしまったという。しかし福島県は、東電の動きを察知し、一九六〇年一一月に佐藤善一郎・知事が原子力誘致計画を発表するなど、原発を積極的に誘致するようになる。

その後、一九六一年七月に東電社長に就任した木川田は、急遽、木村に、用地取得の手はずを整えるよう依頼する。木川田が原発建設に動いた理由として田原総一朗は、第一に、GEが本格的に原子炉製造に乗り出したことを挙げている。東電は石炭火力、石油火力とも、第一号発電所だけではなく大型化するときも、すべてGEの技術を導入して成功しており、GEの技術に信仰に近いほどの信頼を寄せていたからだという。そして第二の理由としては、通産省に原子力発電の主導権を握られるのを阻止することを挙げている。通産省は、軽水炉が原子炉の主力になるだけではなく、石油にとって代わる可能性さえあると考え、軽水炉の主導権を握って電力会社を抑え込もうと考えた。そこで欠陥だらけのコールダーホール改良型炉の建設に苦しみ、資金が逼迫化していた原電に国家資金を注入し、特殊法人化しようと目論んでいた。このことを察知した木川田は、先手を打って軽水炉の導入を決めたというのである。木村の働きかけもあって、一九六一年九月には大熊町議会が、一〇月には双葉町議会が、原発誘致を決議する。(60)

候補地となったのは、大熊町と双葉町にまたがる約九〇万坪の土地であった。この土地は陸軍の飛行場の跡地で、戦後は西武グループの国土計画興行株式会社（後のコクド）が払い下げを受けて塩田事業を行っていたものの、利益は上がらず、遊休地となっていた。福島県が東電から委託を受けて、財団法人福島県開発公社が地質・水質・気象などの調査を行い、一九六四年一一月に東電が土地を購入した。この東電の動きを見て、他の電力会社も次々と軽水炉原発建設のための用地を確保していく。東電と軽水炉導入のトップ争いを行う関電は、一九六一年秋に大急ぎで第一号原発の建設地を福井県美浜町に決定し、ウェスティングハウスと提携関係にあった三菱グループとの関係から、一九六六年四月に加圧水型軽水炉の採用を決定する。東電も同年五月に、GEの沸騰型軽水炉の採用を決定する。(61)

通産省は一九六二年七月に、二八億円の出資と税制面での優遇措置を条件に、原電の特殊法人化案を打ち出す。しかし、東電、関電が原発建設計画を進めていたため、通産省が原発建設を名目に原電を特殊法人化する余地はなかった。電力会社は、こうして通産省の介入を封じ込めたのである。(62) 一九七〇年一一月に関電の美浜原発一号機（福井県三方郡美浜町）が、七一年三月には東電の福島原発一号機（福島県双葉郡大熊町・双葉町）が営業運転を開始した。その後、中国電力、九州電力、中部電力、四国電力も続き、一九七〇年代の一〇年間に二〇基の商業用原子力発電炉が運転を始めたのである。(63)

福島第一原発事故の遠因

このように原発の導入は、政治家が科学者の意向を無視し、さらに電力会社の経営者が通産省の介入を封じようとして、非常に拙速に進められた。ＮＨＫ ＥＴＶ特集取材班は、このことが福島第一原発の安全対策の不備につながり、今回の事故を引き起こすことになったと論じている。

東電は、ＧＥが設計、建設、試運転から営業運転開始まで全責任を負い、しかも燃料調達、運転員教育訓練費まで含むとするターン・キー契約方式で原発を建設した。建設用地として確保した土地は、海抜三五メートルの台地であった。ところがタービン発電機の復水器は、ポンプで大量の海水をくみ上げて冷やすのだが、設計通りだと三五メートルの高さまで海水をくみ上げることはできず、一〇メートルくらいが限度であった。しかし、追加の要求を行うと、高い追加費用を要求されることになる。そこで高さ三五メートルの台地は、海抜一〇メートルまで掘り下げられた。その結果、東日本大震災で発生した最大一五・五メートルの津波が、福島第一原発を飲み込むこととなってしまったのである（しかも原発事故後は、地下水の流入に悩まされることになる）。

またＧＥの設計では、非常用電源を発電するためのディーゼルが、タービン建屋の中に設置された。タービン建屋は原子炉建屋よりも海側に配置され、水に対する気密性もまったくなかった。このため、ディーゼルは津波の水をかぶり、動かなくなってしまった。非常用ディーゼルが気密性の高い原子炉建屋の中に設置されていれば、津波の被害を受けなかったという見方もある。アメリカでは発電所は、火力も原子力も内陸部の河岸に建設される。このため、津波の大きな破壊力を想定した構造設計にはなっておらず、津波による電源喪失対策は考慮されていなかったのである。(64)

原子力発電の導入が本格化すると人材養成のため、大学では原子力学科の新設が急速に進められる。一九五六年度には、最初の原子力関係の学部・大学院講座が京都大学と東京工業大学に設置され、五九年度までに、国立大学に新増設された原子力関係講座は、大学院課程七講座、学部課程四九講座に達する。東京大学では一九六〇年度に、工学部が原子力工学科を発足させ、六四年度からは、工学系研究科に原子力工学専攻の大学院コースを開設する。また一九五九年には、日本学術会議の原子力特別委員会（委員長は伏見康治）が企画母体となって「日本原子力学会」が発足し、茅誠司が初代会長に選ばれる(65)。

原子力発電所が増えるにつれて、かつては原子力研究の再開に慎重であった日本学術会議も態度を変えていく。一九七一年六月には、大学での原子力関連講座の拡充や研究炉建設などに一六四億円の予算措置を求める「大学関係原子力研究将来計画」をまとめ、政府に勧告を行っている(66)。

6　科学技術庁の四大プロジェクト

科技庁の核燃料サイクル計画

ここまで電力会社による原発導入を見てきた。次に一九七〇年代までの科学技術庁の動きを見ておこう。吉岡斉は日本の原子力開発利用体制を、商業段階の事業を担当する「電力・通産連合」と、実用化途上段階にあるとされる技術を商業技術として確立することを目標として開発活動を行う「科技庁グループ」の二元体制ととらえている(67)。「電力・通産連合」は、発電用原子炉に関しては外国技術の導入習得路線をとり、核燃料に関しては海外からのウラン購入、ウラン濃縮サービス委託、使用済み核燃料再処理サービス委託を中心とする購入委託路線を採用する。これに対し科技庁本体と、所轄の二つの特殊法人（日本原子力研究所、動力炉・核燃料開発事業団）、および国立研究所（理化学研究所、放射線医学総合研究所など）を主たる構成メンバーとする「科技庁グループ」は、使用済み核燃料の再処理を除いては、国内開発路線を採用してきた(68)。

科技庁は発足当初から、軽水炉の大量建設を目的としていたわけではなく、原発の使用済み核燃料を再処理してプルトニウムを取り出し、再び燃料として使用する「核燃料サイクル」の確立を目指していた。軽水炉で燃やされるのは、核分裂して膨大な熱エネルギーを放出するウラン235で、それは天然ウランには約〇・七パーセント分しか含まれていない。それに対し高速増殖炉では、使用済み核燃料を再処理して抽出されたプルトニウムと、核分裂しにくいウラン238（天然ウランの約九九・三パーセント）とを混合させた混合酸化物（MOX）燃料を燃やす。するとウラン238がプルトニウムに転換し、使用前よりも多くのプルトニウムが生み出されることになる。このプルトニウムを再処理工場で再び核燃料に加工し、高速増殖炉の燃料として使用する（図表1-3を参照）。このサイクルが完成すれば、ウラン資源が乏しい日本においても、理論的には一〇〇〇年以上、エネルギーの自給が可能になり、資源問題から解放されると考えたのである。伊原義徳・元科技庁事務次官は、「全ての始まりは、我々、太平洋戦争を経験した世代が、資源問題からいかに解放されるかを真剣に考え始めたことからでした。ご存じのように、太平洋戦争は資源獲得の争いでした。そのため、戦争に突入するようなことを二度と繰り返してはならないと痛感したことが、我々の出発点だったんです。

図表1-3　核燃料サイクル（軽水炉サイクルと高速増殖炉サイクル）

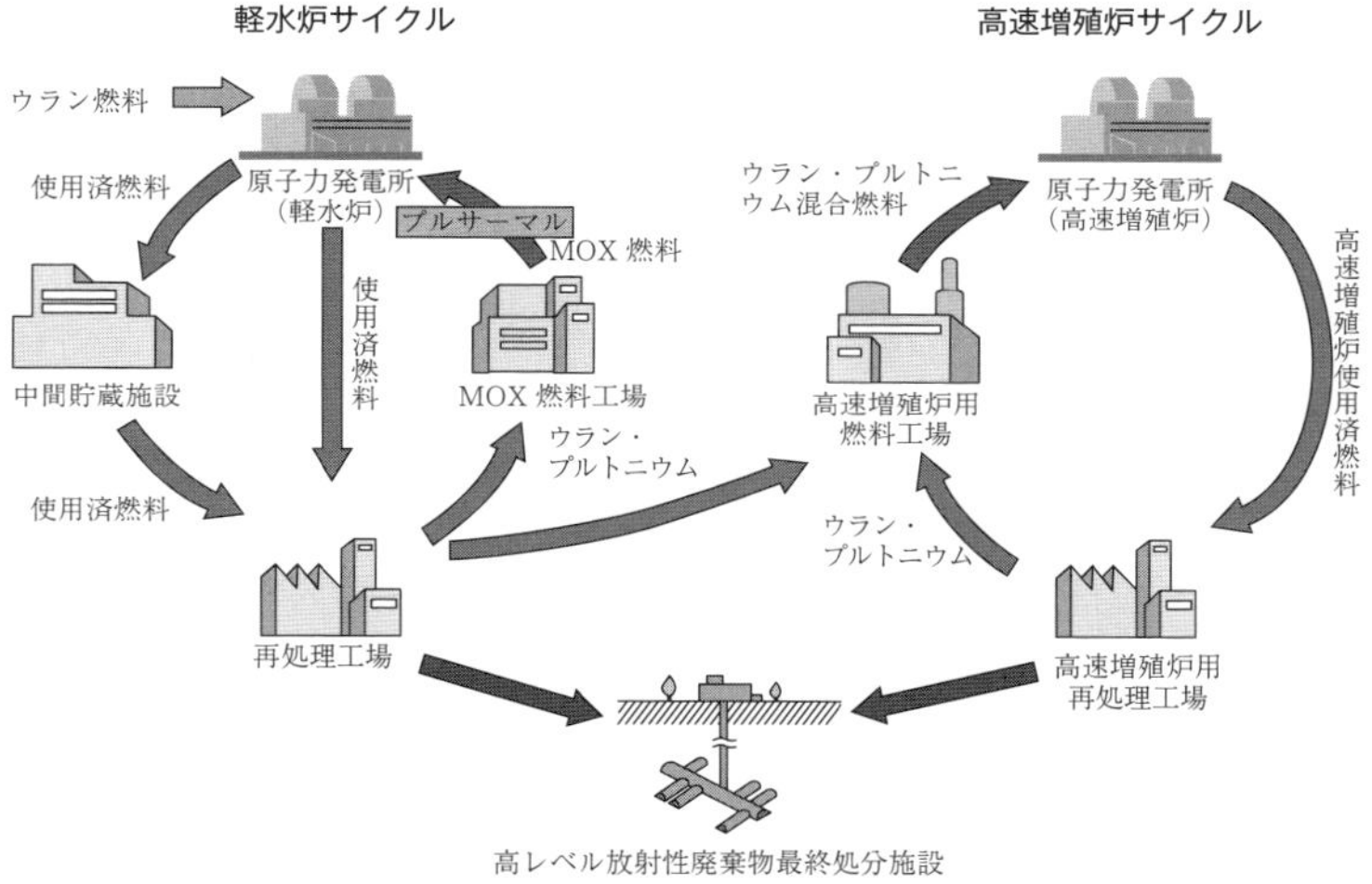

出典：経済産業省資源エネルギー庁ウェブサイト「平成16年度エネルギーに関する年次報告（エネルギー白書2005）」（http://www.enecho.meti.go.jp/about/whitepaper/2005html/intro1_5.html）

そこで最も注目されたのが、原子力だったんです」、「長期的に見て日本のように資源の乏しい国は、原子力の平和利用というのが非常に有効な手段であるということは事実です。したがって、そのためには核燃料サイクルの技術が確立される必要があるということです」と証言している。

核燃料サイクルは、原子力政策に関心を持つ科学者や政治家からも支持を受けた。NHK ETV特集取材班は、戦争を直接体験した世代の政治家や財界人が、「石油のために戦争を始め、石油が尽きて戦争に負けた」という経験から、「資源の無い国の限界」から逃れたいという思いを持っていたと指摘している。一九五六年に原子力委員会が策定した原子力開発利用長期基本計画でも、使用済み核燃料からプルトニウムを再処理で取り出す核燃料サイクルを目指すこと、その中核施設である「増殖動力炉」を国産技術で開発することが目標として掲げられている。

もっとも正力は、原発を商業ベースに乗せることを目標としており、まだ確立していない核燃料サイクル技術の開発に予算をつぎ込むよりも、すぐに実用化できる原子炉を造ることを優先させたのは先述の通りである。また電力会社も、安価な電気づくりを優先させ、核燃料サイクル計画には及び腰であった。

その後、欧米各国が、技術やコストの面から早期の実現性は低いとして、核燃料サイクル計画を見直したり撤回したりしてきた。しかし日本は、現在でも核燃料サイクルの確立を目指しており、これまでに投じられた国家予算は二兆円以上に上る。(69)

難航する高速増殖炉開発

科技庁による核燃料サイクルの国内開発路線は難航する。科技庁が発足した一九五六年には、科技庁傘下の特殊法人として、原子力研究全般と原子炉の設計・建設・運営を行う「日本原子力研究所」(原研)と、核燃料事業全般を扱う「原子燃料公社」(原燃公社)も設立される。

原燃公社は、国内でのウラン資源の探査・開発を進めることを主たる業務とし、人形峠(鳥取・岡山県境)、東濃(岐阜県)を中心に探鉱を実施した。しかし、いずれも品位・規模ともに貧弱で、経済性を持たないことが明らかになる。また、世界各地でウラン鉱開発が進み、核物質の民有化も進んだことから、外国産のウランが安価かつ安定的に輸入できるようになった。このためウラン自給論は潰え、一九六〇年代以降、ウラン鉱は全量が輸入でまかなわれることになった(70)。また日本の電力会社は、アメリカの濃縮ウランに全面的に依存するようになる。アメリカは、核燃料が民有化された一九六〇年代になると、アメリカ起源の核物質の再処理や移転等にはアメリカの事前同意を必要とするという事前同意権を協定で規定することで、核物質を統制下に置こうとするようになる(71)。

原研は、もともとはアメリカからの濃縮ウランおよび実験用原子炉の受け入れ機関として設置されたもので、その後、国産増殖炉の開発などを行う。当初、科技庁の官僚たちは、アメリカの技術を導入すれば高速増殖炉は容易に造れると考えていた。すでにアメリカでは高速増殖炉EBR－1が、世界で初めて原子力による発電とプルトニウム増殖に成功していたからである。だがEBR－1は一九五五年一一月二九日に、作業員の操作ミスによる炉心溶融事故を起こす。高速増殖炉には、ひとたび制御が効かなくなると原子炉が暴走し、場合によっては炉心溶融に至るという致命的な欠陥があったのである。

さらに、軽水炉では炉心を冷やす冷却材に普通の水を用いるところ、高速増殖炉では五〇〇度以上に熱した液体ナトリウムを用いるのだが、ナトリウムには、水に触れると化学反応を起こして爆発するという性質がある。空気中のわずかな水分にも反応して火災を起こすため、ナトリウムが漏れないよう、溶接や配管の取り回しなどに細心の注意を払わなければならないのである。しかし高速増殖炉は、軍事用プルトニウム生産炉として優れた性質を持っているため、ナトリウム取り扱いの技術に関する情報は、軍事機密の壁に阻まれていた。それゆえ原研の研究者たちは、徹底的な基礎研究が必要で、直ちに実用化することは不可能と結論づけた(72)。

また原研では、共産党系の労働組合により、労働環境の改善や安全の確保を要求するストライキが頻繁に行われた。このため政府・自民党は、原研の管理運営能力に不信感を抱くようになり、国会では自民党議員たちを中心に、「原研はアカの巣窟である」といった批判が行われるようになった。一九六四年九月以降、原研は政府系の原子力開発の中枢機関としての地位を剝奪され、研究所内の「締め付け」は大幅に強化される(73)。

一九六五年以降、原発を建設する予定の地方自治体から原研の研究者に、軽水炉の現状について講演依頼がなされるようになる。そこで講演を行うと、講演者の発言内容がチェックされ、場合によっては自民党や電力会社から抗議が入ることがあったという。さらに一九七〇年代前後になると、軽水炉は安全で経済的だと言わない限り、論文発表、学会での口頭発表、国際会議での発表、新聞・テレビでのコメントなどがいっさい許されなくなってしまった(74)。

もっとも原研は、動力試験炉ＪＰＤＲ（Japan Power Demonstration Reactor）の建設には成功を収めている。ＪＰＤＲには、公開入札で選ばれたＧＥの沸騰水型軽水炉が用いられた。電気出力一万二五〇〇キロワットの小型炉だが、発電設備を備えた日本初の原子炉で、一九六三年八月に臨界を達成し、一〇月二六日には発電に成功した。この日は閣議決定により「原子力の日」と定められている(75)。

動力炉・核燃開発事業団の発足

一九六四年一〇月には、原子力委員会に動力炉開発懇談会が設置される。これを契機として原子力委員会は、原研に動力炉開発を委任することをあきらめ、自ら主導して動力炉開発方針の策定に乗り出す。一九六六年五月に原子力委員会は、「動力炉開発の基本方針について」を発表し、国産新型炉として高速増殖炉（ＦＢＲ）と新型転換炉（ＡＴＲ、炉型としては重水減速沸騰軽水冷却炉が選定される）の並行開発を打ち出す。高速増殖炉については、実験炉を一九七二年度に完成させ、七六年度に原型炉を完成させるとし、新型転換炉については、在来炉型とのギャップが小さいため、実験炉を省略して原型炉を一九七四年度に完成させるとした(76)。なお原子炉を開発の順に並べると、実験炉、原型炉、実証炉、商業炉となる。

新型転換炉は、日立製作所から原研に出向していた島史朗らが持ち込んできた、日本独自の技術による原子炉である。高速増殖炉よりもプルトニウム増殖能力は劣るものの、冷却材にナトリウムではなく、普通の水（軽水）よりも比重の重い「重水」を用いるため、技術的なリスクが低く、高速増殖炉よりも早く実用化できるというのである。メーカーは、高速増殖炉の実現が見通せないなか、技術者の散逸を防ぐために新型転換炉を開発し、一定量の注文を受けて販売する必要があった。

一方、科技庁は、核燃料サイクル計画を継続させるためには、高速増殖炉よりも早期に実現する見込みが高い新型転換炉を、高速増殖炉実用化までの「つなぎ」として開発する必要があった。燃料となるウランのうち約〇・七パーセント程度しか燃やさないため資源効率が悪く、しかもプルトニウムを増殖させる能力もないため、軽水炉は核燃料サイクル計画には適していない。しかし電力会社が、軽水炉の導入を次々と決める一方、高速増殖炉の開発は莫大な予算と時間をかけながらも遅々として進まず、このままでは核燃料サイクル計画自体、不要と見られかねなかったからである。ここでは核燃料サイクル計画を継続させるため、異なる事業を行うという行動が見られる。

それに対し電力会社は、新型転換炉の開発に莫大な予算が使われることを疑問視し、この方針には不満を抱いていた。国は高速増殖炉の開発に一本化すべきと考えたのである。(77)そこで電力業界は、動力炉の開発主体として国の一〇〇パーセント出資で新しい政府機関を設立するよう主張した。しかし交渉の結果、新しい特殊法人の人事は民間が責任を持つこと、研究開発予算は国が負担すること、原子炉建設の費用は、民間企業と国が等分で負担することが決められた。この顚末について本田宏は、産業界が躊躇するリスクの高い研究開発事業の高額な費用を国が引き受け、実用化した事業は民間に引き渡すというもので、結局は電力会社の利益が優先されたのだと解釈している。(78)

こうして原子力委員会は、動力炉自主開発の開発主体として、原研ではなく新たな特殊法人の設立を目指すことになった。だが、一九六七年度予算編成に際し、特殊法人の新設は認めないとする閣議決定がなされたことから、法人の設置は遅れた。一九六七年七月に動燃事業団法が成立し、それを受けて一〇月に原燃公社を廃止し、これを吸収合併する形で「動力炉・核燃料開発事業団」(動燃)が設立された。なお動燃事業団法の制定に際しては、自民・社会・民社・公明の四党共同提案による付帯決議がなされた。その第一項には、「動力炉及び核燃料の開発ならびに原子力産業の樹立は、エネルギー政策の推進、科学技術等の振興等の見地から、国家的にきわめて重要な課題である。よって、政府はこれを重要国策として経済の変動等に左右されることなく長期にわたり、強力に推進すべきである」と記された。この時期には超党派で原発が推進されていたのであり、社会党が反原発に転じるのは、一九七〇年代初頭からである。(79)

科技庁・動燃の四大プロジェクト

科技庁・動燃は、実用化途上段階の重要技術について、開発の目標と期間を定めたうえで巨額の国家資金を投入するナショナル・プロジェクト方式で開発を進めていく。その基幹的プロジェクトは、原子炉に関しては新型転換炉と高速増殖炉、核燃料に関しては核燃料再処理とウラン濃縮であった。

動燃は新型転換炉原型炉「ふげん」と、高速増殖炉実験炉「常陽」の設計・建設に着手する。常陽は、一九七〇年三月に茨城県東茨城郡大洗町で建設工事が始められた。研究用の小型炉で発電機能はなかったのだが、一九七七年六月に初臨界に達した。ふげんは、一九七〇年一二月に福井県敦賀市で建設工事が始められた(80)。一九七八年三月に臨界に達し、七月には発送電に成功、七九年三月から本格運転を始める。

次に核燃料再処理についてであるが、動燃は、原燃公社が一九六六年二月にフランスのサン・ゴバン・ヌクレール社と締結していた再処理工場の設計委託契約を引き継ぎ、六九年一月に同社の詳細設計が完成した。再処理工場は、茨城県東海村で建設を予定していた。しかし、米軍水戸対地射爆撃場に隣接する場所に再処理工場を建設することには地元の反対が強く、交渉は難航した。一九六九年九月に政府が、水戸対地射爆撃場の移転を三〜四年内に実現すると閣議決定し（実際の返還は一九七三年三月）、七〇年四月から五月にかけての茨城県知事と科技庁との交渉で合意が成立したことから、七一年六月に東海再処理工場の建設が始められる(81)。

最後にウラン濃縮についてである。一九六〇年代末には世界的な原子力発電ブームにより、それまで濃縮ウラン市場を独占していたアメリカのウラン濃縮能力では、急増する需要に対応できなくなり、濃縮ウランの供給不安が高まる。このため西欧諸国は、ウラン濃縮事業に進出する動きを見せ、アメリカも、これを認めざるを得なかった[82]。最終的にヨーロッパでは、二つの国際共同事業が発足する。一九七一年にはオランダ、ドイツ、イギリスによってウレンコ社が設立され、三国それぞれに遠心分離法のウラン濃縮工場が建設される。一九七四年にはフランスの主導のもと、イタリア、ベルギー、スペイン、イランが資本参加してユーロディフ社が設立され、フランスにガス拡散法のウラン濃縮工場が建設される[83]。

ヨーロッパに比べ日本では、ウラン濃縮の技術開発は遅れていた。アメリカは「平和のための原子力」演説直後には、ウラン濃縮技術を広く公開していたものの、一九六〇年代になると核拡散への懸念から、技術の機密化を各国に要請するようになり、西欧諸国はそれを受け入れる。一九六五年には日本にも機密化の要請がなされた。しかし日本は、原子力三原則を理由に、これに応じなかった[84]。

原子力委員会は従来、濃縮ウランの安定供給策としては主として海外からの購入契約の拡大を考えていた。しかし情勢変化を受けて、一九六九年にウラン濃縮研究開発基本計画を決定する。一九七〇年度から三年間、ガス拡散法については理化学研究所と原研に、遠心分離法については動燃に、それぞれ研究開発を進めさせるというものである。原子力委員会の考えは、両者の研究成果と、国際情勢を検討のうえ、どちらの方式を選択するのかを決めるというものであった。

結局、一九七二年八月に原子力委員会は、遠心分離法を強力に推進する一方、ガス拡散法の基礎研究も継続するという方針を決定する。遠心分離法に関しては、一九八五年までに国際競争力のあるウラン濃縮工場を稼働させることが目標とされた。一九七六年に原子力委員会は、ウラン濃縮パイロットプラント（濃縮工学施設）の建設を決定し、一九七八年に人形峠でウラン濃縮パイロットプラントOP－1建屋工事に着手、一九七九年九月に運転を開始した。日本は国際共同事業への参加を模索したこともあったのだが、結局、参加せず、単独でウラン濃縮開発を進めたのである。(85)

第2章

活発化する反原発運動と暗躍する原子力ムラ

1　原子力船「むつ」放射線漏れ事故と原子力安全委員会の設置

原子力船「むつ」放射線漏れ事故

一九七〇年代以降、科技庁は原子力行政の失敗を理由として次々と権限を失い、通産省に権限が集中していくことになる。ここでは、一九七〇年代について見ておく。

原子力行政に対する世論の批判が高まる契機となったのは、一九七四年九月の原子力船「むつ」の放射線漏れ事故であった。ここで「むつ」について説明しておこう。日本の原子力船に関する調査研究は、一九五五年一二月に原子力船調査会が発足したことにさかのぼる。同調査会の後継として一九五八年一〇月には日本原子力船研究協会が発足し、これを母体として一九六三年八月には、三分の二の資本金を政府が出資する日本原子力船開発事業団（原船事業団）が発足した。原船事業団は第一号船の建造を決め、一九六六年からは核燃料保管、使用済み核燃料保管貯蔵、放射性廃棄物貯蔵などのための設備が設置される定係港の選定作業を始めた。同事業団は、横浜市磯子地区を定係港に選定したものの、社会党の飛鳥田《あすかた》一雄《いちを》・横浜市長に拒絶され、新たに青森県むつ市の大湊港《おおみなと》を選定したのは、一九六七年のことである。青森県とむつ市は、選定からわずか二カ月後に、これを受諾した。当初は、地元は歓迎姿勢を見せていたのである。一九六九年に進水式が行われ、船名は「むつ」に決まった。

ところが当時、年間数千万円の水揚げ高であった陸奥湾のホタテ産業が、数年間で数十億円という産業に成長し、漁業者が出稼ぎに出なくても済むようになると、ホタテ産業にマイナスになるとして反対の動きが出てきた。一九七二年九月に「むつ」の核燃料装荷が完了し、大湊港に係留されると、青森県の漁業団体はいっせいに反発し、「むつ」が港から出られない状態が続いた。これを受けて北海道や秋田県の漁業団体も、反対の声を上げた。

さらに一九七四年には、原子力行政への不信感を高める不祥事が頻発する。一月二九日には衆議院予算委員会で、アメリカ原子力潜水艦の日本寄港の際に、日本分析化学研究所（現・日本分析センター）が行っている放射能調査の化学分析に捏造があることを、共産党の不破哲三・衆議院議員が追及し、「デタラメ測定」として問題となる。

三月には国会で、原電敦賀原発での作業中に「不断水穿孔技術」（水道管に水を流したまま側壁から穴をあけ、支線のパイプを取りつける技術）の技能者である、下請け労働者の岩佐嘉寿幸が被曝したとされる問題が取り上げられ、森山欽司・科技庁長官が「被曝はあり得ない」と答弁する。四月には岩佐が、原電を相手に日本で初めてとなる原発被曝裁判を起こす。

四月には立教大学教授の田島英三・原子力委員会委員が、原子力安全問題担当の委員を増やすよう求めたのに無視されたことを理由として辞任を申し出、委員会を欠席していることが報じられる。この背景には、「原子力発電所建設をがむしゃらにやる」といった発言を繰り返す森山・科技庁長官に対し、田島が反発を強めていたことがあるとも報じられた。

こうしたなか政府は、「むつ」の出港を強行する。一九七四年八月二五日に、森山・科技庁長官立ち会いのもと、出港式が行われた。反対漁民の漁船三百数十隻が取り囲み、式直後には海上保安庁の警備船と漁船との間で小競り合いも起きた。だが、台風接近による強風のため、漁船が撤収した二六日未明になって「むつ」は出港し、北太平洋上の実験海域で臨界実験を行う。ところが九月一日に、出力上昇実験中に放射線漏れ事故を起こしてしまう。原子炉を納品したウェスティングハウスの指摘にもかかわらず、原子炉上部の放射線遮蔽リングの欠陥を改善していなかったことが原因であった。

政府は大湊港への「むつ」の早期帰港を青森県に求めるものの、青森県は拒否し、四五日間にわたり「むつ」は漂流する。鈴木善幸・自民党総務会長の和解工作により、大湊定係港の撤去と和解金支払いを条件に、「むつ」帰港が認められた。新しい定係港の選定は難航したものの、一九七八年七月に長崎県佐世保港が修理港に決まった(1)。

通産省の商業用原子炉許認可権の獲得

その後、「むつ」の基本設計の安全性を審査した科学技術庁（原子力委員会）と、船の建造を管轄する運輸省が責任を押し付け合ったことで、原子力行政への世論の不信感は増幅する。[2] 責任の押し付け合いが起きたのには、次のような事情があった。一九五七年に制定された「核原料物質、核燃料物質及び原子炉の規制に関する法律」（原子炉等規制法）では、原子力事業については内閣総理大臣が許認可を行うこととされ、実質的には、内閣総理大臣を補佐する科技庁長官が規制権限を担うことになった。ただし、発電炉・船用炉には先行する安全規制（旧電気事業法・船舶安全法）があるため、発電炉・船用炉の設置許可等の処分にあたっては、内閣総理大臣は、それぞれ通産大臣・運輸大臣の同意を必要とした。また発電炉・船用炉については、設計および工事方法の認可、施設検査・性能検査、使用前検査、定期検査は、原子炉等規制法の適用除外とされ、先行する安全規制に委ねられていた。[3] このように原子力船については、科技庁と運輸省の規制権限が入り組んでいたのである。

原子力行政への不信感を解消するため、政府は一九七五年二月に、首相の私的諮問機関として「原子力行政懇談会」（座長は有澤廣巳・東京大学名誉教授）を設置する。同懇談会では、原子力推進と安全規制を原子力委員会という同一の機関が担っていることに批判が集まった。参考とされたのは、アメリカの制度改革である。アメリカでは一九四〇年代から原子力委員会（ＡＥＣ）が、軍事利用・民事利用の両面で原子力行政を一元的に管轄してきた。だが一九七〇年代には、環境保護世論や原子力安全論争の高まりにより、原子力の推進と規制を同一機関が担当することへの批判が強まる。そこで一九七五年に原子力委員会は解体され、エネルギー研究開発庁（ＥＲＤＡ）（一九七七年にエネルギー省〈ＤＯＥ〉に改組）と原子力規制委員会（ＮＲＣ）が発足する。原子力規制委員会は当時、三〇〇〇人規模の職員を擁する独立の行政委員会で、原子力施設の設置許可の業務を担っていた。日本でもこれにならい、原子力行政を規制する強力な権限を持った「原子力規制委員会」（行政権限を持つ行政委員会、いわゆる三条機関）を設置するよう求める声が上がったのである。

しかし、この議論に対しては、規制だけを考える機関が原子炉の設置や運転の許可をすべて握ることになれば、原子力の開発がうまくいかなくなるのではないかという反対意見が多く寄せられた。

結局、一九七五年一二月に提出された中間とりまとめと、一九七六年七月に提出された最終答申では、原子炉の安全確保について行政官庁の責任の明確化を図るため、原子炉の種類に応じた許認可権限の一元化が勧告される。具体的には、安全規制行政の一貫化を図るため、実用段階に達した発電所等事業に関するものは通産大臣、実用舶用原子炉は運輸大臣、試験研究用および研究開発段階にある原子炉については内閣総理大臣（実質的には科技庁長官）が、それぞれ一貫して担当する方式が適当とされた。

これを受けて一九七八年六月に原子力基本法、原子力委員会設置法、原子炉等規制法が改正され、商業炉の許認可権は通産省に移管されることになり、科技庁の許認可権は、研究開発段階の原子炉やその他の原子力施設に縮小された。通産省は科技庁の不祥事に乗じて、積年の念願であった商業用原子炉の許認可権の全面掌握を実現したのである。

「原子力安全委員会」の設置

最終答申では、原子力委員会から安全規制業務を担当する「原子力安全委員会」（諮問委員会、いわゆる八条機関）を分離独立させることも勧告される。これを受けて一九七八年一〇月に、原子力安全委員会が設置される。規制の主務大臣は、事業の指定・許可にあたり、安全確保に関する事項については原子力安全委員会の意見を聞き、尊重しなければならないとされたのである。

しかし原子力安全委員会は、アメリカの原子力規制委員会とは異なり、原子力施設の設置許可の権限を持たず、主務官庁が安全審査を適正に行っているかどうかをチェックするに過ぎなかった（ダブルチェック体制）。また原子力安全委員会は、専任スタッフを持たない諮問機関に過ぎず、事務局は原子力推進機関である科技庁が務めることになった。一九七六年一月には科技庁内で安全規制を受け持つ原子力安全局が新設され、開発推進を担う原子力局から形式上、分離されることになった(4)。

結局のところ、原子力推進機関の内部に安全規制部門が設置されたに過ぎず、開発推進と安全規制の分離は実現されなかったのである。この問題は、二〇〇一年の省庁再編や、福島第一原発事故後に、再び取り上げられることになる。

スリーマイル島原発事故

しかも発足後すぐに、原子力安全委員会は、その存在意義が問われることになる。一九七九年三月二八日早朝に、アメリカ・ペンシルバニア州のスリーマイル島原子力発電所（ＴＭＩ）二号機で、加圧水型軽水炉から大量の放射能が放出される事故が起きた。その経緯は次の通りである。原発の運転中に、二次冷却水を蒸気発生器に送る二台の給水ポンプが復水器の故障により停止し、補助給水ポンプも作動しなかったため、一次冷却系から二次冷却系に熱を逃がすことができなくなった。このため一次冷却水の温度・圧力が増大し、一次系の加圧機の圧力逃し弁が開いたまま固着してしまい、一次冷却水が流出し続けることになった。そこで緊急炉心冷却装置が起動したものの、加圧機についていた水位計を見誤った運転員が、原子炉は満水だと勘違いして緊急炉心冷却装置を手動に切り替え、注水量を絞ってしまった。このため、炉心が空焚き状態になってしまい、水蒸気が冷却水に大量に混入したことから、主冷却材ポンプが異常振動を起こした。そこで同ポンプの破損を恐れた運転員により、給水ポンプがすべて止められてしまった。このようにして二時間一八分にわたり、原子炉が空焚き状態になってしまったのである。三〇日午前になって発電所近くの学校が閉鎖され、妊婦や乳幼児への避難勧告が出されたことで、事故を知った住民数万人が避難する騒ぎとなる。

この事故では、核燃料の四五パーセントにあたる六二トンが溶融するメルトダウン（炉心溶融）が起きていたことが、後に明らかとなる。放射線放出量で見た場合、当時としては、一九五七年にイギリスのウィンズケールで起きたメルトダウン事故に次ぐ規模であった。

スリーマイル島原発事故は、炉心内部の放射能の大部分が環境に放出される過酷事故が実際に起きたことで、世界の原子力発電事業に大きな衝撃を与えた。アメリカでは（電力自由化の影響が大きいとはいえ）、これ以後、二〇〇〇年代まで電力会社が新たに発電用原子炉を発注することはなくなり、西欧諸国でも原発見直しの世論が高まった。

ところが原子力安全委員会の吹田徳雄・委員長は、事故のわずか二日後の三月三〇日に、「事故の原因となった二次系給水ポンプ一台停止、タービン停止がわが国の原発で起きても、TMIのような大事故に発展することはほとんどありえない」とする談話を発表する。だが、アメリカの原子力規制委員会が四月一二日に、スリーマイル島原発で使われていたバブコック・アンド・ウィルコックス社製の加圧水型軽水炉の緊急炉心冷却装置だけでなく、ウェスティングハウス社製の緊急炉心冷却装置についても再点検の必要があると通告した。これを受けて原子力安全委員会は四月一四日に、加圧水型で唯一運転中であった関電大飯原発一号機（福井県大飯郡大飯町）の停止を命じる。このため原子力安全委員会は、「原子力安全宣伝委員会」だと批判されることになったのである。(5)

不十分なガイドライン

原子力安全委員会は、原発事故の防災活動について調査審議するため、四月二三日に原子力発電所等周辺防災対策専門部会を設置する。同部会は一九八〇年六月二六日に、「原子力発電所等周辺の防災対策について」（防災指針）をとりまとめ、原子力安全委員会で承認された後、内閣総理大臣に報告されている。このガイドラインでは、防災対策を重点的に充実すべき地域の範囲として、原発等を中心として半径約八キロから一〇キロの距離を目安として用いることが提案されている。また、原子力防災において考慮すべき核種は希ガス（クリプトン、キセノンなど）および揮発性核種（ヨウ素）とされ、放射性セシウムやストロンチウム、プルトニウムなどが環境中に放出されることは想定されていなかった。

しかし福島第一原発事故では、放射性セシウムが大量に放出され、原発から半径二〇キロ圏内が立ち入り禁止の警戒区域に、事故後一年間の被曝線量の合計（積算線量）が二〇ミリシーベルトになりそうな区域のうち、二〇キロ圏外の区域が計画的避難区域に、二〇〜三〇キロ圏内が緊急時避難準備区域に指定されることになった。このように今から見れば、このガイドラインはまったく不十分なものであった。だが、安全研究ですら行われることのなかった当時においては、防災対策のガイドラインがとりまとめられたのは画期的なことであったという。

このガイドラインを受けて、七月に内閣総理大臣から、各省庁および中央防災会議議長、都道府県防災会議の会長宛に通知がなされている。しかし、自治体で原子力災害を想定した防災訓練が行われるようになるのは、ほとんどが一九九〇年代以降のことであった(6)。

さらに福島第一原発事故後には、原子力安全委員会が一九九〇年に策定した安全設計審査指針が問題視されるようになる。とくに問題視された規定とは、「長期間にわたる全電源喪失を考慮する必要はない」というものである。実は一九九三年に原子力安全委員会は、「全交流電源喪失事象検討ワーキング・グループ」で全電源喪失対策を検討していた。ところが、日本の原発では外部電源の復旧は早く、しかも非常用ディーゼル発電機の起動がほぼ確実であることから、「全交流電源喪失の発生確率は小さい」、「短時間で外部電源等の復旧が期待できるので原子炉が重大な事態に至る可能性は低い」と結論づけていたのである(7)。

公開ヒアリング・シンポジウムの開催

原子力行政懇談会の最終答申では、原子力の安全性に対する国民の不安を払拭し、原子力開発に対する理解と協力を得るため、国は公開ヒアリングやシンポジウムを開催するなどの施策を講ずべきとされた。これを受けて、実用発電用原子炉の設置にあたり、電源開発調整審議会で電源開発基本計画案を決定する前に通産省が、電力会社が選定した立地の是非など、原発の設置等に関する諸問題に関し、第一次公開ヒアリングを開催することにした。第一次ヒアリングでは、電力会社が地元住民の質問に答える形式をとり、通産省は、このやり取りの結果を安全審査に反映させることとされた。これとは別に原子力安全委員会が、通産省から提出された安全審査等についてダブルチェックを行う際に、第二次公開ヒアリングを行うことになった。第二次ヒアリングでは、通産省が説明を行い、それに対して地元住民が意見を述べる形式をとり、原子力安全委員会が、このやり取りの結果を安全審査に反映させることとされた(8)。

電源開発調整審議会とは、一九五二年七月に設置された、発電所の建設計画を承認する審議会で、内閣総理大臣が議長を務める。民間電力会社の発電所計画であっても、電源開発調整審議会で認められたならば、それは国策として官民一体で推進すべき事業となるのである(9)。なお同審議会は、二〇〇一年の省庁再編により廃止され、その機能は新たに設置された経産省総合資源エネルギー調査会の電源開発分科会に引き継がれている。

原発トラブルと稼働率の低迷

2 反原発運動の活発化と通産省・電力会社の協調路線の確立

話を通産省と電力会社の関係に戻すと、原発が次々と運転を開始した一九七〇年代以降、両者は協調関係を築いていく。発電用原子炉は、一九七〇年代には年二基のペースで、一九八〇年代から九〇年代半ばまでは、サイズが大型化し、年一・五基のペースで営業運転を開始し、日本の原発設備容量は一九九〇年代半ばまで直線的に成長する（図表2-1参照）。このことについて吉岡斉は、通産省が原発建設をエネルギー安全保障という政策目標にとって不可欠だから推進したというよりは、原子炉メーカーを中心とした原子力産業の保護育成のために、沸騰水型軽水炉と加圧水型軽水炉をそれぞれ年平均一基程度ずつ建設するよう電力業界に要請し、電力業界がそれに応えて九社による分担計画を作り、それを実施してきたのではないかと推察している。アメリカとのライセンス契約により原発輸出が事実上不可能であった日本のメーカーにとって、国内市場の安定成長は好都合であった(10)。

もっとも原子力発電事業は、順調に進んだわけではなかった。実は軽水炉は完成された技術ではなく、原発では故障やトラブルが続発したのである。東電原子力部門の「ドン」豊田正敏は、「福島第一原発の一号機から三号機あたりまでは」、「運転を始めてみたらトラブルばかりで、とても商業用の原子力発電所の域に達していないと思いました」、「そもそもの設計がおかしいことは、気付いていましたよ」、しかし、いかに原子炉を止めずに運転し続けていくかということばかりに気をとられており、「運転しながら改良を加えていったんですよ。だけどね、一度つくっちゃったものは、もうどうにもならないところもあったんですよ」と証言している。原発の設備利用率（稼働率）は、一九七〇年度には七三・八パーセント（四基）であったものの、七三年から七九年にかけては四〇パーセント台から五〇パーセント台に落ち込み、七五年度には四二・二パーセント（一二基）となっている。稼

図表 2-1　各年度末の原発基数と設備容量

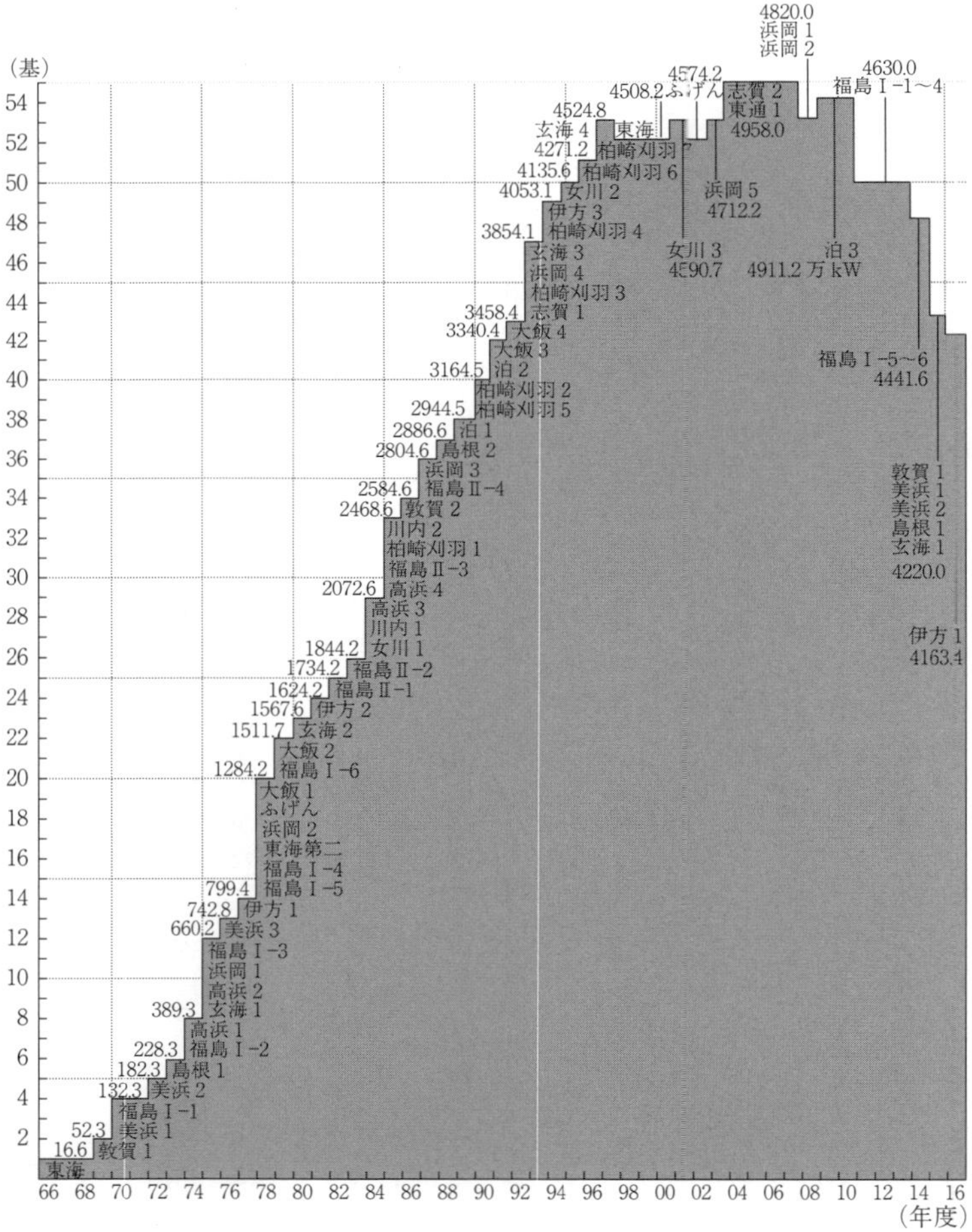

出典：原子力資料情報室編（2017）『原子力市民年鑑 2016-17』七つ森書館、107 頁。

働率低迷の最大の原因は、沸騰水型軽水炉では、冷却水を送るステンレス鋼配管の応力腐食割れ（高温水下での亀裂発生）、加圧水型軽水炉では、蒸気発生器伝熱管の損傷によるタービン側への放射能漏れであった。このため、何度も運転を長期間停止しなければならず、さらに修理作業では、多くの労働者が放射線被曝を強いられた。

稼働率の低迷は、原子力発電の経済性に疑問を抱かせることになる。原発は建設に多額の投資が必要だが、燃料費が安いため、運転すればするほど発電コストが低く済むとされていたのに、稼働率が低迷すると、その長所が生かせなくなるからである。電力会社は、原発反対派から稼働率の低迷を攻撃される一方で、原子力発電への依存を強めていこうとする国や財界からも、稼働率向上を求める圧力をかけられる。東電社内でも、原発が動かないため、代わりに火力発電の燃料を調達しなければならなくなったことで原子力部門は責められ、当時の原子力本部長は心臓を傷めて入院してしまったという(11)。

「改良標準化」

そこで電力会社は、「改良標準化」に取り組むことにした。豊田正敏は、電力会社の垣根を越えて、それぞれが経験したトラブルや運転保守の経験に基づき、プラント設計の改良や保守方法の改善を図るため、原子炉メーカーと共同で研究開発に取り組み、原子炉の改良と標準化を進めることを東電社内で主張した。それが実現したというのである。電力会社の依頼を受けて一九七五年六月に通産省は、「原子力発電設備改良標準化調査委員会」を設置する。一九七五〜七七年度の第一次計画、七八〜八〇年度の第二次計画、八一～八五年度の第三次計画と三次にわたり、電力会社、原子炉メーカー、研究機関が協力して、故障対策や、作業時の労働者の被曝を減らすため、格納容器などの改良が進められた。研究開発費は、電力会社が通産省原子力発電課長に働きかけ、電気料金の改定の際に「電力共通研究費」という名称で電気料金に織り込むことで捻出された。

この「改良標準化」により、一九八〇年代以降の原発の設備利用率は六〇パーセント台に、八三年以降は七〇パーセント台に改善され、九五年度から二〇〇一年度には八〇パーセント台が維持されるようになる(12)。また第三次計画では、電力会社の提案により日米共同開発方式（アメリカ企業が開発を主導し、日本企業がそれに協力する方式）で、改良沸騰水型と改良加圧水型の設計開発が行われた。この時期になるとアメリカの原子炉メーカーは、電力自由化によりアメリカ国内で原子炉発注がほとんどなくなったことから、日本の原子炉メーカーをパートナーとし、設計はアメリカ、製造は日本という役割分担を行うことで生き残りを図ろうとしていたのである。一九八〇年代以降に運転を始めた原子炉の国産化率は、おおむね九九パーセントに達し、九〇年代から導入された改良型軽水炉では国産化率が一時的に低下するものの、二〇〇〇年代以降、九〇パーセント台に戻している(13)。

電源三法の成立

原発立地地域で原発反対運動が高まったことが、電力会社と通産省との協調関係を決定的にした。一九五〇年代から六〇年代半ばにかけては、福井県や福島県で熱心な原発誘致運動が展開された。しかし一九六〇年代半ば以降になると、公害・環境問題に対する世論の関心が高まり、原発についても一部地域で大規模な立地反対運動が起きるようになる。さらに一九七〇年代になると、原発の相次ぐ故障やトラブルを受けて、原発立地計画にはつねに大きな反対運動が起きるようになる。

一九七三年一〇月に石油危機が発生すると、田中角栄首相は原発推進を国家的課題に位置づけ、自ら主導して電源立地促進のための電源三法（発電所の立地・周辺自治体への交付金制度を定めた「発電用施設周辺地域整備法」、その財源のため販売した電力に応じて電力会社に課税する「電源開発促進税法」、それを特別会計で扱うための「電源開発促進対策特別会計法」〈二〇〇七年に「特別会計に関する法律」に統合〉の総称）を一九七四年六月に成立させる。電源三法交付金の発想は、小林治助・柏崎市長によるものだという。小林は、新潟県柏崎市と刈羽郡刈羽村にまたがる荒浜砂丘に原発を誘致しようとしていた。しかし、反対運動で立地交渉が難航していたため、田中首相に、原発を受け入れる地域の振興策を国が後押しするよう、福井県の敦賀市長らとともに陳情を重ねていた。これが石油危機をきっかけに具体化したのである。

電源三法の仕組みは、以下の通りである。電力会社は、販売電力量に応じて一定額（一〇〇〇キロワット時につき八五円）の電源開発促進税を徴収し、それを電源開発促進対策特別会計の予算とする。そして同会計からは、発電所を立地する自治体（当該市町村および周辺市町村）に対し、電源立地促進対策交付金を中心に、さまざまな種類の交付金・補助金・委託金が、発電所着工から数年間、道路や福祉・教育・文化施設の建設など使途が特定された資金として支払われる。電源三法は、あらゆる発電所を対象とするものの、原発には同規模の火力・水力発電の二倍以上の交付金が支給されるようになっている。この仕組みを考えたのは通産省資源エネルギー庁で、このときの通産大臣は中曾根康弘であった。また田中は、一九五三年六月に自らが議員立法で成立させた「道路整備費の財源等に関する臨時特別措置法」をモデルとしていたという[14]。これは、運転手が負担するガソリン税で財源を捻出し、地方の道路整備に回すというものである。

電源三法の制定により、官民一体で国策として原発を推進する体制が成立する。九電力会社は、原発反対運動に対抗して原発事業を行うために、「国のエネルギー政策への協力」という「お墨付き」を必要とするようになり、原発事業は「国策民営」の性格を強めていった。

また橘川によると、高度成長期には九電力会社がいっせいに電気料金を値上げすることはなかったため、値上げを実施した電力会社には社会的非難が集中することになり、批判を受けた電力会社は経営合理化に取り組んだ。しかし石油危機後の一九七四年以降、九電力会社は料金の値上げも値下げも横並びでいっせいに行うようになり、パフォーマンス競争を行わなくなったという。九電力会社が、原油価格の上昇を受けていっせいに値上げを繰り返すうちに、また原発立地問題の解決を電源三法に委ねるうちに、さらには反原発運動に対抗して一枚岩的な行動様式を強めるうちに、電力会社のパフォーマンス競争は弱まり、電力会社と行政の距離は狭まったというのである。この結果、電力会社の「私企業性の後退」が生じ、官民間の緊張関係は一挙に変化して、電力会社のお役所体質化が進んだという[15]。

田中角栄と柏崎刈羽原発

柏崎刈羽原発建設にあたっても、田中角栄の金脈疑惑が見え隠れする。一九六六年八月に荒浜砂丘の五二ヘクタールの土地所有権が、北越製紙から田中の後援会「越山会」の刈羽郡会長である木村博保（刈羽村村長、新潟県議会議員）に移される。その所有権は、九月九日に田中のファミリー企業「室町産業」に移される。

ところが、一〇月二〇日の衆議院予算委員会で共産党の加藤進・衆議院議員が佐藤栄作首相に対し、室町産業による信濃川河川敷買収問題を追及する。これは頻繁に洪水被害を受けていた土地を室町産業が買収した後、堤防が建設されることで地価が高騰し、あらかじめ堤防が建設されることを知っていた田中が大儲けしたという疑惑である。田中は当初は否定したものの、後に室町産業が河川敷利用のために設立した会社であることを認め、一二月一日に自民党幹事長を辞任する。すると翌一九六七年の一月一三日には、「錯誤による抹消」を理由に、室町産業から木村に所有権が戻る。一九六九年九月に東電が、柏崎刈羽原発の建設計画を発表し、一九七一年一〇月に、木村は砂丘の土地を東京電力に売却する。短期間での土地ころがしを経て、売り値は買い値の約二六倍に膨れ上がり、その売却益の四億円は、田中の邸宅に運ばれたというのである。(16)

電源多様化政策

先述した通り、通産省は一九七〇年代には原子力船「むつ」をめぐる科技庁の失態につけ込み、商業炉の許認可権限を科技庁から奪うことに成功する。さらに通産省は、石油危機を好機として、原子力政策への権限を強めていく。

通産省は一九六二年五月に、産業構造調査会に総合エネルギー部会を設置し、「総合エネルギー対策」を重要政策の一つとして位置づける。一九六五年に総合エネルギー部会は、総合エネルギー調査会へと改組される（二〇〇一年に経産省総合資源エネルギー調査会に改組される）。一九六七年からは総合エネルギー調査会の需給部会が、長期エネルギー需給見通しの策定を始め、数年おきに改定されるようになった。この見通しで示された需給目標は、電源開発基本計画や石油供給計画、原子力開発利用長期計画など、個別の計画に反映されることになる。

一九七三年七月に通産省は、資源エネルギー庁を発足させる。通産省の原子力行政の大部分は同庁の管轄となり、同庁は総合エネルギー調査会の事務局を務めることになる。そして同年一〇月に第一次石油危機が発生すると、総合エネルギー政策は国の最重要課題となる。さらに第二次石油危機により、総合エネルギー政策は総理大臣を含む閣僚級の会議でオーソライズされるようになった。総合エネルギー政策のなかではエネルギー安全保障が最重点事項となり、石油依存度の低減と石油代替エネルギーの供給拡大が、重点目標として掲げられ、原子力発電が重要視されるようになる。一九八〇年五月には、石油代替エネルギーの開発及び導入の促進に関する法律（石油代替エネルギー法）が成立する。これにより石油代替エネルギーの種類ごとの供給目標が決められるようになり、それが閣議決定されるようになる。こうした結果、通産省の総合エネルギー調査会は、原子力委員会に匹敵する実質的な権限を確立したのである。

通産省は一九八〇年代以降、石油火力発電のシェアを減らして、石炭、天然ガス、原子力のシェアを増やし、再生可能エネルギーを含む新エネルギーの開発導入を促進する「電源多様化政策」を推進する。石油火力発電所の新設は、計画中のものを除いて禁止され、既設分についても石炭や天然ガスへの燃料転換が奨励された。とはいえ、この電源多様化政策は、実質的には原発推進のための政策でであった。というのも、石炭、天然ガスのシェア増大に対しては政策的支援は行われなかったのに対し、政府のエネルギー関係予算の大部分、そして広報宣伝と住民説得のための努力の大部分が、原発事業に投入されたからである(17)。

電源多様化政策は、石油危機以降、注目を浴びるようになった総合安全保障論を理論的基盤としていた。これは、安全保障を軍事面に限定せず、経済全般にわたる諸施策との関連で総合的に考えるというものである。政府は、この考えを取り入れ、原子力を供給安定性と経済性に優れた「準国産」エネルギーと位置づけて、その前提となる核燃料サイクルの国内自主確立を推進することにした。そのため立地対策が、ますます重要視されるようになったのである(18)。

電源三法は、立地対策と電源多様化政策のため、その後も拡充される。電源開発促進税は一九八〇年七月から、一〇〇〇キロワット時につき、電源立地勘定八五円に電源多様化勘定（研究開発費用）二一五円が加えられ、三〇〇円になった。さらに一九八三年度からは、電源立地勘定一六〇円に電源多様化勘定二八五円を加えた四四五円に値上げされた（その後、原発増設ペースのスローダウンと、大型研究開発事業の商業段階へのステップアップにより、電源開発促進税は何度か減らされ、二〇〇七年度からは三七五円になっている。また電源多様化勘定は、二〇〇三年から電源利用勘定に名称変更）。交付金の交付期間や交付対象も拡大され、一九八一年一〇月からは、原子力発電施設等周辺地域交付金と電力移出県等交付金が創設され、都道府県にも交付金が与えられることになった。

電源多様化勘定に基づく研究開発予算は、通産省と科技庁が山分けした。一九八〇年代には電源多様化勘定の予算の三分の二は原子力開発に支出され、そのうち半分は動燃の高速増殖炉開発に使われた。[19]

このように電力会社と通産省は、二人三脚で原発を推進していったのである。

電事連の広報戦略

ところが、原発の故障やトラブルが続発し、原子力の平和利用に対する世論の熱狂は冷めていく。先述した通り、一九六〇年代半ば以降、大規模な立地反対運動が起きるようになり、一九七〇年代には、すべての原発建設予定地で立地反対運動が起きた。そこで電事連会長の木川田一隆・東電会長は、一九七一年に電事連に広報部を立ち上げ、ダイヤモンド社の取締役論説主幹であった鈴木建を広報部長に就任させ、原子力広報体制を強化する。

全国紙で原発の推進広告が初めて掲載されたのは、一九七四年八月六日付の朝日新聞で、その内容は、放射線医学総合研究所の渡辺博信・環境衛生研究部長が、放射線の基礎知識を教えるというものであった。その記事の中には、「現代は放射線をおそれる時代から生活に取り込む時代です」という小見出しもあった。その後も朝日新聞では、学者が原子力の有用性について講義するという内容の広告が連載される。鈴木建によると、当時の新聞社やテレビ局は、原発をPRすると反対派が押しかけてくるため、また新聞社では労働組合も原発には批判的であったため、原発広報には及び腰であった。ところが、東電柏崎刈羽原発のPRに関わる広告会社が朝日新聞広告部と話を進めており、そのことを知った鈴木が、旧知の朝日新聞論説主幹に相談したところ問題ないということだったので、月一回、掲載を始めたという。

　すると読売新聞社が、原子力は正力松太郎が導入したもので、朝日にPR広告をやられたのでは面目が立たないと言ってきた。そこで読売新聞にも一九七五年一月二六日から、月一回、PR広告を掲載するようになった。読売新聞の連載は、漫画家の近藤日出造が自ら取材した記事をイラスト入りで紹介するという内容であった。朝日新聞の影響力は大きく、「朝日の線ならよろしい」として、地方新聞も、原発広告や政府の原子力広報を受け入れるようになったという。

　さらに毎日新聞の広告局も、原発PR広告の出稿を求めてきた。だが毎日新聞は当時、「出直せ原子力」という原発反対のキャンペーン記事を掲載しており、地方の電力会社からは非難の声が上がっていた。また毎日新聞は、「政治を暮らしへ」というキャンペーンも行っており、市川房枝・参議院議員が電力会社の政治献金を批判して行っていた電気料金の「一円不払い運動」を煽るような記事も掲載していた。そこで鈴木は、偏向記事を紙面に出すのはおかしい、「消費者運動を煽って企業を潰すような紙面づくりをやっていたのでは、広告だってだんだん出なくなりますよ」と毎日新聞に意見した。「毎日新聞の編集幹部も含めて、私の意見を誠意をもって聞いてくれたし、原子力発電の記事の扱いにも慎重に扱うとも約束してくれた」。この後、毎日新聞からは「政治を暮らしへ」のキャンペーン記事は消え、読売新聞から一年遅れの一九七六年一月二八日から原子力広告が掲載されるようになったという。毎日新聞の広告は、原子力発電が庶民の暮らしにどのように関わっているかを説明し、その必要性を訴えるという内容であった。

　広告はすべて日本原子力文化振興財団の名で出された。日本原子力文化振興財団（二〇一四年七月から一般財団法人日本原子力文化財団に名称変更）は、政府と電力会社を含む原子力業界の出資により「原子力の平和利用についての知識の啓発普及を行ない、その必要性についての認識を高め、原子力が明るい文化社会の形成に寄与することを目的として」、一九六九年に設立された財団法人である。本当の広告主である電事連の名は隠された。(20)

3　核燃料再処理事業をめぐる電力会社と科学技術庁の対立

電力会社と科技庁との利害対立

電力会社は一九七〇年以降、次々と軽水炉の建設、運転を進めていき、日本の原発の主流は軽水炉となった。電力会社は、経済的な理由から発電用原子炉に関しては外国技術の導入習得路線を、核燃料に関しては海外からのウラン購入、ウラン濃縮サービス委託、使用済み核燃料再処理サービス委託を中心とする購入委託路線を採用しようとする。このため、ウラン濃縮から高速増殖炉での発電、核燃料再処理まで国内で完結させる核燃料サイクル事業を進めようとする科技庁との間では、利害が大きく対立するようになる。

科技庁は苦肉の策として、軽水炉から出る使用済み核燃料を核燃料サイクルの資源として国内で再利用するという方針を打ち出す。軽水炉の使用済み核燃料に含まれている少量のプルトニウムを再処理工場で取り出して、高速増殖炉や新型転換炉の燃料にするというのである。そこで科技庁は、電力会社に使用済み核燃料を再処理し、プルトニウムを取り出すよう求める。しかし一九七〇年代には、電力会社は軽水炉のトラブル対応に必死で、核燃料サイクル計画を手掛けることには消極的であった。一方、電力会社は、政府の電力事業への介入を嫌った。政府は一九六七年以降、原子力予算を軽水炉の運転にではなく核燃料サイクル計画に重点的に投じていったという。[21]

科技庁は先述した通り、一九六〇年代後半から七〇年代半ばにかけて、新型転換炉原型炉ふげん、高速増殖炉実験炉常陽、東海核燃料再処理工場（実験的なパイロットプラントに相当）、人形峠ウラン濃縮パイロットプラントを次々と建設していった。だが、原型炉やパイロットプラントの建設までならともかく、実証炉や商業プラントの建設費・運転費は巨額となるため、国家予算で賄うことは不可能であった。そこで科技庁は一九七〇年代以降、これらのプロジェクトを電力会社に引き継がせようとする。しかし電力会社は、巨額の費用負担を嫌い、これらを引き継ぐことには消極的であった。

このうち高速増殖炉とウラン濃縮については、一九八〇年代になって民営化が実現する。一九八五年には電力会社の出資により日本原燃産業（後に日本原燃に統合）が設立され、ウラン濃縮を引き継ぐことになった。また高速増殖炉については、一九八〇年六月に電事連が高速増殖炉開発準備室を設置し、メーカーとともに実証炉の設計研究を始める。一九八二年の原子力開発利用長期計画で、高速増殖炉実証炉の民営化計画が確定した。電力会社は実証炉の建設運転主体を原電とし、一九八五年一一月に設計研究業務を原電に移管する。原子力委員会は、実用段階に到達するまで高速増殖炉開発は国策として推進するとし、動燃にも引き続き研究開発に関与させることにした。吉岡斉は、ウラン濃縮については金額的に小規模であったため、高速増殖炉については将来の原子炉の大黒柱になるかもしれないという期待がまだ残っていたため、引き受けが実現したと推察している。

電力業界が最も消極的であったのは、新型転換炉であった。新型転換炉は軽水炉よりも発電コストが高くなると見込まれたからである。他方、かねてより原子力への進出を狙っていた電源開発が、一九七五年に通産省と連携し、カナダ型重水炉導入に動いた。通産省は、天然ウラン供給の保障などエネルギー面でカナダとの協力関係を深め、原子力利用でのアメリカへの依存度を低めることを目的としていた。これに対し科技庁は、カナダ型重水炉が、同じ重水炉である新型転換炉と類似した特徴を持っていることから、この導入に猛反対した。電力業界も、カナダ型重水炉導入には批判的であった。このため通産省は孤立し、一九七九年八月に原子力委員会が、カナダ型重水炉の導入は不要との決定を行う。

そこで電源開発は、新型転換炉実証炉を引き受けることで、念願であった原子力への進出を実現することにした。結局、実証炉の建設費は、政府が三〇パーセント、電力会社が三〇パーセント、電源開発が四〇パーセントを負担することになった。(22)

科技庁による強権発動

最後に使用済み核燃料再処理計画についてである。(23) 科技庁は、動燃に東海再処理工場を建設させるとともに、民営商業再処理工場の建設計画の具体化を目指す。原子力委員会は、すでに一九六七年、次いで一九七二年の原子力開発利用長期計画で再処理工場民営化論を打ち出していた。しかし電力業界は、経済的リスクが大きい再処理事業の事業主体になることには消極的であった。

ところが第一次石油危機の発生により、火力発電の将来が危ぶまれるようになり、経済界を中心に核燃料サイクル事業への期待が高まる。[24] ここで政府が電力会社に強い圧力をかける。一九七八年六月の原子炉等規制法改正までは、科技庁が原子炉設置に関する許認可権を有しており（科技庁の決定に基づき、総理大臣が設置許可を出す）、科技庁はこの権限を楯に、再処理事業を電力業界に押し付けてきたのである。

電力会社は、原子炉設置許可申請書に使用済み核燃料の処分方法を記載しなければならない。当時の原子力政策では、処分方法は「国内再処理」と決められていた。だが、当時、試験運転中であった東海再処理施設の再処理能力は二一〇トンで、原発から毎年発生する使用済み核燃料約七基分に過ぎなかった（一基あたり年間二〇〜三〇トン発生する）ため、全国で建設中の原発十数基から出る使用済み核燃料を国内で全量再処理するには、別の再処理工場の建設計画が必要であった。この点を社会党が追及する構えを見せたため、科技庁は電力会社に、「設置許可申請書の使用済核燃料の処分方法に関する項目は、実現可能な内容でなくてはならない」旨を伝え、民間の再処理工場建設を暗に促した。

電力会社は、一九七四年に「濃縮・再処理準備会」をつくり、海外への再処理委託を進めようとしていた。ところが通産省が、「第二再処理工場を放ったらかして海外依存にまた走ろうとする」のでは、日本輸出入銀行の融資は出せないとして、民間再処理工場の建設を要請する。[25] そこで電力会社も、やむを得ず国策への協力を決め、一九七五年七月の電力社長会で再処理事業への積極姿勢を表明した。これを受けて科技庁は、民間による再処理事業を法的に可能とするための法案作成に着手する。

一九七九年六月に原子炉等規制法の一部改正案（いわゆる再処理民営化法案）が成立し、八〇年三月に九電力と原電が七割、金融機関と製造業界が残り三割を出資する「日本原燃サービス」が設立される（一九九二年七月に、ウラン濃縮を主業務とする「日本原燃産業」と合併し、「日本原燃」となる）。国内民間再処理工場計画は、これ以降、急速に具体化し、後述するように一九八〇年代後半以降、青森県上北郡六ヶ所村における核燃料サイクル施設の集中立地計画の一環として実現されることになる。

しかし電力会社は、転んでもただでは起きない。国内民間再処理工場計画を引き受ける対価として、当初からの希望であった海外再処理委託サービス利用を本格化させることを政府に認めさせたのである。電力会社は、再処理工場が稼働するまでの間の経過措置として、一九七七年九月にフランス核燃料公社（COGEMA）と、一九七八年五月にはイギリス原子力公社（UKAEA）から独立した、イギリス核燃料公社（BNFL）と、相次いで再処理委託契約を結ぶ。それまでは原電が、東海原発および敦賀原発の使用済み核燃料に関して、一九六八年と七一年にイギリス原子力公社と、再処理委託契約（プルトニウム返還を条件とする）を結んでいただけであった。これにより一九七八年から年平均数百トンの使用済み核燃料が、英仏へ輸送されるようになり、二〇〇一年までに原電の旧契約分も含めて、約五六〇〇トンの軽水炉使用済み燃料と、約一五〇〇トンのガス炉使用済み燃料が輸送されている。その後、追加契約は結ばれていない。

4　核不拡散問題と日米原子力協定の改定

中国の核実験と核不拡散問題

一九六四年に中国がプルトニウムを利用した原爆を開発し、核実験に成功する。米ソをはじめとした核保有国は、これ以上の核保有国の増大を危惧し、核兵器不拡散条約（NPT）の締結に動く。一九六七年時点で核保有国であったアメリカ、ソ連、イギリス、フランス、中国を除く非核兵器国への核兵器の拡散防止を目的としたもので、一九六八年から署名が始まり、七〇年に発効する。

日本は、一九五七年七月に発足した国際原子力機関（IAEA）に発足時から加盟しており、IAEA保障措置制度（核物質の計量管理システムの構築と、それが適切に運用されていることを確認するための査察制度の組み合わせ）の運用に協力的な姿勢をとってきた。さらに、国際的な保障措置制度の整備にも積極的に貢献し、NPT体制の模範生としての信用を得てきた。しかし、その一方で日本は、欧米諸国が開発に着手した、あらゆる種類の原子力開発プロジェクトを国内開発プロジェクトとして進めた。その結果、日本は、あらゆる種類の機微核技術（SNT、軍事的に利用される可能性がある核技術）を有することになり、国内には軍事転用の危険性のある核施設が建設されることになった。(26)

なぜ日本政府は、核燃料サイクルを含めた、あらゆる種類の原子力開発プロジェクトを進めてきたのか。科技庁の官僚たちが、エネルギーの自給が今後一〇〇〇年、可能になるという夢を抱いていたことは先述した通りであるが、(27)別の背景として、政府内に核武装の潜在力を高めたいという思惑があったことが指摘されている。

外務省の核武装研究

一九六四年に中国が核実験に成功すると、源田実・参議院議員をはじめとした自民党の政治家たちが外務省に対し、将来の核保有について検討するよう働きかけを行う。そこで外務官僚たちは、核武装について検討した。彼らは、核燃料サイクルによってプルトニウムを取り出せることに着目し、この技術を開発することで、いつでも核武装できる体制を整えておく必要があると考えた。日本の防衛・外交上、核武装という選択肢を持っておくことは必要だということで、彼らの考えは一致したのである。

NPT体制の欠陥や日本の条約加盟に伴う問題点を議論するたたき台として、矢田部厚彦・国際連合局科学課長が一九六八年一一月に執筆した『『不拡散条約後』の日本の安全保障と科学技術」という報告書には、「もともと重水炉は原爆用プルトニウム製造の副産物として生まれた。軽水炉は原子力潜水艦開発の結果として発達した。高速増殖炉の開発のために、プルトニウムの性質を知る必要があるが、これは原爆の秘密を知ることとほとんど同義だ」、「核兵器に対して特殊な拒絶反応を有する現在の国民心理を考慮して（中略）原子力平和利用が軍事利用と紙一重であるということは、日本の原子力界にとって禁句になっている」、「NPTの寿命は一〇年ないし一五年」、「日本は一九八五年ごろまでには核武装しているだろう」などと明記されている。(28)

内閣調査室の核武装研究

内閣調査室でも、核武装研究が極秘で進められていた。一九六八年に、核化学者で、後にIAEA

次長を務める垣花秀武・東京工業大学教授、国際政治学者の永井陽之介・東京工業大学教授、軍縮問題研究家で核技術にも詳しい前田寿・上智大学教授、国際政治学者の蠟山道雄・上智大学教授の四人が集められる。この研究会は、それぞれの頭文字をとって「カナマロ会」と名付けられた。

カナマロ会の研究は、一九六八年九月には『日本の核政策に関する基礎的研究　その一』として、一九七〇年一月には『日本の核政策に関する基礎的研究　その二』としてまとめられる。その内容は以下の通りである。

核兵器製造に必要な核分裂性物質として、現時点では日本に濃縮ウランの製造能力はないものの、プルトニウムは東海発電所のコールダーホール改良型炉から抽出できる。しかし、これはＩＡＥＡの管理下にあり、軍事的利用はできない。その制約を無視するとしても、プルトニウムを核爆弾の材料として使用するには再処理が必要である。再処理工場は一九七二年を目標に建設を計画中であり、それ以降でなければ核爆弾を製造することは不可能である。プルトニウム爆弾の起爆法については、インプロージョン（内爆発）方式が使われることになるであろう。この方式の技術的問題は、日本の技術水準から見て、比較的容易に解決できる。したがって、プルトニウム原爆を少数製造することは可能であり、比較的容易だとしている。

しかしながら、有効な核戦力を持つには多くの困難があり、核戦力を持つことで日本の安全保障が高まることにはならないと結論づけた。具体的な理由として、狭い面積に多くの人口が集中する日本は、核兵器による抑止に失敗して核攻撃を受けた場合の被害が甚大であること、核戦力を持とうとすれば、ソ連やアメリカの対日猜疑心を高めることになり、外交的に孤立を深めること、憲法九条と非核三原則のもと、世論が分断され、核武装反対論者の政治行動を先鋭化させ、国内的政治不安を高めること、核戦力を保持すると、経済的にも人的にも負担が大きくなることなどを挙げ、「日本は、技術的、戦略的、外交的、政治的拘束によって核兵器を持つことはできない」としたのである。

佐藤栄作首相も、財政的にも各省を説得することも含めて簡単ではないと考えており、核武装はすべきでなく、核不拡散条約に調印し、アメリカの核の傘の中に引き続き入るということで決着した。だが、原子力の平和利用には必要であり、核武装が可能になる体制をとっておくことが必要だとして、核燃料サイクル事業も行うべきだということになったという。(29)

この日本政府内の動きを、アメリカ政府は把握していた。CIAが各国の原子力開発の実態を調査していたのである。当時の報告書によるとCIAは、日本は核兵器の製造に必要な科学技術や知識をすでに持っており、日本の指導者が核兵器の保有を決断する可能性が大いにあると分析していた。また一九七〇年代以降、最も警戒が必要な国は日本で、一九八〇年代初めにも、核保有の決断を下す可能性があるとも予測していた。(30)

一方、NPT署名・批准に際しては、日本国内で反対論が噴出する。NPTが核兵器保有国に有利な不平等条約であり、原子力民事利用にも重大な制約が課せられる危険性があるという反対論が、声高に主張されたのである。自民党の一部からは、核武装へのフリーハンドが失われることに反発する声や、核兵器開発の潜在的能力まで否定してはいけないとする意見も出された。NPTに加盟するとIAEAの査察が義務付けられるため、産業界からも、査察が入ると仕事の支障、負担になり、産業機密の漏洩にもなるという懸念が出ていた。こうした反対論により、政府は一九七〇年二月にNPT

に署名したにもかかわらず、国会での批准は七六年六月にずれ込むことになった。[31]

インドの核実験とカーター政権の核不拡散政策

一九七四年には、インドが平和利用目的で導入したカナダ型重水炉（原子炉はカナダが、重水はアメリカが輸出）からプルトニウムを取り出し、それを再処理して原爆を製造し、核実験に成功する。[32]これに対しアメリカ政府は、核不拡散体制の強化に乗り出す。とりわけ一九七七年に大統領に就任したジミー・カーター大統領は、原子力潜水艦の開発でプログラムの担当者を務め、一九五二年にチョーク・リバー研究所で原子炉が暴走し、燃料棒が溶融する事故が起きた際には、事故処理に携わって現場で被曝した経験もあり、核不拡散に熱心であった。カーターは一九七六年の大統領選挙で核不拡散政策を公約とし、当選後には公約通り、商業用再処理施設の停止とプルトニウムを使う核燃料サイクルの無期限延期、高速増殖炉原型炉の計画中断と商業化の延期、濃縮・再処理の施設・技術の輸出禁止継続、諸外国の需要に応じられるよう自国のウラン濃縮能力の増強、国際的な核燃料サイクル評価の実施を表明する。これ以降アメリカでは、使用済み核燃料の再処理を行わない直接処分（ワンス・スルー）方式がとられるとともに、高速増殖炉の開発計画は、基礎的な研究以外、事実上中止となった。

カーター政権は、アメリカ国内の核不拡散法（一九七七年に成立し、七八年に発効）を楯に、同盟国に対してもプルトニウム民事利用の抑制政策に同調するよう求めてきた。日本に対しては、一九六八年に改定された日米原子力協定第八条C項で、アメリカ起源の核燃料を再処理するか、形状・内容を変更する際、実施する施設に効果的な保障措置（軍事目的に転用されていないか確認するための検認制度）がかけられているという「両当事国政府の共同の決定」[33]が必要とされていたことを根拠として（当時は、濃縮ウランはすべてアメリカから輸入していた）、東海再処理施設のホット試験見直しを求めてきた。動燃の東海再処理施設は、一九七四年九月に完成し、化学試験、ウラン試験を経て、使用済み核燃料を用い、実際にプルトニウムが抽出されるホット試験に入ろうとしていたところであった。

この要求に対して福田赳夫首相は、エネルギー安全保障の観点から核燃料サイクル推進を一歩も譲らない構えであった。このため一九七七年四月から、日米再処理交渉が行われることになった。

日米再処理交渉

アメリカ側は、一九七〇年代後半以降、ウランの埋蔵量は、これまで考えられてきたよりも多いことがわかったとして、再処理に経済性はないと主張した。それに対し日本は、東海再処理施設の稼働と海外への再処理委託に理解を求めるという構えを崩さなかった。そこでアメリカは妥協策として、ウランとプルトニウムを単体で抽出せず、他の物質と混ぜたまま抽出する「混合抽出法」の採用を求めてきた。これに対し日本は、混合抽出法の技術は未開発だとして、予定通りウランとプルトニウムを単体で抽出すると主張した。福田は、アメリカ側の提案に対して「ビールをつくる機械でサイダーをつくれと言っているようなもの」と強く反発する。くわえてアメリカは、軽水炉でのプルトニウム利用（プルサーマル）を懸念していた。この時点で日本は、まだプルサーマルを商業炉で実施できる見込みが立っていなかった。そこで研究開発と実証試験ができればよいと考え、これは受け入れることにした。

九月一日に交渉は決着する。合意内容は、東海再処理施設での再処理量の上限を二年間で九九トンとすること（東海再処理施設の年間最大処理量は二一〇トンだったのだが、動燃の事業計画では、初年度二七トン、第二年度四〇トンとされており、影響はなかった）、東海再処理施設に付属して建設される運転試験設備で、混合抽出法等の検討を行うこと、現行の方式で二年間運転した後で、混合抽出法が技術的に可能であると両国政府が合意すれば、この方式に施設を改造すること、二年間はプルトニウム利用を目的とした施設建設に向けた主要な措置とプルサーマルを実施しないこと、アメリカが提唱する国際核燃料サイクル評価会議に積極的に参加すること、ウランとプルトニウムの混合貯蔵についても具体的な方法を検討することなどであった。これにより東海再処理工場の操業が可能になり、九月二二日に運転を開始する。

この共同決定は、その後一九八一年一〇月まで、五回にわたって延長される。実験はうまくいかず、混合抽出法は採用されることはなかった。一方、再処理で回収された単体のウランとプルトニウムを混合して酸化物（ＭＯＸ）に転換して貯蔵するマイクロ波加熱直接脱硝法（混合転換法）は、交渉妥結後に動燃が開発に着手したところ、予想外に良好な成果を得た。そこで一九八〇年七月に、混合転換法を使うプルトニウム転換施設の建設が共同決定され、八三年一〇月にはホット試験が開始される。このように交渉の結果は、日本側の主張が、ほぼ受け入れられたものとなった。(34)

暗躍する電事連

実はこのとき、電事連が動いていた。電力会社はアメリカ政府に、東海再処理施設の稼働と海外再処理委託サービスの利用を認めさせないといけない事情があった。使用済み核燃料は、原発の敷地内にある貯蔵プールで一時保管されていたのだが、それが貯まって、保管場所がなくなってきていたのである。また電力会社は、地元自治体に対し、原発敷地内での使用済み核燃料の保管は再処理までの一時的なもので、いずれ持ち出すと約束していたからでもある。

この事態に危機感を募らせていた東電の豊田正敏は、外務省とは別に独自でアメリカの政府・議会に対し、再処理を認めるようロビー活動を行っていた。豊田は、コンサルタントからアメリカ国内の情報を得て、外務省に任せていてはダメだと思い、電力会社が共同で対策をとる必要があると判断した。豊田は電事連の社長会に諮り、次のような工作を行う。まず、電事連の主要メンバーがアメリカの電力会社に赴いて働きかけを行い、次に、アメリカの電力会社に管内の上院議員を説得してもらう。さらに、電事連のメンバーはワシントンにも行って、原子力関係機関に説明をし、上院議員への説得も行った。こうすることで何とか日本の言い分を通したのであり、このことは外務省も知らないという(35)。

一九七七年一〇月からはカーター大統領の主導により、国際核燃料サイクル評価会議が一九八〇年二月まで、六一回にわたって開催される。カーターは各国の専門家を集め、核燃料サイクルの技術的・経済的側面を包括的に検討し、核燃料サイクルを進めることが核の拡散につながりかねないことを検証しようとしたのである。これに対し日本は、外交官や技術部門の専門家を送り込み、核燃料サイクルの必要性を訴えた。当時は西欧諸国も、民間部門で核燃料サイクルを進めようとしており、カーターの提案には批判的であった。結局、明確な結論は出ず、日本と西欧諸国がプルトニウム民事利用計画を推進していくことが認められる。(36)

レーガン政権下での日米原子力協定の改定

一九八一年にロナルド・レーガンが米大統領に就任する。レーガン政権は、日本の原子力計画に対して寛容であった。そこで日本は、核物質の国際移転や使用済み核燃料の再処理事業に関して、これまで行われてきた個別同意方式を包括同意方式に改めることを目指し、日米原子力協定の改定に着手する。包括同意方式の利点は、英仏両国の再処理工場で使用済み核燃料から抽出されたプルトニウムを返還してもらう際や、再処理施設の建設・稼働の際に、従来はアメリカから一回ごとに承認を受ける必要があったのだが、一定の条件を満たせば、それが不必要になるということであった。そうすれば日本は、アメリカ政府の干渉を受けることなく、英仏両国からプルトニウムを安定的に返還してもらうことや、再処理施設の建設・稼働ができるようになり、プルトニウム政策や核燃料サイクル政策の自律性を高めることができると考えられたのである。

一九八七年一月一七日に、日米の交渉代表者レベルでの合意が成立した。その内容は、アメリカは日本に三〇年間の包括的同意を与えるというもので、これにより日本は、海外での使用済み核燃料の再処理やプルトニウムの輸送、さらに国内での再処理施設の建設や稼働など、個別のケースごとにアメリカの同意を得る必要がなくなる。ただしアメリカは、国家安全保障上の観点から問題があったときには、この包括同意を停止することができるというものであった。これに対してアメリカ国内の核不拡散グループや環境保護グループからは、核ジャックの危険性や、プルトニウム空輸の際の墜落事故の危険性を理由に、反対の声が上がった。

さらにアメリカ政府内でも、意見が分かれていた。交渉を担当した国務省とエネルギー省は、日米間の同盟強化や原子力協力推進という観点から、日本政府の立場を支持していた。これに対し原子力規制委員会は、「年間八〇〇トンの使用済み核燃料を再処理すれば、その工程で再処理施設内の配管に、核爆弾数十発分にも相当する二〇〇〜三〇〇キロのプルトニウムが残る恐れがある。核査察の観点からこの量は大問題だ」と主張した。さらに国防総省も、「日本に包括的事前同意を認めれば、それが前例になってしまう。将来、韓国や台湾も〔包括的事前同意を〕求めてきたらどうするのか」と反対した。しかし、最後はホワイトハウスの幹部会議で、司会を務めた国家安全保障会議幹部のコリン・パウエルが、「新たな日米原子力協定に賛成する。なぜなら、レーガン大統領が日本を信頼しているからだ」と言明して、決着した。ただし、「国家安全保障の脅威が著しく増大することが予想される場合は停止できる」という内容が盛り込まれた。

再び暗躍する電事連

一九八七年一一月には協定の改定案について、日米両政府間で署名が行われた。ところが、プルトニウム空輸に対する批判は強く、一二月に上院外交委員会は、「安全対策は不十分」として協定を否決してしまう。ここで日本の電力会社の幹部らが動く。関電の原子燃料担当支配人であった前田肇によると、彼らは政府の交渉団に手弁当で加わり、原子炉メーカーや電力など米原子力産業界の幹部らと会って、日本の立場を説明した。また米議会対策として、原子力に詳しい元国務省幹部とロビイスト契約を結んだ。さらに電力会社は、天然ウラン産地のニューメキシコ州出身の議員に賛成してもらうため、アメリカ産ウランの購入を決めたり、反対派の議員が来日した際には東京の一流ホテルに招いて、翻意を促したりした。プルトニウムの空輸は、当面の措置として海上輸送方式に改めることにした。これらが功を奏して、一九八八年四月に新協定は連邦議会でも承認され、七月に日米原子力協定が発効する。(37)

日本は非核保有国の中で唯一、プルトニウムを再処理し、蓄積し、燃料として使用できる国となり、アメリカからの個別の同意なしに核燃料サイクル事業を進めていくことが可能になった。(38)しかし、この協定の期限は三〇年であり、二〇一八年に期限が切れると、再びアメリカが核燃料サイクル計画の中止を求めてくるかもしれない。科技庁は、それまでに核燃料サイクルを実現させておかなければならないと、焦りを強めたという。(39)

5　核燃料サイクル基地の建設

トイレなきマンション

一九八〇年代に入り、商業用核燃料サイクル計画は大きな進展を見せる。本節では、この経緯を見ておこう。

電力会社は、不採算部門である再処理事業を引き継ぐことには消極的であった。だが、使用済み核燃料は再処理しなければ、高レベル放射性廃棄物として処分しなければならず（もちろん、使用済み核燃料を再処理しても高レベル放射性廃棄物は発生するのだが）、中間貯蔵施設や、地中に埋める最終処分のための施設を建設しなければならない。しかし、その目途は立たなかった。それゆえ日本の原発は、「トイレなきマンション」と批判されている。

そこで使用済み核燃料は、原発の敷地内にある貯蔵プールで一時保管するしかなかったのだが、その容量には限界があった。また地元自治体に対しては、原発敷地内での使用済み核燃料の保管は再処理までの一時的なものであり、いずれ持ち出すと説明することで、その了解を得ていた。このため、いつまでも敷地内に置き続けるわけにはいかなかった。(40) 結局、原発を稼働させ続けるため、先送り策として再処理を選択しなければならなかったのである。

電力業界が、技術的困難さから見通しが立たず、経済的コストも高い核燃料サイクル事業に消極的ではあるものの撤退できないのは、核燃料サイクル事業が破綻すると、原発の使用済み核燃料を再処理工場に運び出せなくなり、原発内の使用済み燃料貯蔵プールが満杯になって、原発を運転できなくなるからである。もっとも、核燃料サイクル事業にかかるコストの負担は、電気料金の値上げを通産省に認可してもらうことで損失補填され、自らの懐を痛めることはなかった。(41) だから電力会社は、政府の要請を受け入れたのである。

見通しのつかない核燃料サイクル計画

軽水炉・再処理路線をとる場合、商業用核燃料サイクルの基幹施設としては、ウラン濃縮工場、使用済み核燃料再処理工場、放射性廃棄物処分施設が必要となる。だが一九八〇年代初頭の時点で、こうした施設は未整備のままであった。

ウラン濃縮工場については、人形峠の動燃事業所で一九八二年三月に実験的なパイロットプラントが全面操業に入ったものの、その分離能力は五〇トンＳＷＵ／年にとどまる。ＳＷＵ（Separative Work Unit）とは、ウランを濃縮する際に必要となる仕事量の単位（分離作業単位）のことで、一トンＳＷＵ／年という分離能力は、三パーセント濃縮ウランを天然ウランから年間約二五〇キログラム生産する能力である。電気出力一〇〇万キロワット級の軽水炉一基が年間に必要とする約三〇トンの濃縮ウランをつくるには、約一二〇トンＳＷＵ／年が必要であり、五〇トンＳＷＵ／年では、原発一基の燃料すら賄えない。しかも製造コストも、海外委託コストとは比較にならないほど高くついた。

再処理工場についても、動燃の東海再処理工場が一九七七年九月からのホット試験を経て、一九八一年一月から本格運転に入ったものの、年間処理能力は二一〇トンに過ぎず、一〇〇万キロワット級の原子炉七基分程度の能力に過ぎなかった。しかもその後、故障が相次ぎ、きわめて低い稼働率にとどまった。結局、一九七七年から一九八八年度までの累計で三九二トンの使用済み核燃料しか処理できず、毎年三〇〇億円以上の赤字を出したのである。

放射性廃棄物処分施設についても、見通しがついていなかった。一九七六年一〇月八日に原子力委員会は、高レベル放射性廃棄物処分について、二〇〇〇年頃までに見通しを得ることを目標に、調査研究と技術開発を進めるという方針を示した。それまで先送りしたのである。

低レベル放射性廃棄物については、一九七八年頃から海洋処分を試験的に行うとし、投棄の場所は北緯三〇度、東経一四七度の小笠原、八丈島の近海に絞られた。海洋放棄の対象となる低レベル放射性廃棄物は、汚染されたビニールや衣服、紙などが主体で、これを焼却減容処理し、その灰を二〇〇リットルのドラム缶に詰めてセメント固化したもので、大型原発一基からは年間一〇〇〇〜二〇〇〇本分、発生する。電力会社は発電所敷地内に平均約三万本収容できる倉庫を造り、保管していたものの、間もなく収容能力を超えると考え、海洋廃棄を急いでいたのである。

これには当初、漁業者団体が強く反対し、計画の実施は遅れた。だが、漁業者団体の反対も弱まってきたことから、原子力安全委員会は一九七九年一〇月一二日に、東京南方九〇〇キロの深さ五〇〇〇メートルの深海底にドラム缶を投棄する方針を示した。しかし、これには南太平洋諸国が猛反発し、ロンドン条約（廃棄物の海洋投棄による海洋汚染の防止に関する条約）締約国会議に訴え出た。そして一九八三年二月の第七回締約国会議で、放射性廃棄物の海洋投棄はいっさい認めないとする決議がなされた。そこで一九八〇年頃から、陸地処分の本格的な検討が始められるようになる。(42)

下北「核」半島の核燃料サイクル基地

核燃料サイクル施設の建設地として電事連が目を付けたのは、青森県上北郡六ヶ所村を中心とした「むつ小川原総合開発地域」であった。「むつ小川原総合開発計画」は、一九六九年五月三〇日に閣議決定された新全国総合開発計画（新全総）に盛り込まれたもので、二万八〇〇〇ヘクタールに及ぶ土地に重化学工業のコンビナートを建設することを目的としていた。しかし、そもそも民間企業は乗り気ではなく、そのうえ石油危機によりコンビナートの中核をなす素材産業が過剰設備に悩むようになったため、計画は頓挫して工業用地の多くが売れ残ることになる。このため、一九七一年に北海道東北開発公庫が一〇億円、青森県が五億四〇〇〇万円、経団連加盟の大手企業一五〇社が一四億六〇〇〇万円を出資する第三セクター「むつ小川原開発株式会社」は、一〇億円超の累積赤字と一〇〇〇億円を上回る借金を抱えることになった。そこで同社と青森県が、核燃料サイクル施設を誘致することにしたのである。

青森県は原子力施設の立地に対して、かねてより融和的であり、この時点ですでに青森県下北半島は、下北「核」半島となっていた。下北半島に位置するむつ市が、原子力船「むつ」の定係港になったことを皮切りとして、一九七〇年には東電と東北電力が、下北郡東通村に二〇基の原発を建設する構想を公表し、一九七六年には下北郡大間町でも原発建設構想が浮上している。一九八〇年代に入ると、むつ市関根浜に、佐世保で修理を済ませた原子力船「むつ」の新しい定係港を建設することも決められている。

一九八三年一二月八日に中曾根康弘首相が青森県で、「下北半島を原子力のメッカとする」と発言する。このことを契機として、下北半島での核燃料サイクル基地建設計画について報道がなされるなか、一九八四年四月二〇日に電事連会長の平岩外四・東電社長が、北村正哉・青森県知事に対して核燃料サイクル施設立地協力要請を行う。核燃料再処理工場、ウラン濃縮工場、低レベル放射性廃棄物貯蔵施設の、いわゆる核燃料サイクル三施設を青森県下北地方に集中立地するというもので、電事連は七月二七日に、北村知事と古川伊勢松・六ケ所村村長に対して、より具体的な計画を提示した。立地点は六ヶ所村の「むつ小川原総合開発地域内」とされ、再処理に関しては一九八〇年三月に発足した日本原燃サービスが、他の二つについては電気事業者が主体となって創設する新会社（一九八五年三月に発足する日本原燃産業）が、事業主体となることが示された。

青森県と六ヶ所村は、合意形成手続きを急速に進め、早くも一九八五年一月一六日には、六ヶ所村議会全員協議会が核燃料サイクル施設の村内立地受諾の決議を行い、翌一七日に古川村長が、県知事に立地受け入れ回答を提出する。これを受けた北村知事が二月二五日に、立地協力要請を受け入れる意思表明を行い、四月九日に青森県議会全員協議会が、核燃料サイクル基地の立地受け入れを決議する。そして一八日には北村知事が、電事連に立地協力要請を受諾するとの回答を行い、青森県、六ヶ所村、日本原燃サービス、日本原燃産業（原燃二社は一九九二年七月一日に合併し、日本原燃株式会社となる）、電事連の五者間で「原子燃料サイクル施設の立地への協力に関する基本協定書」の署名が行われた。

一九八七年八月二八日に、原燃二社とむつ小川原開発の間で、核燃料サイクル施設用地売買契約が締結される。一九八七年五月にウラン濃縮工場、八八年四月に低レベル放射性廃棄物埋設センター（電事連から青森県への申し出のときは「低レベル放射性廃棄物貯蔵施設」であったのだが、事業申請時に名称が変えられた。これは、一時的な保管を意味する「貯蔵」から「埋設」という最終処分への変更を意味する）、八九年三月に再処理工場、それぞれの事業許可申請が科技庁に提出され、それぞれ八八年八月、九〇年一一月、九二年一二月に事業許可が下り、施設の建設が始められる。ウラン濃縮工場は一九九二年三月に、低レベル放射性廃棄物埋設センターは九二年一二月に、それぞれ操業

を開始している。(43)

高レベル放射性廃棄物処分問題

高レベル放射性廃棄物処分については、一九八〇年一二月一九日に原子力委員会放射性廃棄物対策専門部会が、高レベル放射性廃棄物をガラスで固めてステンレス容器に入れ、地下三〇〇メートルよりも深くに埋め、一〇万年にわたって安置する地層処分を念頭に置いた研究開発計画を示し、八四年八月七日には同部会が、一九九〇年代前半頃までに処分予定地を選定し、二〇〇〇年頃から処分を開始するという方針を示している。

動燃は、高レベル放射性廃棄物処分施設の候補地として北海道幌延《ほろのべ》町に目を付けた。一九八二年三月九日に幌延町長が、高レベル放射性廃棄物貯蔵施設の誘致を表明し、その死後、誘致派の前助役が当選する。一九八四年四月二二日には動燃が、放射性廃棄物の貯蔵施設と高レベル放射性廃棄物の地層処分に向けた研究施設をセットにした「高レベル廃棄物貯蔵工学センター」を幌延町に建設する計画が明らかとなる。これに対し、成松佐恵男《さきお》・幌延町長は誘致の意思を表明する。ところが、横路孝弘・北海道知事が反対の意向を示し、一九八五年九月一三日には動燃の立地環境調査の協力要請に拒否回答を行った。だが、北海道議会で多数を占める自民党が、この知事の方針に反発し、道議会は一〇月一日に立地環境調査促進決議を行う。その後、現地調査の実施をめぐって対立が続いたものの、一九八七年春の統一地方選挙で自民党が大敗したため、立地推進派は劣勢となった。一九九〇年七月二〇日に道議会も設置反対決議を行い、高レベル放射性廃棄物処分施設の建設計画は行き詰まった。

その後、二〇〇〇年一一月になって、北海道と幌延町、動燃の後継組織である核燃料サイクル開発機構は、放射性物質抜きでの地層処分研究施設として、幌延深地層研究センターを建設することで合意し、翌年に同センターが設置されている。(44)

6　反原発運動と労働運動の分裂

原水爆禁止運動の分裂

本節では反原発運動の歴史を、本田宏の研究に依拠して簡単に振り返っておく。ここでは労働運動の分裂という日本的特徴が、反原発運動の弱体化につながっていることを確認しておく。

一九五四年の第五福竜丸事件をきっかけとして、全国で原水爆禁止の署名運動が台頭し、一九五五年に原水爆禁止日本協議会（原水協）が結成される。当初は婦人団体や青年団、宗教団体、町内会など多様な組織が運動の担い手となり、地方自治体も支援を行っていた。だが、次第に全日本学生自治会総連合（全学連）や日本労働組合総評議会（総評）などの影響が強まっていき、一九五九年三月には社会党や共産党が加盟する「安保条約改定阻止国民会議」に参加して反米運動に傾斜する。この「左旋回」のため、保守的な組織は離脱していく。さらに同年、自民党が原水爆禁止運動を「偽装平和運動」として非難し、「アカの大会に地方自治体は補助金を出すべきでない」との方針を打ち出したことから、各地方自治体は相次いで地方原水協への援助を打ち切る。

一九六一年には、安保条約容認の立場をとる民主社会党（六九年に民社党に改称）と、その支持母体であった全日本労働組合会議（全労会議）が、核兵器禁止平和建設国民会議（核禁会議）を結成する。さらに原水協内部でも、ソ連の核兵器保有や核実験実施に同情的な立場をとる共産党と、いかなる国の核にも反対の立場をとる社会党・総評との対立が強まり、一九六五年に社会党・総評などは原水協を脱退して原水爆禁止日本国民会議（原水禁）を結成する。このように反核運動は野党三ブロックに沿って系列化され、この中で原水禁のみが明確に原子力反対の立場をとるようになる。

原発立地地域での反対運動

一九七〇年代前半まで、原発立地地域では漁業協同組合（漁協）が漁業権を楯に、激しい抗議行動をとっていた。しかし漁協は、地域の保守的な有力者の人脈に組み込まれており、自民党支持層でもあるため、革新団体や市民運動との持続的な共闘関係は形成されず、有力者を通じた電力会社の切り崩し工作にあうと、補償交渉を中心とした条件闘争に転じることが多かった。

一九七〇年代以降、漁協に代わって反対闘争の中心となったのは、総評の地域組織である県評・地区労の支援を受けた住民運動であった。彼らは、反原発の弁護士や京都大学原子炉実験所の研究者（いわゆる「熊取六人衆」）らの協力も得て原発訴訟を起こす。最初の原発訴訟は、一九七三年八月に四国電力伊方原発一号機（愛媛県西宇和郡伊方町）の設置許可処分の取り消しを求めて、周辺住民三五人が国を相手に起こした行政訴訟で、以後、全国各地で原発訴訟が起こされることになる。

住民運動は、「公開ヒアリング」での抗議デモや座り込みなど、物理的な抵抗手段もとった。原発立地手続きにおける公開ヒアリングは、原子力行政懇談会が一九七六年七月に提出した最終答申で導入を提言したもので、通産省の省議決定（一九七九年一月二二日）等に基づく行政指導の形で、一九八〇年から実施されるようになっていた。だが原発推進側は、意見陳述者や傍聴人の多くを電力会社の社員など推進派で固める「やらせ」を行い、それに対して反対派が物理的抵抗を試みることで、公開ヒアリングの形骸化が進んでいった。

野党・労組の意見対立

一九七〇年代に入るまで、社会党は原発を推進していた。だが、左派執行部のもとで地方活動家の影響力が強まり、原水禁や地方で反原発闘争に参加していた労組員の影響を受けて、一九七二年に反原発闘争を採用する。それ以降、社会党は総評とともに住民運動を組織的に支援する。

また、一九七四年九月の原子力船「むつ」の放射線漏れ事故を契機に、大都市でも反原発の市民運動が形成されるようになる。一九七五年には原水禁の後押しを受けて、物理学者の高木仁三郎を中心に「原子力資料情報室」が発足する。さらに一九七〇年代後半以降、共産党・原水協も原子力への批判を強めるようになる。

一方で、民社党・全日本労働総同盟（同盟）・核禁会議は、原発を積極的に推進する。九電力会社の企業組合の連合体として一九五四年に発足し、同盟の有力単産に成長していく全国電力労働組合連合会（電労連、一九七八年に略称を電力労連に変更、一九八一年に電力労連を母体として全国電力関連産業労働組合総連合〈電力総連〉が発足）が、労使協調路線をとって原発を推進したからである。電労連は、一九七四年一二月に全日本電機機器労働組合連合会（電機労連、一九九二年に全日本電機・電子・情報関連産業労働組合連合会〈電機連合〉に名称変更）、全国造船重機械労働組合連合会（造船重機労連、二〇〇三年に日本鉄鋼産業労働組合連合会〈鉄鋼労連〉、全日本非鉄素材エネルギー労働組合連合会〈非鉄連合〉と、日本基幹産業労働組合連合会〈基幹労連〉を結成）とともに、原子力推進団体として「三労連原子力問題研究会議」を結成している。

ただ一九七五年二月に電労連は、原発労働者の放射線被曝線量が増加していったことを重視して、原発に批判的な立場を表明する。ところが、八月に内部抗争が起き、新執行部のもと、政府の原子力政策を支持する立場に転換する。この背景には、被曝を伴う原発労働者に占める下請け労働者（非組合員）の割合が増えたことがあると見る向きもある。(45)

反原発労組・野党の弱体化

以下、話を先取りして、反原発運動に取り組んでいた労働組合と野党が弱体化していったことを見ておこう。詳しくは後述するが、一九八六年にソ連でチェルノブイリ原発事故が起き、翌年には輸入食品の放射能汚染が発覚する。この際、高木仁三郎や広瀬隆ら反原発の論客が全国で講演活動を行うと、都市の高学歴の主婦層らが市民運動に積極的に参加して、一時的に反原発運動が盛り上がる。

しかし、公務員労組が弱体化し、民間労組主導で一九八九年に日本労働組合総連合会（連合）が結成され、労働四団体が統一されることで、反原発運動の基盤は弱体化する。電力総連や電機連合は、一九九〇年代には社会党、二〇〇〇年代には民主党の候補者に対し、野党結集や原子力への支持を選挙支援の条件にする「選別推薦」を行った。また社会党も、一九九四年に村山富市を首相として自民

党・新党さきがけと連立政権を発足させると、原発容認に政策を転換する。(46)

さらに連合自体も、原発推進へと動く。発足当初、連合は、反原発の全日本自治団体労働組合（自治労）など旧総評系と、原発推進の電力総連など旧同盟系との対立を避けるため、「現状の原発は維持する」という路線をとることにした。(47)

このようにして、かつては反原発運動に取り組んでいた労働組合は弱体化し、原発を推進する電力総連が、旧民社党系を中心とした民主党の政治家に対して強い影響力を持つようになったのである。

7　チェルノブイリ原発事故の衝撃

チェルノブイリ原発事故と「ヒロセタカシ現象」

一九八六年四月二六日に、ソ連のチェルノブイリ原子力発電所四号機でメルトダウン事故が発生する。放射能の大量放出は五月六日まで続き、広大な土地を不毛の地とした。またヨーロッパ全土に放射性物質を降らせ、食品の放射能汚染を引き起こし、多くのヨーロッパ諸国では原発の新設がストップした。

日本の原子力関係者は、日本の原発では、このような事故は起きないと力説した。チェルノブイリのRBMK1000型の原子炉は、プルトニウム生産炉としてソ連が開発した軍用炉（黒鉛減速軽水冷却型天然ウラン炉）を原型とし、それを発電用に転用したものだが、核分裂反応の暴走的拡大が起こりやすく、格納容器も設置されていない、安全上の問題が多い原子炉であることを強調したのである。またソ連政府が、運転員の規則違反が事故原因だと断定したことから、日本の運転員は原子力安全文化を備えているから大丈夫だと論じた。[48]こうした議論に対しては、暴走事故はさまざまなタイプの原子炉で起き、その場合、格納容器や圧力容器は役に立たないという反論や、運転員の規則違反は、ソ連の原子力開発幹部が責任を逃れるための弁明に過ぎないという反論もなされた。しかし日本の行政当局は、国内の原発の安全性を、暴走事故に備えて再点検しようとはしなかった。

ところが、一九八七年一月になると輸入食品の放射能汚染問題が報道されるようになり、原発反対運動が盛り上がる。さらに、一九八七年四月に出版された広瀬隆著『危険な話――チェルノブイリと日本の運命』（八月書館）がベストセラーになる。これを機に、原子力施設の立地地域住民だけではなく、都市住民の間でも反原発世論が高まり、普通の市民が反原発運動に加わるようになったのである。[49]

原発宣伝活動の強化

この「ヒロセタカシ現象」を封じ込めるため、電力業界は原発の安全性を訴える宣伝活動を強化する。電力会社が開いた地元説明会は、戸別訪問も含め、一九八六年七月までに約一万七〇〇〇回、八七年三月末までに約二万四〇〇〇回に達する。また電事連は、一九八八年四月に「原子力ＰＡ（パブリック・アクセプタンス）企画本部」を立ち上げ、四月末には全国紙五紙と主要ブロック紙、県レベルの地方紙など計三三紙に原発の安全性を訴える全面広告を掲載した。一回の掲載料は、全国紙五紙で約一億円、三三紙で約二億円に上ったものの、その後も電事連は、月一回のペースで全面広告を載せ続ける。

通産省は、一九八八年五月に「原子力広報推進本部」を設置して、関係省庁の広報連絡会議を置き、記者クラブや論説・解説委員クラブなどを対象に懇談会を何度も開いて、原発の安全性を説明した。また七月には資源エネルギー庁内に広報推進室を、一〇月には全国九通産局・支局にも原子力広報推進室を設置している。

科技庁では、一九八八年四月二一日に伊藤宗一郎・科技庁長官が、東電社長、関電社長、三菱重工業社長、東芝社長らと原子力広報に関してトップ会談を開いている。また二六日の閣議では伊藤が、反原発運動に対して政府が一丸となって対処することを関係閣僚に要請し、同意を得ている。

日本原子力文化振興財団は、科技庁の支援のもと、一九八八年七月に『危険な話』の誤り」と題したパンフレットを二〇〇〇部、九月には『危険な話』の誤りパート2」を三〇〇〇部、一一月には「『危険な話』の誤り　その3」を四〇〇〇部印刷し、記者や原発立地市町村などに配布している。また、原子力への理解を得るシリーズ広告「エネルギーのはなし」を全国紙に掲載している。(50)

一九九一年には、科技庁が日本原子力文化振興財団に作成を委託していた「原子力PA方策の考え方」がまとめられる。その中心となった「原子力PA方策委員会」は、中村政雄・元読売新聞論説委員を委員長とし、電事連の広報部長や三菱重工業の広報宣伝部次長らが委員に入っていた。その「考え方」には、「『原子力はいらないが、停電は困る』という虫のいい人たちに、正面から原子力の安全性を説いて聞いてもらうのは難しい。オブラートに包んだ話し方なら聞きやすいのではないか」、「記事も読者は三日すれば忘れる。繰り返しによって刷り込み効果が出る」、「主婦層には生活レベル維持の可否が切り口。サラリーマン層には〝1／3は原子力〟を訴える。広告には必ず〝1／3は原子力〟を入れる。いやでも頭に残っていく」、「教科書に原子力のことが取り上げてある。原子力発電や放射線は危険であり、できることなら存在してもらいたくないといった感じが表れている（中略）これではだめだ。厳しくチェックし、文部省の検定に反映させるべきである」、「原子力に好意的な文化人を常に抱えていて、コメンテーターとしてマスコミに推薦できるようにしておく。役所が名簿を用意して『この人を使いなさい』と推薦するのも妙だ」、「広報担当官はマスコミ関係者と個人的つながりを深めておく。人間だから、つながりが深くなれば、ある程度配慮しあう」、「分かりやすさではマンガが第一だ。『美味しんぼ』というマンガはストーリーもあるし、料理の中身についてもよく解説している。あの手口に学びたい」、「あるドラマの中に、抵抗の少ない形で原子力を織り込んでいく。原子力関連企業で働く人間が登場するといったものでもよい」など、百以上の項目にわたり世論・マスコミ対策の具体的なノウハウが書き込まれていた(51)。

青森県の核燃反対運動

チェルノブイリ原発事故を受けて、青森県でも農家や女性を中心に核燃反対運動が高まる。一九八八年二月から、県農協の青年部と婦人部が主体となって核燃料サイクル基地反対の署名集めが行われ、四月二七日には一四万五九四七筆の署名簿が県庁に届けられた。これに対し北村正哉・青森県知事は、「限られた狭い農地で、新しい時代の生活ができる生活費を獲得できるとすれば、それは手品使いだ」、「農家は開発を拒否すれば救われない。かたくなに先祖伝来の土地だけを守る哀れな道をたどるだろう」と発言し、農民たちを怒らせた。

一二月に臨時開催された「青森県農業者・農協代表者大会」では、賛成多数で核燃反対決議が通った。一九八九年七月の参議院選挙では、青森県農民政治連盟幹事長で核燃料サイクル施設建設阻止を訴える三上隆雄候補（無所属）が、二位候補の約二倍の票を得て圧勝する。この選挙は、消費税導入、リクルート事件、牛肉・オレンジ自由化の「三点セット」による逆風で、自民党が全国的に大敗した選挙であった。しかし、一九九〇年二月の衆議院選挙でも、青森県で自民党の現職二名が落選し、二名の核燃反対候補が当選する。

これに核燃反対運動は勢いを得て、一九九一年二月の青森県知事選挙で核燃料サイクル基地建設に反対する知事を誕生させて、事業者との立地協力協定を破棄させようとする動きが広がった。これに対し電力会社は、組織を挙げて核燃料サイクル施設建設推進の北村知事を支援した。さらに自民党も、小沢一郎・幹事長が閣僚を相次いで応援に入れ、さらに市町村長や各業界の代表をホテルに呼んで締め付けを徹底している。選挙の結果は、大量の資金とマンパワーを動員した北村の四度目の当選であった。当時の自民党関係者は、「電力業界と政治は一体だった」と証言している。知事選挙での敗北により、青森県内の核燃反対運動は沈静化していった。

実は、かねてより小沢と平岩外四との親交は深かった。二人は日米交流促進を目指して一九九〇年に発足した「ジョン万次郎の会」（現・公益財団法人ジョン万次郎ホイットフィールド記念国際草の根交流センター）の代表発起人に名を連ね、小沢が発足当初から会長を務めている。かつては自民党の与謝野馨・衆議院議員が副会長を務め、勝俣恒久・東電元会長も顧問として名を連ねていた(52)。

全国レベルでも、一九八八年には高木仁三郎らが「脱原発法制定運動」を始めた。一九九〇年四月二七日には署名二五一万八〇〇〇筆を集めて、また九一年四月二六日にも七六万五〇〇〇筆を集めて、国会に請願を行っている。しかし、それは不採択とされた。このように「脱原発ニューウェーブ」は大きく盛り上がったものの、脱原発が進むことはなく、運動は沈静化していく。(53)

第3章
原子力冬の時代
●東京電力と経済産業省の一〇年戦争

第3章、第4章では、一九九〇年代以降、福島第一原発事故が発生するまでの電力・エネルギー政策の歩みを、原子力発電を中心に振り返る。本章では、「原子力冬の時代」、そして「電力自由化」という危機に直面した「原子力ムラ」が、どのように危機を乗り越えたのかを見ていく。続いて次章では、「原子力ムラ」が、世界的な「原子力ルネサンス」の潮流に乗って、原発輸出に活路を見出した過程を追う。また、二〇〇九年に政権交代が起きたにもかかわらず、福島第一原発事故が発生するまで、民主党政権でも原発拡大路線が継続され、電力自由化が進まなかった理由を明らかにする。

1　原発拡大路線の行き詰まり

電力自由化と原発

原発の営業運転が始まった一九七〇年以降、国が計画を策定して民間の電力会社が運営する「国策民営」方式のもと、発電用原子炉は安定したペースで増設された。一九七〇年代には年間二基のペースで、一九八〇年代以降は原子炉の大型化に伴い年間一・五基のペースで（ともに年平均一五〇万キロワットのペースで）増設されていったのである。(1)

ところが一九九〇年代半ば以降、原発増設のペースは二～三年に一基程度と、急激に鈍化する。その理由としては、第一に、バブル経済の崩壊による景気停滞のため、電力需要が停滞したことが、第二に、電力自由化論が台頭したことが挙げられる。(2) 欧米諸国では一九九〇年代以降、電力自由化・発送電分離が進められていた。(3) 日本でも、規制緩和に積極的であった細川護熙内閣が一九九三年に発足して以降、国際的に見て割高な電気料金が製造業の国際競争力を損ねているという観点から、電力自由化が議論されるようになったのである。

それでは、なぜ電力自由化が原発の新設を抑制するのか。それは以下の理由による。第一に、地域独占が認められたり、総括原価方式（5-6頁参照）が採用されたりしている場合、電力会社は過剰な設備を持ちやすい。だが、自由な競争が行われるようになると、コスト削減による競争力強化のため、余分な発電施設の建設を控えるようになる。これは原発に限らず、他の発電施設にも当てはまることである。第二に、原発は運転コストだけを見れば、たしかに水力や火力よりも優位にある。しかし、揚水発電施設の建設・維持管理費[4]、長距離送電網の建設・維持管理費、立地対策費などのインフラストラクチャー・コストは高くなるため、火力・水力発電と同等または劣位になると見ることもできる[5]。第三に、核燃料事業を含めた原子力発電システム全体のコストは不確実であり、とりわけ放射性廃棄物の処理や使用済み核燃料の再処理、原子炉の廃炉事業などのバックエンド（後処理）のコストについては、使用済み核燃料の再処理路線を採用した場合、費用の絶対額およびその不確実性の幅は大きくなる（直接処分に比べて高くなる）。民間企業では、放射性廃棄物の処理も手に負えるものではない。第四に、原発は初期投資コストが高く、巨額の建設費を調達するのが困難である。というのも、投資に見合った電力販売収入が得られず、大きな損失を出す可能性があるし、立地地域住民の反対により建設が中止になったり大幅に遅れたりする可能性もある。さらに事故のリスクは大きく、過酷事故が起きると電力会社の存続自体、危うくなる。以上の理由から、欧米諸国でも電力自由化が進むと、原発の新増設は進まなくなった。原発事業の発展は、政府の支援なくしては不可能なのである[6]。

そのうえ一九七九年にはアメリカでスリーマイル島原発事故が、一九八六年にはソ連でチェルノブイリ原発事故が起き、くわえて一九八〇年代には原油価格が低下したことから、先進国では日本を除き、原発の新規建設はほとんどなくなり、原子力産業は冬の時代に入った[7]。そして日本にも、遅まきながら冬の時代がやって来たのである。

運転期間の延長

一方で、通産省は一九九六年になって、これまで法的規制はないものの三〇～四〇年間と想定されてきた原発の運転期間について、安全性が確認されれば六〇年間は運転可能との見解を示した。その後、三〇年超の運転をする場合には、一〇年ごとに経産省原子力安全・保安院（二〇〇一年に設置）から認可を受けることになった。[8]電力自由化により原発の新設が困難になることを見越して、既存原発を長期間動かすことを可能にしたのである。

だが原子炉メーカーからすると、原発の新規建設が低迷するなか、これによりリプレース（建て替え）需要も見込めなくなった。そうなると原子炉メーカーは、設備投資や人材投入を控えざるを得なくなり、人材育成や技術継承が危うくなる。そこで原発輸出が推進されることになるのだが、それを後押ししたのが原発ルネサンスである。[9]これについては後述することとし、次に科技庁について見ておこう。

2　一九九〇年代以降の四大プロジェクト

余剰プルトニウム問題

一九九三年に米大統領に就任したビル・クリントンは、九月二七日に国連総会演説で、核兵器を含む大量殺戮兵器の不拡散の重要性を訴え、兵器用核物質生産禁止条約（カットオフ条約）の締結を提唱した。同日、ホワイトハウスは、「核不拡散および輸出管理に関する政策」を発表する。その内容は、世界における核兵器解体およびエネルギー民事利用に伴って発生する兵器用核分裂物質（高濃縮ウラン、プルトニウム）の備蓄量を最小限まで減らすと同時に、備蓄中の兵器用核分裂物質に対して、万全の国際的な保安体制を構築することを基本目標とするというものであった。さらにアメリカ政府は、軍事利用目的か民事利用目的かを問わず、再処理によるプルトニウム抽出は行わないとした。西欧諸国や日本に対しては、プルトニウム民事利用を奨励はしないものの、引き続き認めることとした。

このアメリカの方針を受けて日本政府は、余剰プルトニウムを備蓄しないという方針を国際公約として掲げるようになった。一九九四年六月二四日に発表された新しい原子力開発利用長期計画では、「余剰のプルトニウムを持たないという原則を堅持しつつ、合理的かつ整合性のある計画の下でその透明性の確保に努めるとともに、核燃料サイクル計画の透明性をより高めるための国際的な枠組みの具体化に向けて努力します」という文言が明記される。すでに科技庁は一九九一年以降、余剰プルトニウムを出さないという条件を満たすようなプルトニウム需給計画を立て、それを公表していた。さらに一九九三年一〇月には、日本のプルトニウムの管理状況（供給・貯蔵・使用状況）に関する一九九二年末までのデータを初めて具体的数値として公表し、『原子力白書』でも平成六年版から、このデータを毎年公表するようになった。

これらの措置を評価したのか、クリントン政権は日本のプルトニウム政策に干渉することはなかった。(10) 日本政府は、使用済み核燃料はすべて再処理するとしていたものの、先述の通り、東海再処理施設の処理能力には限界があり、電力会社はイギリスとフランスの再処理工場に使用済み核燃料の再処理を委託していた。使用済み核燃料から取り出されたプルトニウムは返還されるため、高速増殖炉実験炉常陽で利用される、わずかな量のプルトニウムを除き、使うあてのないプルトニウムが国内に貯まっていった。

電力会社は、使用済み核燃料はすべて再処理するのではなく、そのまま中間貯蔵することも検討すべきだと国に申し入れたという。しかし原子力委員会は、全量再処理でなければならないとして、電力会社の申し出を認めなかった。そこで新型転換炉原型炉ふげんの燃料としてプルトニウムが使われることになった。新型転換炉の本来の目的は、プルトニウムを増殖させることであった。ところが、ふげんはプルトニウムの増殖を行わない運転方法に変更され、プルトニウムを燃やし続けることになった。(11) ここでも核燃料サイクル計画を継続させるため、異なる事業を行うという行動が見られる。しかし余剰プルトニウム問題は解消されず、二〇一六年末時点で余剰プルトニウムは約四六・九トンに達している。(12)

核燃料サイクルをめぐる官民間の食い違い

それでは日本の核燃料サイクル計画は、どうなっていたのか。ここでは一九九〇年代以降の四大プロジェクトの進展を見ておこう。第一に核燃料再処理については、一九八四年に電事連が青森県下北半島に核燃料サイクル基地を建設することを発表し、具体的な計画が示された。電力業界が設立した日本原燃サービスは原子力委員会に対し、年間八〇〇トンの使用済み核燃料の処理能力を持つ再処理工場を建設する意向を伝えた。さらに、その主工程の機器や技術については、フランスのエンジニアリング会社のサン・ゴバン・ヌクレール社と、その親会社であるフランス核燃料公社（フランス原子力庁の一〇〇パーセント出資会社でフランスの核燃料サイクル事業を独占する）が、フランスのラアーク再処理工場で建設を進めていた、ＵＰ３工場の機器や技術を導入するとした。

この計画に、科技庁と動燃からは不満の声が上がる。科技庁と動燃は、四大プロジェクトすべてについて国産技術による実用化を目指しており、再処理事業についても国産技術をベースにすることに固執していた。しかし電力業界は、動燃や国内メーカーの技術力を信用してはいなかったのである。(13)

第二にウラン濃縮については、一九八一年八月に原子力委員会ウラン濃縮国産化部会が、動燃から民間に技術移転し、民間により国内事業化を進める方針が打ち出された。これを受けて、まず官民協力による原型プラント建設が決められた。一九八五年一一月に着工し、八九年五月に全面操業される。ここでは動燃がメーカーと共同開発した遠心分離機が用いられた。

電力業界は、この遠心分離機を六ケ所村に建設するウラン濃縮工場でも採用することを決める。また一九九三年度からは、新素材を用いた高性能遠心分離機や、その一・五〜二倍の分離能力を持つ高度化機の開発が、動燃と電力業界の共同事業として始められた。

しかしながら、後述する一九九七年の動燃改革検討委員会の答申により、動燃のウラン濃縮技術開発業務は廃止されることになった。電力業界は、新素材高性能遠心分離機は導入しないことを決め、高度化機の実用化についても、電力業界の判断に委ねられることになった。(14)

電事連の先延ばし戦術

第三に高速増殖炉については、一九七五年頃から動燃が、電気出力一〇〇万キロワット級の実証炉の建設設計を始めていた。その後、一九八二年の原子力開発利用長期計画で、実証炉の民営化方針が確定され、一九八五年には、実証炉の建設運転主体となることに決められた原電が、電事連から設計研究業務を引き継いだ。また動燃は、引き続き高速増殖炉開発の計画立案と開発実施の両面に関与することとされていた。

しかし、高速増殖炉実証炉の設計研究は遅々として進まず、一九九二年一〇月になって電事連がようやく、トップエントリー方式ループ型炉（電気出力六七万キロワット）の予備的概念設計書をまとめる。トップエントリー方式は世界に前例のない新方式であり、技術的実証には最低数年間を要するものであった。また、新方式の採用により、原型炉もんじゅは商用炉の同型炉でなくなり、その存在意義は大きく損なわれた。さらに、電気出力は商用炉の半分程度と、実証炉にしてはきわめて小さいものであった。

なぜ電事連は、このような新方式を採用したのか。吉岡斉は、その最大の理由は時間稼ぎだと論じている。電力業界は、発電コストが高く実用化の見通しが定かではない高速増殖炉の開発に巨費を投じることには乗り気ではなく、これまで大損しない程度の参加料を支払ってきた。だが、実証炉建設には莫大な資金が必要となるため、実証炉建設の正式決定をできるだけ引き延ばそうとしたというのである。(15)

このことについてＮＨＫ ＥＴＶ特集取材班は、次のように説明する。科技庁が軽水炉から高速増殖炉に切り替えていくよう求めていたのに対し、電力会社は、建設費の高いもんじゅと同型の高速増殖炉への切り替えは経営を圧迫すると判断し、もんじゅよりコストの低い高速増殖炉を自ら開発することにしたという。電力会社は、動燃にはプラントの設計や建設、運転、保守などをしっかりとできる人材はいないと考えており、動燃をまったく信用していなかった。そこで原電に高速増殖炉の開発を行わせることにし、新しい高速増殖炉の設計図を完成させた。しかし電力会社は、高速増殖炉の早期実用化は不可能と判断し、核燃料サイクル計画の見直しを求めた。これを受けて科技庁は、もんじゅに続く次の高速増殖炉の建設を二〇三〇年まで先延ばしすることにしたというのである。[16]

一九九四年の原子力開発利用長期計画で、高速増殖炉は「将来の原子力発電の主流にしていくべきもの」と位置付けられたものの、実用化目標時期は二〇三〇年頃とされた。実証炉は一号炉と二号炉の二基を建設し、一号炉はトップエントリー方式ループ型を採用して二〇〇〇年代初頭に着工する（二〇一〇年頃に完成する予定）と明記された。[17]

電事連の拒否権行使

第四に新型転換炉については、実証炉建設計画が中止に追い込まれた。一九九五年七月一一日に電事連は、青森県下北郡大間町に建設を予定していた新型転換炉実証炉の建設計画から撤退することを正式に表明する。三〇パーセントの出資を行う電力業界の撤退により計画続行は不可能となり、原子力委員会は八月二五日に、実証炉の建設中止を決定した。これにより、運転中であった原型炉ふげんの存在理由も失われたのだが、研究炉として残され、二〇〇三年に廃炉となった。

新型転換炉は、軽水炉と比較して原子炉の単位出力あたりの規模が大きくなり、しかも減速材として高価な「重水」を使うため、発電コストが高くなる。一九九五年三月時点での電事連の見積もりでは、実証炉の建設費用は一九八四年の見積もりの三九六〇億円を大きく上回る五八〇〇億円に達し、この建設費を前提とすると発電原価は一キロワット時あたり三八円と、軽水炉の三倍以上に達すると見られた。経済性の悪い新型転換炉に巨費をかけることを電力会社は嫌ったのである。

このとき電事連は、新型転換炉実証炉の代わりに、「全炉心MOX燃料装荷可能な改良型沸騰水型軽水炉」(フルMOX―ABWR)を青森県大間町に建設するよう求める。先述したように日本政府は、アメリカ政府から余剰プルトニウムを出さないよう圧力を受けていた。このため政府は、後述するように電力業界に対して、本来はウラン燃料用に設計されている軽水炉でプルトニウム・ウラン混合酸化物(MOX)燃料を燃やすプルサーマル計画を要請し、電力業界はコスト高になるものの、国際協力を約束していた。そこで電力業界は、MOX燃料を炉心全体の三分の一程度までしか装荷できない既存の軽水炉よりもプルトニウムをより多く焼却できる、一〇〇パーセントMOX装荷の軽水炉を建設するよう主張したのである。(18)

3　原子力行政の失敗と科技庁の解体

高速増殖炉もんじゅのナトリウム漏れ事故

当初の見込みの三五〇〇億円を大幅に上回る五八〇〇億円をかけてようやく完成した高速増殖炉原

型炉もんじゅ（福井県敦賀市）は、一九九五年八月二九日に初送電に成功する。ところが一二月八日に、冷却材のナトリウムが漏れ、空気中の水分や酸素に反応して激しく燃焼し、空気ダクトや鉄製の足場を溶かす事故が起きた。この事故により、高速増殖炉の安全性に対する懸念が広がる。また、動燃の不適切な対応により、原子力行政に対する批判も高まる。動燃から福井県と敦賀市への通報は、事故の約一時間後と大幅に遅れた。しかも動燃は、事故現場を撮影したビデオテープのうち、ナトリウム漏洩部分の映像を削除するなど、一部しか公開せず、事故情報を秘匿・捏造していたことが、福井県と敦賀市の立ち入り調査で発覚したのである(19)。

このもんじゅ事故をきっかけに、「原子力ムラ」からも核燃料サイクルへの異議申し立ての声が上がるようになる。元電中研の山地憲治・東京大学教授は、電中研の研究員を中心に原子力未来研究会を結成し、『原子力ｅｙｅ』という専門誌に二〇〇三年九月号から、核燃料サイクル政策の見直しを提言する論文の連載を始めた。ところが、連載はわずか一回で打ち切られる(20)。

巻町の住民投票

もんじゅ事故を契機に、原発立地地域や立地候補地域での反原発住民運動が盛り上がりを見せる。その象徴的事例は、一九九六年八月四日に新潟県西蒲原郡巻町《にしかんばらぐんまきまち》（後に新潟市と合併）で、東北電力巻原発の建設の賛否を問う住民投票が行われたことである。

巻原発の建設計画は一九六九年六月に明らかとなって以降、地権者の抵抗により先延ばしにされてきた。しかし一九九四年に、これまで原発凍結を公約してきた佐藤莞爾・町長が、原発推進に方針を変えて三選される。これに対して「巻原発・住民投票を実行する会」が結成された。「実行する会」は原発建設には中立の立場をとり、住民投票の実施を要求することにした。一九九五年一月二五日から二月五日にかけて、「実行する会」は自主管理の住民投票を実施する。これには有権者の約四五パーセントが参加し、うち九五パーセントにあたる九八五四人が反対票を投じた。これは佐藤町長の三選時の得票を上回る数字であった。

四月の町議会選挙では、住民投票派が議員定数二二のうち一二議席を占める。そのうち二人は態度を翻すものの、原発推進派議員の一人が賛成票を投じ、六月二六日には住民投票条例が成立する。これに対し原発推進派は、署名を集めて直接請求を行い、住民投票を「条例施行日から九〇日以内に実施する」という規定を「町長が議会の同意を得て実施する」という規定に改変する条例改正案を議会に提案する。これが一〇月に可決されたことから、「巻原発・住民投票を実行する会」は町長のリコール運動を開始し、署名一万二三一筆を集める。佐藤町長は、リコールの署名審査を待たずに辞職し、一九九六年一月二一日に町長選挙が行われる。前年一二月八日のもんじゅ事故の影響もあって原子力行政の批判が高まっていたため、原発推進派は候補者擁立を断念し、「実行する会」代表の笹口孝明が当選する。

笹口町長のもと、三月に町議会は八月四日の住民投票実施を可決する。原発推進派と反対派は投票日まで、それぞれ戸別訪問や宣伝物の配布を行う。原発推進派は、四月に推進派住民団体を発足させ、東電柏崎刈羽原発の見学ツアーを組織したほか、自民党や新進党、公明党などの支部組織や県議、町議の後援会を動員し、東北電力や県建設業協会巻支部、町商工会などの団体を母体に住民運動を行った。東北電力は社員八〇人を動員し、町内全八〇〇〇戸の戸別訪問を行い、通産省資源エネルギー庁も町内で六回連続の講演会を行った。

しかし住民投票の結果は、投票率八九・二九パーセント、有効投票数二万三八二票のうち、反対票が一万二四七八票であった。この結果を受けて笹口町長は、原発建設予定地のなかの町有地を東北電力に売却しないと明言し、巻原発の建設は中止に追い込まれることになる。(21)

プルサーマル計画

もんじゅ事故を受けて、核燃料サイクル計画への不信感は、さらに広がっていた。一九九六年一月二三日には、原発立地県の佐藤栄佐久・福島県知事、栗田幸雄・福井県知事、平山征夫・新潟県知事が連名で、「今後の原子力政策の進め方についての提言」を政府に提出する。提言書では、核燃料サイクルのあり方など、今後の原子力の基本的な方向について国民の合意形成を図るため、国民各界各層の幅広い議論、対話を行うことや、プルサーマル計画やバックエンド対策の将来的な全体像を、これから派生する諸問題も含めて具体的に明確にし、関係地方自治体に提示することなどが求められていた。これを受けて政府は、原子力政策円卓会議を設置し、四月二五日から九月一八日まで一一回にわたって開催する。この会議には、高木仁三郎など反原発論者も招かれた。さらに原子力委員会は九月二五日に、第五回の円卓会議でなされた要請に応え、政策決定への国民参加（政策決定に重要な役割を担っている専門部会等の報告書案を一定期間公開し、具体的意見を募集する）を実施し、情報公開も充実させる（専門部会等の会議は原則として公開し、情報公開請求に対しても体制整備を行う）

ことを決定する。(22)

しかし、これは表面的な変化に過ぎず、政府は核燃料サイクル政策を変えようとはしなかった。一九九七年一月二〇日に通産省総合エネルギー調査会の原子力部会は、核燃料サイクル推進を再確認し、本来はウラン燃料用に設計された軽水炉でMOX燃料を燃やす「プルサーマル計画」の推進を提言する中間報告を公表した。三一日には原子力委員会が、「当面の核燃料サイクルの具体的施策について」をまとめ、プルサーマルと再処理事業を促進することを決定する。二月四日には、核燃料サイクル開発推進に関する閣議了解が行われる。

ここでプルサーマル計画の経緯について簡単に説明しておこう。高速増殖炉を中核とした核燃料サイクル事業が遅々として進まないことから、その実現までの「つなぎ」としてプルサーマルが検討されるようになり、プルサーマル実施に向けた準備が始まったのは一九八〇年代後半のことである。MOX燃料が正常に燃焼するかを確認するため、沸騰水型軽水炉に関しては一九八六年から九〇年にかけて原電敦賀一号機で、加圧水型軽水炉に関しては一九八八年から九一年にかけて関電美浜一号機で、それぞれ少数規模での試験が行われた。それに続いて実用規模実証試験を行う予定であったのだが、冷戦終結による核不拡散体制の強化を受けて、実用規模実証試験を経ずに大規模な商業利用を実施する計画へと変更される。

一九九一年八月に原子力委員会核燃料リサイクル専門部会が、一九九〇年代末までに四基、二〇一〇年頃までに一二基という具体的な数字を入れたプルサーマル実施計画を打ち出す。一九九四年の原子力開発利用長期計画では、二〇〇〇年頃に一〇基程度、二〇一〇年頃までに十数基程度とされた。

先述の通り一九九七年一月には、通産省と原子力委員会がプルサーマル推進を決め、二月には閣議了解もなされた。これを踏まえて電事連は、二〇一〇年頃までに一六〜一八基で実施することを目標とする計画を打ち出した。電力会社は、これにより年間六トン前後のプルトニウムが利用できると想定している。当初は「つなぎ」と考えられていたプルサーマルではあるが、二〇〇〇年の原子力開発利用長期計画で、プルサーマルは国策として行っていくことが明記されることになる。(23) ここでも核燃料サイクル計画を継続させるため、異なる事業を行うという行動が見られるのである。

実のところMOX燃料は価格が高く、プルサーマルに経済合理性はない。電力会社は「契約に関わる事項」などとしてMOX燃料の価格を公表してはいない。だが、財務省の貿易統計で輸送費や保険料を含むとされる総額が公表されている。それを輸入本数で割ると、MOX燃料（燃料集合体）は一本あたり、二〇一〇年と二〇一三年では七億〜九億円台になり、二〇一三年六月に高浜原発に搬入されたものは、一本九億二五七〇万円となった。それに対しウラン燃料の価格も非公表だが、同様の方法で計算すると、二〇一三年一〇月輸入分は一本一億二五九万円で、同年六月輸入のMOX燃料は、その約九倍の高値ということになる。要するにプルサーマルには、余剰プルトニウムを増やさないという目的しかないのである。そのうえ、使用済みMOX燃料は六ケ所村で建設中の再処理工場では処理できない。将来、第二再処理工場が建設予定ではあるが、その見通しは立たず、使用済みMOX燃料の処分方法は決まってはいない。(24)

一方で原子力委員会は、一九九七年二月二一日に「高速増殖炉懇談会」を発足させる。核燃料サイクル計画推進のため、ここでもんじゅ再開を決める方針であったと考えられる。(25)

東海再処理施設での火災・爆発事故

ところが、再び動燃が失態を犯す。一九九七年三月一一日に、東海再処理施設にある、再処理の各工程や施設の各所から排出される低レベル放射性廃液をアスファルトと混ぜて固める「アスファルト固化処理施設」で、火災・爆発事故が起きたのである。

この事故では、動燃の安全対策の不十分さが明らかとなった。第一に、世界の標準的方法はセメント固化なのだが、コストが安く海洋投棄にも都合がよいという理由で、可燃物であるアスファルトを用いていたこと、第二に、火災事故に備えた消火訓練をまったく行っていなかったことが、それぞれ問題とされた。さらに、動燃の事故対応行動にも問題があった。第一に、マニュアルの記述に不備があり、消火作業の判断が遅れたこと、第二に、放水開始前にアスファルト充塡室の換気を中止しなかったため、フィルターの目詰まりによる機能喪失と、外部への放射能漏洩を招いたこと、第三に、わずか一分間の散水だけで消火作業を中止し、十分な消火確認を行わなかった結果、火災発生から約一〇時間後に充塡室付近で爆発が起き、施設の破損個所から大量の放射能が漏洩したことである。

そのうえ動燃は科技庁に対して、消火確認をしていなかったのに消火確認をしたと虚偽報告を行っていた。このことが発覚し、マスメディアは動燃を「うそつき動燃」と厳しく批判した。これらの事件によって、動燃に対する世論の不信感は高まり、核燃料サイクル計画への疑問も呈せられるようになったのである。(26)

みせかけの動燃改革

しかし科技庁や自民党は、核燃料サイクル計画を見直そうとはしなかった。科技庁は四月一八日に科技庁長官の諮問機関として「動燃改革検討委員会」を設置し、七月二日に自民党行政改革推進本部が示した「動力炉・核燃料開発事業団の抜本改革について」に準拠する形で、七月七日に動燃改革の素案を動燃改革検討委員会に提出する。これを受けて八月一日に同委員会は、「動燃改革の基本的方向」を提出した。報告書の内容は、動燃を「核燃料サイクル開発機構」に改組することと、動燃の業務のうち海外ウラン探鉱、ウラン濃縮研究開発、新型転換炉研究開発という、もんじゅ事故以前から事業存続の意義がなくなっていたものだけを廃止することであった。高速増殖炉開発および、それに関連する（軽水炉用とは異なる、高速増殖炉用の再処理技術を中心とする本来の）核燃料サイクル技術の開発という動燃の基幹事業は、新機構にそのまま引き継がれることになったのである。一九九八年五月一三日に動燃改革法が成立し、核燃料サイクル開発機構は、この二つの業務に加え、高レベル放射性廃棄物の処理技術の開発を主要業務として、一〇月一日に発足した。(27)

一方、高速増殖炉懇談会は、事務局を務める科技庁原子力局動力炉開発課が主導し、一九九七年一二月一日に最終報告案をまとめる。その内容は、高速増殖炉を将来のエネルギー源の選択肢の有力候補として位置づけること、商業化（実用化）を目標とする高速増殖炉の研究開発を継続すること、もんじゅの原型炉としての運転を再開すること、実証炉以降の実用化プログラムについては、具体的な計画を白紙とし、実用化目標時期も白紙とすることであった。これは、先述した一九九四年の原子力開発利用長期計画と比べると、大きな転換であった。高速増殖炉は選択肢の一つに格下げされ、実証炉以降の計画がすべて白紙撤回されたからである。これは先述の通り、電力業界の抵抗によって高速増殖炉実証炉の建設が困難となっていたからであった。原子力委員会は一二月五日に、「今後の高速増殖炉研究開発の在り方について」を決定し、高速増殖炉懇談会報告書を尊重して高速増殖炉開発を進めることとした。もんじゅの運転再開が決められたのである。(28)

JCOウラン加工工場臨界事故

さらに一九九九年九月三〇日午前一〇時三五分に、茨城県東海村のJCOウラン加工工場で臨界事故が発生する。株式会社JCO東海事業所の転換試験棟で三人の従業員が、高速増殖炉実験炉常陽の炉心に装荷するため、濃縮度約一八・八パーセントの硝酸ウラニル溶液を生成する作業を行っていた。その際に、原子炉等規制法で許可された正規の工程とは異なり、バケツ状のステンレス容器で二酸化ウラン粉末を濃硝酸に溶かし、それを沈殿槽に入れたところ、臨界が始まり、大量の中性子が放出され、ガンマ線や核分裂生成物も周囲に飛散した。作業員のうち二人は、致死量の放射線を被曝し、一人は一九九九年一二月二一日に、もう一人は二〇〇〇年四月二七日に亡くなる。国内の原子力施設では初の被曝死であった。もう一人も、重篤な急性放射線障害を引き起こす線量を浴びたものの、後に回復した。臨界状態は約二〇時間にわたって続き、工場内や周辺地域に多量の中性子が放出され、近隣住民や駆け付けた消防隊員ら多数が被曝した。

JCOから科技庁には、午前一一時一五分に第一報が伝えられていた。しかし、県や村への通報がなされたのは事故から約一時間後で、一二時三〇分になって東海村が独自に住民への屋内退避を呼びかけるまで、国や県からは何の指示もなされなかった。午後二時三〇分になって科技庁に対策本部ができたものの、指示は出されず、午後三時に村は独自に、ＪＣＯから半径三五〇メートル圏内の住民四七世帯（約一五〇人）に対して避難要請を行う。すでにＪＣＯの職員たちが避難しているという情報を得た村上達也・東海村村長の判断であった。さらに夜になって、一〇キロメートル圏内の住民約三一万人に対して屋内退避勧告が出された。しかし多くの住民が、かなりの放射線を被曝することになってしまったのである。

原子力安全委員会は、ウラン加工工場臨界事故調査委員会を設置し、一二月二四日に最終報告をまとめた。その内容は、正規のマニュアルを大幅に逸脱した作業を日常的に行っていたＪＣＯに責任を負わせる一方、それをチェックできなかった科技庁の責任には触れないものであった。しかし、事故後の政府の対応の遅れが批判されたことから、一〇月五日には深谷隆司・通産相と中曾根弘文・文部相兼科技庁長官が記者会見を行い、対応策を表明する。まず、核燃料加工業者への定期検査を義務付けるなど、民間核燃料施設に対する安全規制を強化するために、原子炉等規制法を改正することにした。また、内閣総理大臣が原子力緊急事態宣言を出した場合には、内閣総理大臣に全権を集中させて一元的に危機管理対策を決めること、そして内閣総理大臣が行政機関だけではなく地方自治体や原子力事業者も直接指揮して、災害拡大防止や避難などを行うことを可能にするため、原子力災害対策特別措置法を新たに制定する方針を示したのである。

両法案は一九九九年一二月一三日に成立し、一七日から施行される。これに伴い、一九八〇年六月に原子力安全委員会が作成していた「原子力発電所等周辺の防災対策について」（防災指針）は、「原子力施設等の防災対策について」に名称を改め、防災の対象施設を原子力施設一般に広げた。また、希ガスとヨウ素だけではなく、その他の核燃料物質も想定したほか、外部からの放射線だけではなく内部被曝への対応も必要とされた。他方、原子力災害対策特別措置法では、国の原子力災害現地対策本部や都道府県および市町村の災害対策本部などが、原子力災害合同対策協議会を組織し、情報を共有しながら連携のとれた応急対策を講じていくための拠点として、主要な原子力施設のある地域にオフサイトセンターを設置することが決められる。だが福島第一原発事故では、福島第一原発から約五キロ離れたオフサイトセンターが、放射線量の上昇により使用できなくなったことは、周知の通りである。(29)

科技庁の解体

さらに、二〇〇一年の省庁再編までの過渡的な措置として、二〇〇〇年四月一日から原子力安全委員会の事務局を科技庁原子力安全局が兼務している体制を改め、専任の事務局機能を総理府に移管した。新しく設置された原子力安全室では、職員を科技庁原子力安全局安全調査室の三〇人から九二人（当初八〇人）に増員した。事務局職員五一人にくわえ、大学や民間から原子力専門家の技術参与を四一人採用することで、事務局の専門的調査能力の向上を図ったのである。さらに通産省と科技庁に、原子力防災専門官や保安検査官一〇六人を配置することにした。(30)

もんじゅ事故や東海再処理工場事故などで国民の信頼を失った科技庁は、省庁再編で解体されることになる。行政改革会議で、委員の有馬朗人・東京大学元総長が、科学技術創造立国を進めるために科学技術庁を科学技術省に格上げすべきと主張してきたにもかかわらず、一九九七年一二月三日に行政改革会議がまとめた最終報告書では、科技庁は文部省に吸収合併されて文部科学省（文科省）とすることが決められたのである。

そのうえ、その後の検討の際にＪＣＯ臨界事故も起き、科技庁の権威はさらに失墜する。二〇〇一年一月六日に実施された省庁再編で文科省は、年々先細る研究開発段階の事業のみを科技庁から引き継ぐことになる。その原子力に関する主たる業務は、核燃料サイクル開発機構および日本原子力研究所（原研）における研究開発事業だけとなったのである（両者は二〇〇五年一〇月に統合して「日本原子力研究開発機構」となる）。核燃料サイクル事業は経産省との共管となり、実用発電炉・研究開発段階の炉の規制、核燃料施設等の規制といった安全規制事業を含む共通事業の大半は、経産省に移管されることになった（試験研究炉の規制は、文部科学大臣が内閣総理大臣〈実質は科技庁長官〉から引き継いだ）。

また省庁再編では、科技庁が事務局を務めてきた総理府原子力委員会と原子力安全委員会は内閣府直属となり、（関係省庁からの出向組で構成される）独立の事務局を持つことになった。しかし、これらの委員会の決定を内閣総理大臣は「十分に尊重しなければならない」と明記していた、原子力委員会及び原子力安全委員会設置法二三条は削除され、その法的権限は弱められた。[31]行政改革の一環として、尊重義務規定を有する審議会から一律に尊重義務規定が削除されたのである。かつて科技庁長官が兼任した原子力委員会委員長は有識者に、科技庁原子力局長が務めていた委員会事務局の事務局長は、内閣府の課長級ポストに格下げとなった。[32]

原子力安全・保安院の設置

経産省は科技庁の原子力安全局を取り込む形で、「原子力安全・保安院」（保安院）を新設する。原子力安全・保安院は、商業用原発だけではなく、実用段階にあると位置づけられた核燃料サイクル諸施設（再処理工場、核燃料加工施設など）、高速増殖炉原型炉もんじゅ、新型転換炉原型炉ふげんに対する許認可権も掌握する。(33) 実は原子力安全・保安院は、JCO臨界事故以前から省庁再編に備えて通産省内で構想されていた。省庁再編以前は、通産省環境立地局は、高圧ガス、液化石油ガス、火薬類、鉱山など、通産省資源エネルギー庁は、電気工作物、都市ガス、熱供給などといった「産業保安」を担当していた。そこで原子力安全と産業保安を所轄する機関として、新たに原子力安全・保安院が設置されたのである。

原子力安全・保安院では、発足時の定員約六〇〇人のうち半分弱が原子力関係にあてられ、運転段階の施設をチェックする原子力保安検査官と、防災対策を監督する原子力防災専門官の計一〇〇人が、各地の原子力施設に常駐することになった。(34) 原子力安全・保安院の傘下には、それまで三つの財団法人（原子力発電技術機構、発電設備技術検査協会、原子力安全技術センター）に委託されていた業務を一元的に実施するため、二〇〇三年に原子力安全基盤機構（JNES）が、経産省所轄の独立行政法人として設置された。(35)

保安院の設置に関しては、実のところJCO臨界事故を受けて自民党行政改革推進本部では、科技庁原子力安全局を中心に独立性の高い三条委員会を作り、アメリカの原子力規制委員会のように強い権限を持たせるという意見もあった。しかし、原発推進の足かせになると受け止めた通産省が猛反発し、原子力安全・保安院の設立を打ち出したのである[36]。これは電力業界の利益にも適うことであった[37]。

省庁再編に伴い、通産相の諮問機関である総合エネルギー調査会は、経産相の諮問機関である総合資源エネルギー調査会へと拡大改組され、権限は強化された。さらに二〇〇二年六月にエネルギー政策基本法が制定されたことで、同調査会が定めるエネルギー基本計画が、長期エネルギー需給見通しと同様に閣議決定されることになった[38]。

こうして経産省には原子力行政の権限が集中することになり、科技庁は多くの権限を失った。原子力推進機関と安全規制機関の分離が実現されることはなかった。

4　電力自由化をめぐる電力会社と経産省の戦い

第一次電力自由化

経済産業省は、電力会社・業界団体への天下りに見られるように、電力会社および電力会社から支援を受ける政治家（電力族）と癒着して「原子力ムラ」を形成してきたと言われている。しかし経産省内にも、政治と結びついて強大な権力を振るう東電への対抗意識から、また他の先進国に比べて高い電気料金（一九九〇年代当時、英仏米の二倍、ドイツやイタリアの三割高と言われた）を引き下げなければ日本の産業の国際競争力が失われるという問題意識から、電力自由化を推進しようとする官僚もいた[39]。その中心人物は、後に事務次官に就任する村田成二であった。

電力自由化論台頭のきっかけは、一九九三年に非自民連立政権が発足したことであった。首相の細川護熙は規制緩和に積極的で、総理大臣の諮問機関である経済改革研究会は一九九三年一一月に、経済的規制の原則自由、社会的規制の最小限化を掲げる答申を提出し、電気事業についても規制の弾力化を求めた。

一九九四年三月に通産省の電気事業審議会で、電気事業改革に関する審議が始まる。同年に資源エネルギー庁公益事業部長に就任した村田成二が中心となり、一二月に答申がまとめられ、卸電気事業へのＩＰＰ（独立系発電事業者）の新規参入を認めることにした。ＩＰＰとは、送電・配電を行う電力会社とは異なり、自らが所有する設備で発電を行い、その電力を電力会社に卸売りする事業者のことであり、電力会社が一定量の電気購入枠を設定し、大きな自家発電所を持つ企業が入札して、安い価格を提示した企業から、その余剰電力を購入することが想定された。電気事業法は、一九九五年四月一四日に改正され、一二月一日から施行される。これが第一次電力自由化である。

東電社長の荒木浩は、ＩＰＰ導入を受け入れた。それは荒木が、後述するように、当時、東電を「普通の会社にする」と宣言して経営近代化を進めようとしており、そのためにＩＰＰ導入を利用しようと考えたからである。とはいえ、電力会社が募集する卸調達の総枠は、一九九六年と一九九七年の二年間で、九電力会社の総発電設備容量のわずか三パーセントほどにとどまり、ＩＰＰに参入したのは少数の企業に限られた。しかし、「不磨の大典」とされてきた電気事業法が改正されたこと自体、大きな一歩ではあった。

第二次電力自由化

第二次電力自由化は、一九九七年一月四日に読売新聞が一面トップで、経済協力開発機構（OECD）閣僚理事会に提案される規制改革の報告書の原案に、電力の発送電分離が記載されると報じたことから始まる。これはOECDに出向中であった通産官僚の古賀茂明が、旧知の新聞記者に情報を提供して書かせたという。さらにその三日後には、佐藤信二・通産相が記者会見で、これまでタブーとされてきた発送電分離について、大いに研究すべきと発言する。この発言は、村田らの振り付けによるものと見られた。また佐藤は、妻が安西浩・東京ガス元会長の長女であり、電力会社とは親密ではなかった。(40)

大臣の発言を受け、通産省は一九九七年七月から、電気料金二割引き下げ、発送電分離、発電部門の参入自由化などをテーマとして、電気事業審議会で第二次電力自由化の審議を始める。荒木は、発送電分離には絶対反対の姿勢を崩さなかった。だが、発送電一貫体制が維持されるならば、小売りの部分自由化は認めるという態度をとった。

官房長となった村田や、奥村裕一・資源エネルギー庁公益事業部長などは自由化に熱心であった。だが、一九九八年六月に公益事業部の計画課長に就任した石田徹が、事態を収拾させる役回りを担った。結局、一九九九年一月にまとめられた第二次電力自由化は、二〇〇〇年三月から託送制度（送電線の貸し出し）を新設し、電気の使用規模が毎月二〇〇〇キロワット以上で、二万ボルトの特別高圧系統以上の電気を受ける大口需要家に限定して、電力小売り事業者の新規参入を認めるにとどまった。電気事業法は一九九九年五月一四日に改正され、二〇〇〇年三月二一日から施行される。石田は、資源エネルギー庁長官まで昇進し、二〇一〇年八月に退任後、二〇一一年一月に月額報酬一二〇万円で東電の顧問に就任する。

カリフォルニア州大停電とエンロンの破綻

ただ第二次電力自由化では、新制度開始後おおむね三年が経った時点（二〇〇三年三月）で、自由化の実績を見直し、次の方向性を決めるとされた。この間、官房長として自由化推進に関わっていた村田は、アメリカ通商代表部（ＵＳＴＲ）の対日規制改革要望書に「電力自由化」を盛り込ませるため、ワシントンに部下を送っていた。

これが功を奏したのか、非関税障壁の改革を求めていたアメリカから外圧がかかる。二〇〇〇年と〇一年の対日規制改革要望書には、発送電分離が重要項目として挙げられた。巨大総合エネルギー会社エンロンも、日本での発電・小売事業の計画を打ち出し、電力市場改革提言を発表する。

ところが、一九九八年から一般家庭も含む全需要家を対象に小売り自由化が行われていたカリフォルニア州で、二〇〇〇年夏から〇一年にかけて大規模な停電が起きる。さらにエンロンが、巨額の不正経理、不正取引による粉飾決算のため、二〇〇一年一二月に倒産した。このため、電力会社による自由化反対論が勢いを増す。

第三次電力自由化論議

しかし、経産省の電力自由化派官僚も引き下がらない。二〇〇一年一一月から総合資源エネルギー調査会・電気事業分科会で第三次電力自由化が議論されることになった。電力自由化派官僚の問題意識は、第二次電力自由化の後も託送料金（電気事業者が他社の送配電網を利用して需要家に電力を供給する際に、送配電事業者に支払う料金）が高く設定されているため、新規参入が増えないことにあった。託送料を透明化するには、発電・送電・配電といった電力会社の機能ごとの収支を明らかにすること（会計の分離）が必要となる。

第三次電力自由化のテーマは、いずれも欧米では進展していた、小売りの全面自由化、発送電分離、送電線の開放、卸電力取引所の設置であった。さらに、自由化の際の原子力の扱いも問題とされた。先述の通り欧米では、電力自由化を進めた後、原発建設が進まなくなったからである。これに対し電力業界は、電力総連とともに自由化の問題点を広くＰＲし、政界へのロビー活動も強めた。

二〇〇二年四月には電力事業分科会で、荒木の後任として一九九九年に東電社長に就任していた南直哉が、「最終的には全面自由化をめざすことについても、前向きに検討したい」と発言する。ただし、発送電分離には絶対反対で、原発を推進することが条件であった(41)。

他の電力会社は、とくに地方ほど、小売りの全面自由化に絶対反対で、この発言に強く反発する。経営基盤の強固な東電は、自由化により競争が激しくなっても生き残っていくことができるのに対し、地方の電力会社は現状維持を強く望んだからである。意見は分かれたものの、結局、東電は業界利益を優先する。全面自由化反対で足並みを揃えることにしたのである(42)。

原発トラブル隠し

他方、二〇〇〇年七月には、過去に東電の原発を補修したゼネラル・エレクトリック・インターナショナル社（GEの子会社）の技術者から、通産省に対して内部告発がなされていた。(43) 福島第一原発一号機の蒸気乾燥器に六本のひび割れがあったにもかかわらず、東電の依頼に基づくGE上層部の指示で、ひび割れが映らないように編集した通産省用のビデオテープを作ったというのである。ところが保安院は、東電に立ち入り調査を行うどころか、東電に内部告発の内容を口頭で知らせ、告発者に関する資料まで渡していた。そのうえで保安院は、東電に事実関係を再三問い質しはしたものの、結論は急がなくてもよいという態度をとった。

その後、二〇〇二年七月三〇日に村田が事務次官に就任する。村田は就任後、間もなく、南直哉・東電社長に会い、「資源エネルギー庁の公益事業部（このときは組織改正で電力・ガス事業部に名称変更）に配属された官僚はどんないい官僚もみんな東電に洗脳されてしまう。せっかく優秀な若手官僚を送り込んでも、みんなお宅に洗脳される。そういうことはやめてもらえませんか」と述べたという。

村田の次官就任後、保安院の態度は一変する。東電の当時の広報担当者によると、突然、経緯を早急に報告するよう求められ、全面降伏を強いられたという。

二〇〇二年八月二九日に保安院は、東電の二九件の原発トラブル隠しを明らかにする。内部告発をきっかけに調査したところ、一九八〇年代後半から九〇年代にかけて実施された自主点検作業で、原子炉の炉心隔壁（シュラウド）のひび割れなどの記録を改竄するなど、虚偽記載を行っていたというのである。この問題により、東電は福島第一原発と柏崎刈羽原発で予定していたプルサーマル計画を当面断念するとし、さらに荒木浩・会長、南直哉・社長、平岩外四・相談役、那須翔・相談役の歴代トップ四人が引責辞任した。原子力部門もトップの榎本聰明・副社長が辞任したのをはじめ、三五人に辞任、降格、減給などの処分が下された。このとき、後任の社長に就任したのが、福島第一原発事故時の会長である勝俣恒久である。

東電の報復

東電は経産省へ怨念を募らせた。保安院と相談し、調査にも協力してきたのに、村田が電力自由化への抵抗を抑え込むためにトラブル隠しを利用し、東電だけを悪者にしたと考えたのである。(44) 東電は、自民党、さらには電力総連を通じて民主党にも手を回す。東電の根回しは猛烈であった。たとえば総合資源エネルギー調査会・電気事業分科会の委員で、自由化論を展開することが期待された鈴木敏文・イトーヨーカ堂社長は、電力会社との対立を嫌い、ほとんど会議に出席しなかった。自由化論議に関わった官僚たちに対しても、「あのときは本心ではなかったですよね」と、圧力をかけた。村田は第三次電力自由化論議の終盤になって突然、「自分の身は自分で守れ」と述べ、資源エネルギー庁の中堅・若手官僚を守ろうとはしなくなった。当時を知る学者は、「電気事業連合会は強大。完全に自由化したら、原発はやれなくなる、それでいいのかと、政治家や官僚に圧力をかけていた」と振り返る。この猛烈なロビー活動には、他の電力会社も、「さすが東電」と、その底力に脱帽したという。

最終的に自民党と電力会社は、京都議定書が求める二酸化炭素排出抑制のため、経産省が導入を急いでいた石炭への新たな課税制度を、発送電分離阻止のための人質にとった。二〇〇二年一一月一九日の自民党経済産業部会では、石炭への新課税制度に対して出席者全員が反対し、経産省は愕然とする。というのも、石炭への新課税制度については、すでに経産省幹部が自民党の主要議員に根回しを終えていたからである。ところが翌日、日本経済新聞が一面トップで「電力自由化、送電分離を見送り」と報じると、その日の経済産業部会は、わずか一五分の質疑で石炭課税を了承した。村田らは、石炭課税の導入を優先し、発送電分離を延期せざるを得なかったのである。

電力自由化論議の終結

第三次電力自由化では、発送電分離は見送られ、同じ会社の発電部門と送電部門で会計分離を行うこと、連系線（電力会社間で電気を相互にやり取りするために使う送電設備）の利用・調整のための中立機関を設置すること、託送制度を見直すこと、[45]電力小売りの対象となる需要家の範囲を拡大し、二〇〇四年四月に五〇〇キロワット以上、二〇〇五年四月に五〇キロワット以上に緩和すること、卸売電気を売買する取引市場を設置する（その代わりにＩＰＰ入札は廃止される）ことなどが決められた。また二〇〇七年四月を目処に、全面自由化の検討を開始することも決められる。

しかし二〇〇七年七月には、全面自由化の見送りが決まる。新規参入した電気事業者の供給電力は大口の二パーセントほどに過ぎず、現時点で小売り自由化の範囲を拡大することは適切ではなく、まずは自由化された範囲で競争環境を整えることが先決とされたのである。こうして電力自由化論議は幕を閉じた。

この間、自由化は実質的には進まなかった。二〇〇七年時点で実際に営業活動をしている新規参入者は一三社に過ぎず、託送料金は高いままで、連系線はほとんど使われなかった。九電力会社間でも競争は起きなかった[46]。電力自由化をめぐる戦いは、東電の勝利に終わったのである。

原発トラブル隠しの後始末

二〇〇二年の東電による原発トラブル隠し問題は、さらに大きな問題へと拡大していった。八月三〇日に保安院が原子力事業者に対して、同様のケースが過去になかったか総点検を命じたところ、東電、中部電力、東北電力、原電、中国電力において同様のケースがあったことが判明したのである。

さらに日立製作所の内部文書から、一九九一年と九二年の定期検査で、福島第一原発一号機の原子炉格納容器の漏洩率検査を実施している最中に、圧縮空気を格納容器内に不正に注入していたことが発覚する[47]。高い気密性が求められる格納容器から原因不明の空気漏れがあり[48]、このままでは検査を通らないので、漏れる分の空気を注入して、国の検査官をだましたのである。保安院は、原子炉の重要な安全機能を持つ機器で行われた偽装行為は、自主点検記録改竄以上に悪質として、一一月二九日に東電に対し、原子炉等規制法違反で一年間の運転停止命令を出した。

もっとも、トラブル隠し問題では、規制当局である保安院の体質も問題となった。先述した通り、調査が大幅に遅れ、しかも内部告発者の氏名を東電に通報していたからである。このため、原発推進の資源エネルギー庁内に安全規制を行う保安院があることが改めて問題視され[49]、規制機能を分離すべきとの議論も行われた。しかし経産省は、そうした批判を無視する。

保安院と電力業界は、トラブル隠しを反省するどころか、従来の検査基準が厳し過ぎたという主張を展開する。その主張を受けて、二〇〇二年一二月に成立した電気事業法と原子炉等規制法の改正案では、多少の傷やひび割れが見つかっても、科学的に安全上問題がないとされれば原子炉の運転継続を容認する「健全性評価基準」が導入されることになった。(50)

5　核燃料サイクルをめぐる対立

青森県の拒否権

六ケ所再処理工場の建設は進み、二〇〇五年から使用済み核燃料を使った試験が行われる予定であった。ところが二〇〇一年から〇二年にかけて、六ケ所工場を動かすのかどうかが問題となる。稼働すれば多額の費用がかかるし、工場が放射能で汚染されると、その処理費用も膨れ上がり、後戻りできなくなる。しかし、稼働させないと国策の変更になる。さらに電力業界は、使用済み核燃料を引き受けてもらうため、青森県との関係を悪化させるわけにはいかなかった。

一九八〇年代半ば以降、青森県は「核のゴミの最終処分地にならない」という約束で、核燃料サイクル施設を受け入れてきた。さらに一九九五年には、六ケ所村で高レベル放射性廃棄物貯蔵管理センターが操業を開始した。電力会社が、イギリスやフランスの再処理工場に委託した使用済み核燃料の再処理により発生する高レベル放射性廃液は、高温でホウケイ酸ガラスとともに溶かし込んでステンレス容器（キャニスター）に入れて冷却される（これをガラス固化体と呼ぶ）。イギリスやフランスから返還されたガラス固化体を、最終処分に搬出されるまでの三〇年から五〇年の間、一時冷却・貯蔵するために建設されたのが、この施設である。ガラス固化体の輸送は一九九五年四月から始まり、二〇〇七年三月末までに一三一〇本がフランスから返還され、これでフランスからの返還は終了している。[51]二〇一〇年三月からは、イギリスからの返還が始まっている。一九九四年には田中真紀子・科学技術庁長官が北村正哉・青森県知事に対し、ガラス固化体は、最長五〇年が過ぎたら六ヶ所村の施設から搬出されることを確約している。

また、全国の原発から再処理を名目として六ヶ所村に集められた使用済み核燃料について、一九九八年七月には、青森県知事と六ヶ所村村長、日本原燃社長の三者が、電事連会長の立ち会いのもと、次のような「覚書」を交わしていた。すなわち、再処理事業の確実な実施が著しく困難となった場合には、日本原燃は使用済み核燃料の施設外への搬出も含め、速やかに必要かつ適切な措置を講ずるとする「覚書」である。この結果、電力業界が核燃料サイクル事業推進の責任を放棄した場合、電力会社は青森県から使用済み核燃料の引き取りを求められる可能性があった。[52]使用済み核燃料が各原発に戻されると、多くの原発の使用済み核燃料プールは満杯となり、それ以上、原発を動かせなくなる。要するに青森県は、核燃料サイクル事業を中止させようとする動きに対して、「拒否権」を持つことになったのである。

再処理見直し論議

しかしながら電力会社内でも、意見は分かれていた。このころには原子力部門は、核燃料サイクル推進という考えで固まっていた。それに対し、電力自由化に直面していた企画部門を中心に、莫大なコストがかかる再処理事業に批判的な声もあった。実のところ二〇〇二年五月には、東電の荒木浩会長、南直哉社長、勝俣恒久副社長が、経産省の広瀬勝貞・事務次官、河野博文・資源エネルギー庁長官、迎陽一・同庁電力・ガス事業部長に対し、六ヶ所村再処理工場の稼働中止を申し入れていた。このときは広瀬が交代間近であり、次の次官が対応するということになったという。ところが、七月三〇日に村田が事務次官に就任し、原発のトラブル隠しが発覚したため、東電の経営陣は辞任し、電事連会長も南から藤洋作・関電社長に交代することになる。藤は、核燃料サイクル推進の方針を固める。(53)

しかし村田は、一九九〇年代初めに資源エネルギー庁公益事業部計画課長であったころから核燃料サイクル計画には懐疑的で、原子力産業課の幹部と「六ヶ所を止めよう」と話していたという。太田昌克によると、村田が事務次官に就任する直前に、経産省は東電に対し、六ヶ所再処理工場とフルMOXの大間原発の事業中止を提案するよう打診してきたという。経産省は、自ら再処理の撤退を言い出すのを嫌い、東電に言わせようとしたのである。これに対して東電社長の南は、六ヶ所村での再処理事業は一九八八年に発効した日米原子力協定を土台にしており、フランスの再処理事業者などとの国際的な提携関係もあったため、東電が「都合で辞めます」などとは言えないと考えた。さらに南は、国策として決めた事業の中止を自ら切り出せずに「民」に言わせようとする「官」のやり方に、「一番卑怯だ」と憤る。南は、この打診には村田の意向が働いていたと確信しているという。(54)

二〇〇三年夏には再処理事業について、資源エネルギー庁と電力会社の幹部の間で何度か会議が持たれたという。そこで東電は、①国が謝り、政策変更を宣言する、②（再処理工場建設の）二兆円のコストは国が賠償する、③青森対策は国と電力でおわび行脚する、という三つの条件を提示したという。しかし当時の経産相は、核開発の潜在能力を持つために核燃料サイクルの維持を持論とする平沼赳夫、そして中川昭一（二〇〇三年九月二二日に交代）であり、これが認められることはなかった。(55)

「一九兆円の請求書」

そこで電力会社は、核燃料サイクル継続の方針を固め、将来に予想される膨大な再処理費用については電気料金に上乗せすることを国に要求し、自民党政権は、これを受け入れていた。(56) 再処理費用を算定するため、経産省総合資源エネルギー調査会電気事業分科会は、コスト等検討小委員会を設置し、コスト見積もりを行う。二〇〇三年一〇月二一日から二〇〇四年一月一六日まで、九回にわたって検討を行い、「バックエンド事業全般にわたるコスト構造、原子力発電全体の収益性等の分析・評価」と題する答申をまとめ、一月二三日に電気事業分科会の了承を受けた。

原子力発電のコストに関しては、一九九九年一二月一六日に資源エネルギー庁が「原子力発電の経済性について」と題する試算を、総合エネルギー調査会原子力部会資料として公表している。そこでは原子力発電の発電原価は、原発の耐用年数を四〇年間として、その平均値を一キロワット時あたり五・九円と試算しており、石炭火力（六・五円）、天然ガス火力（六・四円）、石油火力（一〇・二円）よりも安価だと結論づけていた。二〇〇四年の報告書でも、その試算が踏襲され、原子力五・一円、石炭五・七円、天然ガス六・二円とされた。

ただ今回は、放射性廃棄物の処理や使用済み核燃料の再処理といったバックエンド（後処理）のコストも含まれていた。六ヶ所再処理工場の操業開始予定時期の二〇〇六年七月から二〇四六年度末までの四〇年間の総事業費は一八兆八八〇〇億円、うち再処理に一一兆円、高レベル放射性廃棄物処分に二兆五五〇〇億円、使用済み燃料中間貯蔵に一兆一〇〇億円、MOX燃料加工に一兆一九〇〇億円などと試算された（再処理費については、四〇年間で発生する五万トンの使用済み核燃料のうち、六四パーセントにあたる三万二〇〇〇トンのみ再処理することを前提とし、残り一万八〇〇〇トンと、すでに発生している一万トン余りには、計算から除外されている）[57]。

この途方もない負担額について、二〇〇四年三月には資源エネルギー庁の若手官僚六人が、「19兆円の請求書—止まらない核燃料サイクル—」と題する資料を作成し、役所内のほか、国会議員やマスメディア関係者に説明して回った。その文書では、高速増殖炉の実用化の目処は立っておらず、欧米諸国は高速増殖炉サイクル構想から相次いで撤退していることが論じられている。また、再処理したプルトニウムを軽水炉で使う軽水炉サイクル（プルサーマル）についても、経済的に見合わないため、そして資源的にも、ウラン資源を約一割節約する程度に過ぎず、メリットが小さいため、使用済み核燃料を再処理せず、直接処分に移行する国が続出していることが説明されている。さらに、青森県六ヶ所村の再処理工場の建設費用は、当初六九〇〇億円と想定されていたのに、現在では二兆二〇〇〇億円に膨れ上がっていることや、再処理工場を四〇年間動かして核燃料サイクル事業を進めれば一八・八兆円の費用がかかるとされているのだが、再処理工場の稼働率が低くなれば五〇兆円にもなりかねないことが指摘され、核燃料サイクル計画は費用対効果が見合わないと主張されている。それでは、なぜ核燃料サイクルは止まらないのか。その文書では、政府は、政策を変えれば電力会社から二兆円もかけた再処理工場の建設費の賠償を求められると考えているから、電力会社は、利用者から電気代で集める再処理費用の返却を求められると考えているから、政治家は、電力関連の企業や労組から支援を受けているから、核燃料サイクルを止めないのだと説明されている。最後にその文書は、一度立ち止まって国民的な議論が必要だと訴えていた。若手官僚たちは、電力・ガス事業部長の寺坂信昭ら上司の了承も得て、行動していた。

二〇〇四年七月には、通産省が、すでに一九九四年に、使用済み核燃料を再処理する場合と直接処分する場合のコストを試算していたことが報道される。経産省は、再処理しない場合のコストを試算したことはないと国会で答弁していた。しかし、このとき流出した一九九四年二月四日に開かれた審議会の回収資料では、発電した後のバックエンド（後処理）だけを比較すると、高速増殖炉を用いて何度も再処理を行う本来の核燃料サイクルでの再処理費用は一キロワット時あたり一・三四円で、直接処分（〇・三五円）よりも三・八倍高くなるとする試算が明記されていた（発電コストは比較されていなかった）。この資料の流出にも、若手官僚たちが関わっていた。

しかし、ここでも村田は、最後まで若手官僚を守らなかった。核燃料サイクル計画を支持していた中川昭一・経産相を説得できなかったのである。(58) 村田は、福島第一原発事故後には、強大な電力会社に対抗して電力自由化を進めようとした勇気ある官僚として評価されることが多い。たしかにそうなのだが、しかし、若手を焚きつけておきながら最後までは面倒を見ずに、彼らは更迭の憂き目に遭ってしまい、しかも政策は実現されないという結果から判断すれば、困った上司だとも思える。

電事連の報復

核燃料サイクル推進の方針を固めた電事連は、若手官僚たちの行動を許さなかった。まず、新聞や雑誌で若手官僚の主張が報じられたことで、電力業界とつながりの深い電力族議員たちが騒ぎ出す。二〇〇四年五月一四日の自民党エネルギー関係幹部会で、資源エネルギー庁長官ら幹部たちは、吊るし上げられる。青森県出身議員は、「県民に説明ができない。どれほど大きなダメージになったのか認識しているのか。仮に再処理が必要ないなら、いまあるもの（使用済み燃料）を（各原発に）お持ち帰りいただいて、好きにやっていただきたい」と主張した。商工族議員は、「役所の中には（再処理せずに地下に直接処分する）ワンスルー派もいる。使用済み燃料をどうするのかについて責任をまったく持っていない。原子力に携わる人間を出世コースに乗せるようにするべきだ」と息巻いた。電力会社出身議員は、「（再処理が直接処分より安く見えるように）強引に仮定を作れば良い」とまで述べた。吊るし上げにあった寺坂は、村田に報告に行く。「いますぐワンスルーにしろ、と言っているわけではない」と反論する村田に対し、寺坂は、「もうもちません。六ケ所の再処理工場は動かすしかありません」と進言したという(59)。

二〇〇四年夏の昼下がりに、「一九兆円の請求書」の作成に加わっていた経産省の幹部官僚に対し、電事連から電話がかかってきた。「夕方に発表があります。あんた異動ですわ」。その時点では事務次官か官房長しか知らないはずの「人事異動表」を持っているというのである。「送ってあげまひょか」。卓上のファクスには、その紙が送信されてきた。明らかな左遷である。この官僚は事前に、「政治家は業界の味方。パーティー券を大量に処理してやっているから。派手に動くと痛い目に遭うぞ」という警告を受けていた。「まさかここまでの力とは。紙を渡したのは電事連の意向を受けた大臣だろう」と思った。別の官僚も、「電力ににらまれると出世できない。監視しているなんて幻想で、電力が経産省を操っている」と証言している(60)。

二〇〇四年六月に村田が退官し、現状維持派の官僚が省内で主導権を握ると、若手官僚の動きは封殺される。彼らの行為は「不問に付す」とされたものの、メンバーはさまざまな部署に異動、出向させられた。リーダー格だった伊原智人・電力市場整備課課長補佐は退官した。電力自由化を進めようとした官僚たちも、その後、出世コースから外された(61)。

核燃料サイクル継続の決定

二〇〇四年一一月一二日に内閣府原子力委員会・新計画策定会議は、「核燃料サイクル政策についての中間取りまとめ」を採択し、核燃料サイクル継続を決定する。技術検討小委員会の試算によると、全量再処理の場合の核燃料サイクルコストは一キロワット時あたり一・六円、部分的に再処理した場合のコストは一・四〜一・五円、当面貯蔵した場合は一・一〜一・二円となり、直接処分の〇・九〜一・一円に比べ、再処置はコストが高くなることを認めた。だが、全量再処理・核燃料サイクル路線を直接処分路線に変更すると、次のような政策コストがかかるとした。

まず、再処理事業を止めると、再処理工場が無駄になり、その廃棄処分経費もかかるため、二兆一九〇〇億円のコストがかかる。また、再処理工場の稼働を断念することで六ヶ所村が使用済み核燃料の搬入を拒むと、二〇一〇年までに全国の原発五二基のうち三〇基が運転停止に追い込まれ、二〇一五年までに対策を講じないと一基を除くすべてが停止するおそれがある。この場合のコストは、代替の火力発電所の建設・発電費用が一一兆〜二二兆円、原発から火力発電に切り替えることで増える二酸化炭素の排出枠を外国から購入する費用が七〇〇〇億〜一兆四〇〇〇億円などである。この政策変更コストは一キロワット時あたり〇・九〜一・五円となり、これを加算すれば、直接処分の経費は再処理を上回る。このような理屈で全量再処理が優れていると結論づけたのである。

これを受けて二〇〇四年一二月に六ヶ所再処理工場で、ウランを使用した試験が始められた。また経産省は、二〇〇五年二月一八日に「再処理等積立金法」（原子力発電における使用済燃料の再処理等のための積立金の積立て及び管理に関する法律）を国会に提出し、同法は五月二〇日に成立する。(62)

6　東電と電力族の結託

「普通の会社」への模索

このように東電は、経産官僚に対抗するため、また原発を推進するため、自民党政権と緊密な関係を築いてきた。だが一方で東電は、かねてより政治と距離を置く必要も感じていた。そのきっかけとなったのが、一九八五年のプラザ合意後、円高・原油安・低金利のトリプルメリットを受けて、電力九社が合計一・五兆円を超える経常利益を計上すると、差益還元を求める電力バッシングが起きたことであった。自民党からは、電気料金の値下げだけではなく、電力の差益を湾岸道路や整備新幹線の建設費、電線の地中化に回すよう圧力がかけられたというのである。自民党の政治家は、電気料金と税金とを混同していたのである。[63]

自民党長期政権の弊害を取り除く必要を感じていた平岩外四・東電会長は、思い切った行動をとる。一九九三年八月に細川護熙を首班とする非自民連立政権が発足すると、九月に平岩は経団連会長として、経団連による政治献金の斡旋廃止を決定し、細川政権に接近する姿勢を見せたのである。これに自民党は激怒した。同年末、政治改革の早期実現を求める要望書を届けるために自民党本部を訪れた平岩らに対し、自民党の幹部は罵声で応えたという。[64]

経営面でも東電は、政治のくびきから抜け出そうとする。第5章で見るように東電は、一九七八年以降、政府の経済対策に合わせて設備投資額を増やしたり、発注の前倒しを行ったりしていた。バブル崩壊後には政府の要請を受け、設備投資額はますます増大し、一九九三年度の設備投資額は一兆六八〇〇億円を超えるまでになる。

一九九三年六月に社長に就任した荒木浩は、一〇兆円に膨らんだ有利子負債に危機感を募らせ、政府の公共投資のパートナーをやめることを決意し、東電を「普通の会社にする」と宣言する。荒木は、日立と東芝の原子力部門に三〇パーセントのコストダウンを要求し、さらに両社に原子力部門を統合するよう持ちかけた。また、設備や料金の許認可から解放されるため、全面自由化の意向も固め、在任中、二度の電気料金値下げを断行する。[65]だが電力の全面自由化については、他の電力会社への配慮もあり、そこまでは踏み込めなかった。

脱政治路線の挫折と自民党との関係修復

しかし、こうした脱政治路線は、貫徹されなかった。第二次電力自由化論議で、橋本龍太郎内閣の佐藤通産相が電力自由化を推進する姿勢を見せたことは先に述べた。これは、平岩が経団連による政治献金の斡旋を廃止したことに対する自民党の報復だったと見られる[66]。

ここで東電は、自民党と手打ちをする。副社長（原子力担当）の加納時男を一九九八年の参議院選挙の比例区で自民党候補として出馬させたのである[67]。

一九九七年一二月一五日に東京都内のホテルで、加納が出馬表明を行う会合が開かれた。そこで加藤紘一・自民党幹事長は、次のように述べたという。「我々には（名簿登載の）点数をつける基準があり、一〇〇点のうち五〇点は（加納氏が集める）一〇〇万人の後援会名簿の精度で決める。名簿を提出されたら、サンプリング調査で加納さんと自民党を支援するかどうかを電話で聞き、『はい』と言わなければペケということになります。九電力会社の方がおいでだと思うが、加納さんと自民党、という名簿作りにご尽力いただければ、間違いなく上位にランクされます」。

自民党関係者は、次のように証言する。「後援会名簿の精度は、なんといっても電力がピカイチ。ゼネコンなんかはいい加減で、大学の卒業名簿を丸写しするなどザラだったが、電力は関連会社や取引先を総動員して作っているから確実に票が集まる。また、名簿登載基準には『党員・党友を二万人集める』という条件もあった。これは、二万人分の党費（一人一万円）二億円を納めるということだ」。

この時期、自民党は政治献金の落ち込みに苦慮していた。経団連が企業献金の斡旋をやめたことにくわえ、不良債権問題で公的資金を投入したことから、銀行からの大口献金も辞退せざるを得なくなったからである。(68)自民党は、電力自由化を進めようとする電力自由化派官僚を後押しすることで、電力会社を再び引き寄せ、「票とカネ」を献上させることに成功した。

自然エネルギー潰しとエネルギー政策基本法の制定

しかし加納は、たんに自民党への人質で終わるようなタマではなかった。加納は、自民党内で東電の利益代表として獅子奮迅の働きを見せるのである。(69)

一九九八年七月、飯田哲也（現・環境エネルギー政策研究所長）ら市民団体のメンバー五人が、初当選直後の福島瑞穂・参議院議員（社民党）の事務所に集まり、ドイツで制定された、自然エネルギーによる電力を電力会社に買い取るよう義務付ける法律を日本でも制定しようという話で盛り上がる。これをきっかけとして一九九九年一一月に、梶山静六・衆議院議員ら自民党の有力議員も含む二五〇人超の与野党議員によって「自然エネルギー促進議員連盟」が発足する。

これに対し通産省は一二月に、総合エネルギー調査会に新エネルギー部会を設置し、議連の理論的支柱だった飯田を委員に加え、取り込みを図る。部会では、「電気事業者による新エネルギー等の利用に関する特別措置法」（RPS法）が突如、浮上する。電力会社に自然エネルギーの全量買い取りを義務付けるのではなく、通産省が自然エネルギーの利用目標を定め、電力会社ごとに一定量の利用を義務付けるものであった。部会では、飯田の反対論を無視してRPS法への流れが作られた。飯田は、制度の詳細を議論する小委員会の委員には加えられず、オブザーバーとして、たまに認められた発言も議事録には記されなかった。その一方で通産省は、「RPS法は買い手の電力会社に有利な法律。これをのまないと議員立法を止められない」と、消極的な電力業界を説得する。

他方、自然エネルギー促進議員連盟も二〇〇〇年四月に、「国が定める自然エネルギー供給目標に基づいて電力会社に供給計画の策定を義務づけ、電力会社は自然エネルギーの電力の買い取り約款を定め、国に届け出る」という内容の法案をまとめる。これに対し東電幹部は、「風力発電の電気なんて、変動が激しい汚い電気だ。そんなもの1ワットだっていらない」と公言し、ある通産省幹部は、「政治家に立法はさせない」とまで言い切る。二〇〇〇年八月に、衆議院選挙で落選した愛知和男に代わって議連会長に就任した橋本龍太郎・元首相は、「法案は議員立法ではなく政府提案で」と方針を転換し、議連の会合開催を求める議連事務局長の加藤修一・参議院議員（公明党）との面会も、多忙を理由に拒み続ける。こうして議連の動きは封じられる。

他方、自民党内では、二〇〇〇年四月に石油等資源・エネルギー対策調査会がエネルギー総合政策小委員会を発足させ、「エネルギー政策基本法」の制定に向けた準備を始める。委員長は甘利明・衆議院議員、事務局長は加納時男である。この法案は電力業界の要請によるもので、東電社長の荒木浩・電事連会長が、「原子力推進を国家的政策として位置づけるエネルギー基本法をつくってほしい」と自民党に提言したことが、制定のきっかけだという。エネルギー総合政策小委員会は、「原発を国策として推進する」、「電力自由化抑制」などの「七つの提言」をまとめ、これに基づき法案が作成される。

この法案はエネルギー需給に関する施策の基本方針として、「安定供給の確保」、「環境への適合」

と、この二つに十分配慮したうえでの「市場原理の活用」を定めた。このためエネルギー政策基本法には、発送電分離と使用済み核燃料再処理中止を阻止する目的があると見られた(70)。さらに公明党への配慮から、原発推進とは明記されなかったものの、安定供給と地球温暖化防止の重視を掲げることで、原発推進が不可欠というメッセージが込められていた。

二〇〇一年春に、与党自然エネルギー・プロジェクトチーム（PT）の初会合が開かれる。ここで加納が、いきなりRPS法案の解説を始めた。そこで加藤修一が話を遮り、全量買い取りが必要だと主張すると、PT座長の甘利明が、「そんな物分かりの悪い人はこの場にいてもらわなくて結構だ」と声を荒げた。この後、PTでは自民党議員が議論を主導する。さらに二〇〇一年八月の自然エネルギー促進議連の総会では、与党PTからRPS法案をベースにすべきとの提案がなされていることが紹介される。結局、RPS法案は閣法として提出され、二〇〇二年五月に成立する(71)。エネルギー政策基本法も二〇〇二年六月に成立する。その後も電力族は暗躍し、小売り電力の全面自由化と発送電分離を妨害したことは、先に見た通りである。

RPS法に基づく電力買い取り制度が始まった二〇〇三年四月から、二〇一一年八月に「電気事業者による再生可能エネルギー電気の調達に関する特別措置法」が成立するまでの八年間は、「自然エネルギー暗黒時代」と呼ばれる。経産省が設定した利用目標があまりに小さく、自然エネルギー発電は停滞を余儀なくされたからである(72)。

このようにして東電は、再び自民党との一体化を強め、発送電分離阻止、自然エネルギー潰し、核燃料サイクル維持を実現させたのである。

エネルギー基本計画

さらに電力族議員らは、エネルギー政策基本法により、少なくとも三年ごとに策定して閣議決定することが決められた「エネルギー基本計画」の内容についても圧力をかけたという。もともと電力族議員たちは、基本計画に原発の推進を組み込むことを狙いとしており、その目論見通り、二〇〇三年一〇月に経産省総合資源エネルギー調査会が策定し、閣議決定された「エネルギー基本計画」では、「核燃料サイクルを含め、原子力発電を基幹電源として推進する」、「電力小売自由化の進展に伴い、特に初期投資が大きく投資回収期間の長い原子力発電については、事業者が投資に対して慎重になることも懸念される」、「このような事情の下で、原子力発電について引き続きその推進を図る観点から」、「原子力発電のような大規模発電と送電設備の一体的な形成・運用を図ることができるよう、発電・送電・小売を一体的に行う一般電気事業者制度を維持する」と明記された。(73)

平成の徳政令

二〇〇六年九月に発足した第一次安倍晋三内閣で、甘利は経産大臣に就任する。その任期中に、電力各社で検査データの改竄が発覚する。はじまりは中国電力で、住民団体からの告発を受けて二〇〇六年一〇月三一日に、水力発電のダムや取水構造物に関して測量データの改竄があったことを公表した。この後、電力各社が次々と過去のデータ改竄を公表する。

原発に関しては、東電が一一月三〇日に、柏崎刈羽原発一・四号機での温度データ改竄を公表する。

それを受けて原子力安全・保安院が、年度内の総点検を電力各社に要請したところ、東電福島第一原発、東北電力女川《おながわ》原発（宮城県牡鹿郡女川町・石巻市）、関電大飯原発（福井県大飯郡おおい町）で同様の改竄があったことが報告された。

二〇〇七年三月になると、安全上、きわめて重大なケースが発覚する。三月一五日に北陸電力が、一九九九年六月一八日に志賀原発一号機（石川県羽咋郡志賀町）で臨界事故が起きていたことを公表したのである。このとき北陸電力は、志賀原発二号機の着工を九月二日に控えていたため、この事故を隠蔽したと見られた。さらに三月二二日には東電が、一九七八年一一月二日に福島第一原発三号機で臨界事故が起きていたことを公表する。

三月三〇日には、原発を保有する電力会社一〇社（九電力会社と原電）のうち七社で、データ改竄や事故・故障・トラブル隠蔽が行われていたことが、電力会社が保安院に提出した中間報告書により明らかになる。経産省は四月二〇日に、原子力一一事案、火力二一事案、水力一八事案の計五〇事案を「悪質な法令違反」と認定し、原発を保有する電力会社に対して、重大事故が起きた場合に直ちにトップに情報を伝える体制を構築することを命じた保安規定変更命令を下した。

ところが二〇〇二年のときとは対照的に、甘利は、「すでに安全は確認されており、社会的ペナルティーも受けている」として、重い行政処分は行わず、電力会社の幹部が引責辞任することもなかった。これは経産省内で皮肉を込めて「平成の徳政令」と呼ばれた。(74)

第4章 原子力ルネサンスの到来

●暴走する原子力ムラ

1　原子力ルネサンスと原発輸出の促進

原子力ルネサンス

前章で見たように、一九九〇年代後半には、日本でも「原子力冬の時代」が到来した。ところが二〇〇〇年代に入ると、世界的に原子力が再評価されるようになる。新興経済国の急激な経済成長により、世界的にエネルギー需要増大が見込まれ、化石エネルギー価格が高騰し始めた。そして実際に中国やインド、次いでロシアや韓国が、原発建設を大幅に拡大する動きを見せたからである。また地球温暖化問題への対応として、二酸化炭素の排出量が少ない原発が脚光を浴びるようになったからでもある。二〇〇五年には、温室効果ガスの排出削減を目的として一九九七年に採択された京都議定書が発効するなど、温室効果ガスの排出削減が世界的な課題となっていた。

さらにアメリカのジョージ・W・ブッシュ政権は、輸入原油への依存度を下げるというエネルギー安全保障の観点から、原発推進へと舵を切る。アメリカで操業する原発は一九七三年以前に発注されたもので、一九七九年のスリーマイル島原発事故以後、新規発注は途絶えていた。二〇〇一年五月一七日にブッシュ政権は、「国家エネルギー政策」を発表して原発推進を打ち出す。二〇〇五年八月八日には、新規原発に対する税控除や、融資が焦げ付いた際の債務保証など、さまざまな支援策を盛り込んだ「エネルギー政策法」を成立させる。アメリカでは約一〇〇基の原発が稼働していたものの、原子力法により運転期間は四〇年と定められており、二〇三五年までにほぼ全基が運転を終了する予定であった（ただし原子力規制委員会が許可すれば、最大六〇年まで延長可能である）。そこで既設原発がすべて建て替えられるとなると、約一〇〇基の新設が見込まれることになったのである。

くわえてブッシュ政権は、中国やインド、中東諸国やベトナムなど、原発建設に積極的な国への原発輸出を目論んだ。二〇〇三年には、中国と原子力技術移転の実務に関する文書を交換し、輸出のための法的手続きが整えられた。さらに二〇〇八年には、核兵器不拡散条約（NPT）非締結国であるインドと原子力協定を締結した。これまでアメリカは、核拡散防止の観点から、NPT非締結国への原子力資・機材や技術等の輸出規制を主導していたのにもかかわらずにである。

ところがアメリカでは、原発の新規発注が途絶えていたため、アメリカの原子炉メーカーは、商業用原子炉の製造からは撤退し、保守・修理や廃炉作業、核燃料サービスに専念していた。そのため、プラントの設計能力は保っていたのだが、主要機器の製造ラインを失っており、原発の新規建設に乗り出すには海外メーカーの協力を必要としていた。そのうえアメリカのウラン濃縮工場は、老朽化して廃止措置の段階にあったので、海外から濃縮ウランを輸入するか、国内に新工場を建設する必要があった。しかもアメリカの濃縮技術は、遠心分離法と比べて効率が劣るガス拡散法であった。それゆえ、新工場を建設する際にも、海外の濃縮事業者の協力が必要であった。

ブッシュ政権の原発回帰政策により、海外の原子炉メーカーと関連業者にとっては、巨大な市場が出現することになった。こうした原発の見直しと、アメリカおよび新興国で見込まれた原発建設の急拡大を、原子力関係者は原子力ルネサンスと呼び、期待をかけたのである。(1)

日米共同事業による海外展開

従来、日本の原子炉メーカーは、原発輸出を行ってこなかった。これには次のような事情があった。日本に原発が導入された際には、東芝と日立がGEから沸騰水型軽水炉の技術を、三菱重工業がウェスティングハウスから加圧水型軽水炉の技術を、それぞれライセンス契約を結んで導入した。このため、その技術を用いて原子炉機器等を製造する場合、ロイヤリティが発生する。また第三国へ輸出する場合には、ライセンスを所有するメーカーに使用料を支払う必要があった。しかし日米原子力協定により、アメリカ起源の製品や技術を用いて製造した製品を第三国に再輸出するには、アメリカ政府と連邦議会の輸出承認が必要とされ、さらに再輸出先とアメリカとの間でも原子力協定が成立していなければならなかった。このため原発輸出は事実上、不可能だったのである。

過度の対米依存を減らして自立性を高めるために、通産省は一九七五年に「原子力発電設備改良標準化調査委員会」を設置し、日本の自主技術に基づく軽水炉の開発を図る。しかし、第三次の「軽水炉改良標準化計画」(一九八一年度から八五年度)では、通産省の目論見に反し、電力会社から提案された日米共同開発方式により、改良型軽水炉の開発が図られることになる。アメリカ国内で原発建設が停滞するなか、アメリカの原子炉メーカーは日本の原子炉メーカーをパートナーとして改良型軽水炉の開発プロジェクトを進めざるを得ず、一方、電力業界も、技術的独立を図ることに経営上のメリットを見出せなかったからである。これにより東芝、日立とGE、東電が、共同設計により改良型沸騰水型軽水炉を開発した。一方、加圧水型軽水炉メーカーの三菱重工業が自主開発した原子炉は、北海道電力泊原発(北海道古宇郡泊村)で用いられ、さらに自主開発した改良型加圧水型軽水炉については、敦賀原発三・四号機計画で採用されている(着工は未定)。

こうして日本のメーカーは、一九九〇年代までに、ほぼ自主技術によって第三世代炉と呼ばれる軽水炉を開発し、アメリカのメーカーとの契約もクロスライセンス(特許の相互持ち合い)になった。ライセンス契約は原発輸出を制約するものではなくなり、日米共同事業という形での海外展開を可能にするものとなったのである。(2) 一方、アメリカのメーカーは先述した通り、国内での需要が見込まれないため採算がとれなくなった原子炉製造部門からは撤退し、設計のみを担当するようになった。このため原発輸出に際しては、建設や保守管理は日本のメーカーが担い、アメリカのメーカーはパテント(特許)料を得ることになった。(3)

原子炉メーカーの再編

二〇〇六年二月に東芝が、イギリス核燃料会社（ＢＮＦＬ）からウェスティングハウスを買収したのを機に、原子炉メーカー業界の再編成が進んだ。二〇〇七年に入って三菱重工業は、ウェスティングハウスとの提携関係を解消して、加圧水型軽水炉メーカーであるフランスのアレバと提携関係を結び、合弁会社アトメアを設立する。日立とＧＥは二〇〇六年に原発事業の統合を発表し、二〇〇七年に日本国内の原発建設・保守・サービスを手がける「日立ＧＥニュークリア・エナジー」（出資比率は日立八〇パーセント、ＧＥ二〇パーセント）と、日本以外の世界各地で原発の新規建設受注を目指す「ＧＥ日立ニュークリア・エナジー」（ＧＥ六〇パーセント、日立四〇パーセント）を設立する。(4)

こうして日本の原子炉メーカーは、国内で原発受注が急速に減るなか、海外企業との共同事業により海外展開を狙うようになったのである。

原発輸出の促進

政府も、原発推進、核燃料サイクル計画継続を打ち出すとともに、原子炉メーカーの海外展開を強力に後押しする。二〇〇五年一〇月には内閣府原子力委員会が「原子力政策大綱」をまとめる。これは従来、数年ごとに改定され、原子力開発利用に関する国家計画の中心をなしてきた原子力開発利用長期計画の名称を改めたものである。原子力政策大綱では、原子力発電が二〇三〇年以後も総発電電力量の三〇〜四〇パーセント程度という現在の水準程度か、それ以上の供給割合を担うことを目指すこと、使用済み核燃料の処理方法は再処理を基本とすること、高速増殖炉については二〇五〇年頃から商業ベースでの導入を目指すことが明記された(5)。

さらに原子力政策大綱では、「原子力産業の国際展開」という項が設けられ、原発輸出に積極的な立場が示された。これを後押ししたのが、日本原子力産業会議(二〇〇六年に「一般社団法人日本原子力産業協会」に改組)であった。鈴木真奈美によると、日本原子力産業会議は二〇〇四年二月に公表した提言の一つとして原子力輸出を掲げた。その背景には、二〇〇三年九月に米中政府間での原子力協力に関する実務協議が再開され、アメリカのメーカーが設計した原子炉が中国へ輸出される可能性が高まっていたことがあった。二〇〇四年一一月に日本原子力産業会議は、経産省と外務省の後押しを受けて「原子力国際展開懇話会」を設置し、そこにはメーカー、電力会社、銀行、保険会社、商社、核拡散問題の専門家のほか、オブザーバーとして内閣府、外務省、文科省、経産省も参加した。ここでの討議を受けて、二〇〇五年四月には原子力委員会の新計画策定委員会の一つである国際問題検討ワーキンググループに「原子力産業の国際展開に関する提言」を提出する。この提言が原子力政策大綱に反映されたというのである(6)。

「原子力立国計画」

二〇〇六年八月八日には、柳瀬唯夫・資源エネルギー庁原子力政策課長らが中心となって、経産省総合資源エネルギー調査会電気事業分科会原子力部会(部会長は、後に原子力規制委員となる田中知《さとる》・東京大学教授)が、「原子力立国計画」と題する報告書をまとめる。この報告書では、既設原発について六〇年間までの運転延長を行うことや、高速増殖炉実証炉の建設を二〇二五年頃までに実現し、商業炉は五〇年までに開発すること、実証炉については、軽水炉と同等の費用は電力会社が負担し、それ以上は国が負担すること（従来、実証炉は電力業界が負担としていたところ、電力業界の負担を大きく減らした）、日本型次世代軽水炉開発を、政府・電気事業者・メーカーが一体となったナショナル・プロジェクトとして推進すること、民間第二再処理工場建設を確定したものとして扱い（二〇四五年頃に操業を開始するとしている）、そのための引当金導入を勧告することなどが明記された[7]。莫大なコストがかかる高速増殖炉の実用化は、二〇五〇年と遠い未来のこととなり、もんじゅの次の実証炉については国に支援を約束させた。電力業界にとって、得たものは大きかった[8]。

さらに原発輸出については、大綱で示された原子力の比率維持を根拠として、独自の原子力発電技術や産業の維持・発展を図るため、二〇三〇年頃までの国内建設低迷期間は海外から原子力プラント建設を受注することで、原子力産業の技術・人材の厚みを維持するとの考えが示された。そのうえで、公的金融の活用など具体的な輸出支援施策も明記される。

二〇〇七年三月には、「原子力立国計画」の骨子を盛り込んだ「エネルギー基本計画」（二〇〇三年の策定後、初めての改定）が閣議決定され、原発輸出は国策となった[9]。

着々と進む原発輸出の支援

二〇〇七年四月には、日本の経産大臣、外務大臣、文科大臣とアメリカのエネルギー省長官の間で「日米原子力共同行動計画」が合意された。同計画の内容は、以下の通りである。第一に、二〇〇六年にブッシュ大統領が提唱した国際原子力エネルギー・パートナーシップ（ＧＮＥＰ）構想に基づき、使用済み核燃料の再処理と高速炉の新技術を開発するため、研究協力を行うことである。ＧＮＥＰとは、世界を核燃料サイクル国（再処理とウラン濃縮の技術を保有できる国）と原子力発電国（原発だけを保有する国）に分け、アメリカも三〇年ぶりに使用済み核燃料再処理を再開し、他国の使用済み核燃料の再処理も支援するというもので、新しく原発を導入する国が再処理・ウラン濃縮の技術を獲得することを防ぎ、核拡散を防止することを狙いとしていた。(10) 第二に、アメリカでの原発の新規建設を支援するための政策協調で、具体的には、アメリカの原発建設にあたり、日本側が政策金融を通じた資金協力を行うことである。これに基づき二〇〇八年八月には、従来、先進国向け金融は扱わないことになっていた国際協力銀行（ＪＢＩＣ）が、原発に関する事業では、先進国向けに投資金融（日本企業が出資する海外プロジェクトに対する融資や債務保証の提供）を行えるようにする政令が閣議決定される。さらに二〇一一年七月には、同じく輸出金融（日本企業による機械・設備や技術等の輸出を対象に、外国の輸入者または金融機関等に供与される融資）も行えるようになった。第三に、核燃料供給保証メカニズムを構築することである。第四に、核不拡散を確保しつつ、第三国の原子力導入・拡大支援で協調することである。(11)

二〇〇九年六月一八日には、経産省が主導し、内閣府、文部科学省、外務省、電力会社、メーカー、学会、研究機関が参加する「国際原子力協力協議会」が発足する。これは、アジアを中心に原発導入を目指す国から人材研修を受け入れたり、専門家を派遣したりすることで、核物質管理や安全確保のノウハウを伝え、現地でウラン資源を確保することやメーカーの進出の足掛かりを得ることを目的と

していた。(12)

東芝のウェスティングハウス買収

話が先走るのであるが、原発輸出という国策に付き従った結果、経営破綻の危機に瀕することになったのが東芝である。この顚末を、主として大西康之の著書に依拠して、簡単に見ておこう。

東芝が二〇〇六年二月にウェスティングハウスを買収した背景には、原子力産業の国際展開を狙う経済産業省の思惑があった。先述の通り、経産省は二〇〇六年八月に「原子力立国計画」をまとめ、原発輸出を官民一体で推進することを決める。その後、経産省は、メーカーが原子炉を造り、電力会社が運転ノウハウを提供し、総合商社が資金調達とウラン燃料の確保を担う「原発パッケージ型輸出」を成長戦略として掲げる。この旗振り役は、今井尚哉・貿易経済協力局海外戦略担当審議官であった。

チェルノブイリ事故後、核燃料の需要が減り、後述するように再処理事業でもMOX燃料の品質保証データの改竄や測定データの偽装が発覚するなど、窮地に追い込まれたイギリス核燃料会社（BNFL）は、原子炉も手掛ける総合原子力企業に生まれ変わろうと、一九九八年にウェスティングハウス・エレクトリックから原子力部門（ウェスティングハウス・エレクトリック・カンパニー、以下WH）を約一二億ドルで買収する。二〇〇〇年には、スイスに本社を置く重電大手アセア・ブラウン・ボベリの原発事業も、約三億ポンドで買収する。しかし、巨額買収で資金繰りが苦しくなり、二〇〇五年七月にWHの売却を決める。なおBNFLは、二〇〇九年五月までに主要な事業部門を他社に売却し、廃止されることになった。

WHの入札では、東芝と三菱重工業が最後まで争い、当初は二〇〇〇億円くらいが妥当と見られた買収額は約五四億ドル（約六二一〇億円）、その後の追加出資などで約六六〇〇億円に膨れ上がった。このとき経産省は、「とにかく日本勢に『買え、買え』とうるさかった」（交渉担当幹部）という。沸騰水型軽水炉メーカーの東芝は、海外進出のためには、過酷事故に強いとされ、世界の原発の七割を占めている、加圧水型軽水炉の技術を手に入れたかったのである。

暴走する東芝の資源投資

さらに東芝は、カザフスタンのウラン鉱山プロジェクトや、ウラン鉱山の権益を持つカナダの資源開発会社への出資、アメリカのウラン濃縮会社への出資、挙句の果てには原子力とは関係のない、アメリカのフリーポートLNG社とシェールガスの液化加工契約を結ぶなど、資源投資に邁進し、ことごとく失敗する。こうした資源投資を進めたのは、海外や国内に幅広い人脈を持つロビイストであった、東芝電力システム社の田窪昭寛・原子力事業開発営業部長（二〇〇九年から首席主監）である。今井ら経産官僚とも親密な関係を築いていた田窪は、国策への貢献や、経産省の後押しを大義名分に、投資事業を進めていったのである。とりわけモンゴルのウラン鉱山開発の権益獲得に際しては、モンゴルで採掘したウランを燃料成型加工工場で核燃料にし、原発を新設する新興国などに輸出し、その使用済み核燃料はモンゴルで中間貯蔵するという「CFS（包括的燃料サービス）構想」を計画する。この構想には、ダニエル・ポネマン米エネルギー省副長官や今井らも乗り気であったという。だが、この構想は、二〇一一年五月九日に毎日新聞にスクープ報道され、さらに七月には、東芝からポネマン宛に送られた、CFS構想を引き続き推進するとの書簡が共同通信によりスクープ報道される。これにモンゴル世論は猛反発し、CFS構想は潰えるのである。

WHの原発事業は、福島第一原発事故により世界中で安全規制が強化され、原発の建設コストが大幅に上がったことから、また脱原発の機運も盛り上がったことで、暗礁に乗り上げる。東芝は、二〇一六年三月期にWHの資産価値見直しで約二五〇〇億円の減損損失を計上する。さらにWHの損失は拡大し、二〇一七年三月期決算では、純損益が九六五六億円の赤字で、五五二九億円の債務超過となった。これを受けて東芝は、二〇一六年には医療機器子会社を売却し、二〇一七年には半導体メモリー子会社の売却を決めるなど、債務超過を回避するために高収益部門の切り売りに走っている。原発事業の失敗により、東芝は存続の危機に陥っているのである。(13)

行き詰まる原発ビジネス

福島第一原発事故後、原発ビジネスは世界的に先の見えないものとなっている。この状況に迅速に対応した企業もある。ドイツの重電メーカーのシーメンスは、ドイツ政府が脱原発の方針を決めたことを受けて、二〇一一年九月に原発事業からの撤退を表明する。日立と原子力事業を統合したGEも、原発の設計に特化し、その一方で、風力発電など再生可能エネルギーを新たな収益の柱にしようとしている。

それに対しフランスのアレバは、フィンランドでの原発建設が大幅に遅れ、巨額の賠償請求を起こされるなど、海外の原発事業が軒並み赤字となり、累積損失が一兆円を超える経営難に陥った。二〇一七年にアレバは、不採算事業を切り離し、使用済み核燃料の再処理やウラン採掘を扱う持ち株会社ニューコを設立して、総額五〇億ユーロ（約六四六〇億円）の増資を受けることになる。フランス政府が四五億ユーロを賄い、三菱重工業と日本原燃が五パーセント（二億五〇〇〇万ユーロ、約三二三億円）ずつ出資を行う。当初は中国企業の出資が有力視されたものの、日米両政府から安全保障面で懸念の声が上がり、アレバは中国企業からの出資を断念したという。さらにアレバからは、原子力プラント機器の設計や製造などに特化したニューNP社が切り離され、八五パーセントの株式を政府が保有するフランス電力公社の傘下に入ることが決まった。三菱重工業はニューNP社にも、一九・五パーセント（四億八七五〇万ユーロ、約六二九億円）を出資することを決めている。[14] 三菱重工業は一〇〇〇億円近い資金をつぎ込んだわけで、その先行きが危ぶまれる。

2　佐藤栄佐久・福島県知事とプルサーマル計画

稼働率の低迷

話をもとに戻そう。前節で見たように二〇〇五年の原子力政策大綱や二〇〇六年の原子力立国計画では、原子力開発利用について非常に強気な目標が立てられていた。しかし二〇〇〇年代には、日本の原発の設備利用率は全体として五〇〜六〇パーセント台に低迷する。この原因としては、第一に、二〇〇二年の原子力トラブル隠しと、それに対する佐藤栄佐久・福島県知事の対応が、第二に、二〇〇七年に発生した新潟県中越沖地震により、東電柏崎刈羽原発が長期にわたり稼働できなくなったことが、第三に、中部電力浜岡原発一・二号機（静岡県御前崎市）で、東海地震に備えた耐震補強工事が長期間にわたり行われた（結局は廃炉が決まった）ことが挙げられる[15]。

本節ではまず、佐藤栄佐久・福島県知事の原発に対する異議申し立てを、次節では、新潟県中越沖地震について見ておく。

佐藤知事の東電・経産省への不信感

一九八八年に福島県知事に初当選した佐藤栄佐久と東電の関係は、当初から良好ではなかった。東電が、対立候補の建設省OBを支援したからである。とはいえ佐藤は、当初は原発に理解を示していた。だが次第に、原発への不信感を強めていく。

一九八九年一月に福島第二原発三号機で原子炉の再循環ポンプが破損し、部品が原子炉内に流入する事故が発生した。この際、東電は事故の情報を通産省資源エネルギー庁に連絡し、県には資源エネルギー庁から連絡が来た。この地元軽視の姿勢に驚いた佐藤は、国に改善を迫るが無視される[16]。また一九九三年四月には、通産省から佐藤に、福島第一原発に使用済み核燃料共用プールを設置することを認めるよう要請がなされた。使用済み核燃料の搬出先が確保できないため、原子炉ごとに設置されている従来の貯蔵プールでは手狭となってきたので、新たに共用プールを設置するというのである。その際、通産省の担当課長は、共用プールの使用済み核燃料は二〇一〇年頃に操業開始予定の第二再処理工場に搬出すると約束する。そこで佐藤は了解したのだが、一九九四年の原子力開発利用長期計画では、民間第二再処理工場については二〇一〇年頃に、再処理能力、利用技術などについての方針を決定すると明記される。つまり、二〇一〇年頃には操業されないということである。約束が反故にされたため、佐藤は国と電力会社への不信感を募らせる。(17)

佐藤知事に接近する東電

一方、東電は、福島第一原発の原子炉増設のため、佐藤との関係修復を目指す。一九九四年七月に社長の荒木浩らが、福島県の知事公館をひそかに訪問し、浜通りにサッカー施設（Jヴィレッジ）を建設すること、中通りの郡山市にサッカースタジアムを建設すること、会津地方に美術館（エルミタージュ美術館分館）を建設することを提案する。

間を取り持ったのは水谷建設で、一九九三年に水谷建設の水谷功・元会長が、東電の小菅啓嗣・立地部長を佐藤の実弟と引き合わせていた。小菅は、サッカー施設や美術館など振興策三点セットを「お兄さんに伝えてもらいたい」と提案したといい、この場には前田建設工業の幹部も同席していたという。小菅は、知事選では「いつでも応援します」と述べ、「福島第一原発の増設は日本のためになる。地元に認めてもらいたい」とも話したという。実弟から報告を聞いた佐藤は、「何で東電がお前にそんな話を持っていくんだ。県に来るように言っておけ」と話し、一九九四年七月の会談につながったのである。会談後、東電が発注したJヴィレッジの建設工事は、前田建設工業や水谷建設が受注した。(18)

プルサーマル計画の遅延

東電は、プルサーマル計画の実施を予定していた。先述の通り、科技庁は発足以来、高速増殖炉で発電を行い、使用前より多くのプルトニウムを生み出して、そのプルトニウムを再処理工場で再び核燃料に加工し、高速増殖炉の燃料として使っていくことで、エネルギー自給体制を確立させることを究極の目標としてきた(19)。だが、もんじゅ事故により高速増殖炉の実用化の目処は立たなくなった。

このため、軽水炉でウランを燃やした後の使用済み核燃料は貯まり続けた。電力会社は、その再処理をイギリスとフランスの再処理工場に委託してきた。そこで抽出されたプルトニウムは日本に送り返されてくるため、使う見込みのないプルトニウムが貯まり、一九九〇年代半ばには総量二〇トンに達する。アメリカ政府は日本政府に対して、核不拡散体制強化のため余剰プルトニウムを保有しないよう求めており、日本政府は窮地に立たされた(20)。

一方、電力業界は、莫大な費用がかかる再処理工場建設や高速増殖炉開発には消極的であった。しかし青森県六ケ所村に、再処理工場建設を名目として、それに付随する使用済み核燃料の貯蔵プールや、低レベル放射性廃棄物埋設センター、高レベル放射性廃棄物貯蔵管理センターなどを建設していた。再処理事業を中止すれば、青森県が使用済み核燃料の引き受けを停止し、各原発に送り返してくるかもしれない。そうなれば、多くの原発の使用済み核燃料貯蔵プールは満杯となり、原発は動かせなくなる。それゆえ、核燃料サイクル政策を放棄することはできなかった。

そこで政府は、プルサーマル計画の実施を電力業界に要請し、電力業界もこれを受け入れたのである。ところがプルサーマル計画は、大幅に遅延する。一九九九年九月に、イギリス核燃料会社（BN

FL）関係者の内部告発により、関電高浜原発三号機（福井県大飯郡高浜町）用に製造されたMOX燃料のペレットの直径寸法データが捏造されていたことが発覚する。燃料ペレットの寸法が規格と異なると、燃料棒の破損事故を引き起こすおそれがある。しかし関電と通産省は、これが高浜原発三号機用のMOX燃料だけの問題だとして、四号機のプルサーマル計画は実施しようとする。だが、一〇月に日本に到着していた四号機用のMOX燃料にも同じ疑惑があることが、イギリスの核施設査察局（NII）の報告書によって一一月八日に明らかとなり、関電のプルサーマル計画実施は大幅に遅れることになった。さらに二〇〇〇年には、BNFLのMOX燃料加工工程で、金属ねじ混入などのサボタージュが組織的に行われていたことが発覚する。

このため、東電の福島第一原発三号機、柏崎刈羽原発三号機用にベルギーのベルゴニュークリア社で加工されたMOX燃料の品質にも、疑惑の目が向けられるようになった。東電は、両原発でのMOX燃料使用を二〇〇〇年に開始するとしていたものの、結局、計画延期を余儀なくされる。

さらに一九九九年九月三〇日に茨城県東海村で起きたJCOウラン加工工場臨界事故により、原子力に対する国民や原発立地地域住民の警戒心が強まった。刈羽村では二〇〇一年五月二七日に、プルサーマルの賛否を問う住民投票が行われた。有権者数四〇九〇名のうち八八・一四パーセントの三六〇五名が投票し、反対が一九二五票（五三・四〇パーセント）と多数を占めた(21)。これを受けて品田宏夫・刈羽村村長は、プルサーマル運転の受け入れを当面凍結すると表明する。

佐藤と東電の全面対決

それでも東電は、二〇〇一年七月頃から福島第一原発三号機で、プルサーマル運転を始めることを予定していた。すでに一九九八年一一月に佐藤知事と原発立地町村は、プルサーマルの実施に合意していたのである。ところが二〇〇一年二月八日に、東電は設備投資抑制の方針を打ち出し、発電所建設計画を三〜五年凍結すると発表する。福島県内で予定されていた広野火力五号機、六号機の建設も凍結されることになり、これに伴う地域振興策も実施できなくなった。

佐藤は、これを東電の圧力と見た。東電が県に相談なく火力発電所建設計画の凍結を決めたことへの報復として、佐藤は二月二六日に、福島第一原発三号機でのプルサーマル運転の実施凍結を表明する。三月二八日には、県民の大半が反対していることを理由に、少なくとも二〇〇二年夏まではプルサーマルを認めない方針を打ち出す。五月二一日には県庁内に「エネルギー政策検討会」を設置し、原発に批判的な学識経験者も招聘して、政府の原子力行政に批判的な「中間とりまとめ」を作成する。佐藤はそれ以後も、政府の原子力政策に批判的な発言を行い、二〇〇五年九月四日には東京都大手町で、国際シンポジウム「核燃料サイクルを考える」を主催する。(22)

さらに、二〇〇二年に発覚した東電の原発トラブル隠しに対して、佐藤は厳しい対応をとる。運転中の原子炉については停止を要請しなかったものの、定期検査のために順次停止した原子炉については、福島県が独自に、安全が確保されているかどうかを判断したうえで運転再開を了承するかどうかを決めるという方針を示したのである。新潟県も福島県と同様の姿勢を見せ、二〇〇三年四月一五日には東電の原発全基が停止する。

このまま夏が来れば、東京電力管内は電力不足に陥るという電力危機説が広がり、福島県、新潟県に対して原発運転再開を求める圧力が強まる。そこで新潟県は、柏崎刈羽原発の運転再開を容認する。しかし、佐藤は抵抗を続け、七月一〇日に福島第一原発六号機の運転再開は認めたものの、その他の原子炉については個別に運転再開の是非を判断することにした。福島県内のすべての原子炉が運転を再開したのは、二〇〇五年六月二九日であった(23)。

佐藤の逮捕

ところが佐藤の反乱は、予期せぬ形で終結する。二〇〇六年九月二五日に東京地方検察庁特捜部は、福島県が発注した阿武隈川《あぶくまがわ》流域の広域下水道整備工事をめぐる談合事件で、佐藤の実弟を競売入札妨害（談合）容疑で逮捕する。東京地方検察庁特捜部は、佐藤の実弟が県発注の公共工事で、ゼネコン各社の受注調整の仕切り役を務めていたと見たのである。これを受けて佐藤は、九月二七日に知事を辞職することを表明する。佐藤自身も一〇月二三日に、福島県発注の木戸ダム建設工事をめぐる収賄容疑で逮捕される(24)。

東京地検特捜部の捜査は、もともとは次の二つの疑惑に目を向けたものであった。第一に、二〇〇〇年八月に入札が行われた木戸ダム建設工事の受注をめぐり、元請けの前田建設工業と下請けの水谷建設から知事に対して受注工作が行われた疑いであり、とりわけ水谷建設の工作資金の資金源が東電ではないかという疑いが持たれた。第二に、東電が福島第二原発で発注した土砂処理事業の資金の流れが不透明であり、受注した水谷建設（元請けは前田建設工業）が、その資金を裏金として使っていたのではないかという疑いが持たれた。いずれも東電首脳の背任が疑われ、元会長の荒木ら東電関係者一〇人以上が参考人として事情聴取を受けた。

けれども、東電の資金ルートの解明はなされず、佐藤の起訴で捜査は終わる。このため検察内部には、東電首脳が検察上層部にクレームを入れ、東電側が不明朗な支出を了承したとされる総務系役員の人事刷新を行うことで、手打ちが成立したと見る向きもあったという[25]。実のところ水谷建設元会長の水谷功も、県の工事を受注するために佐藤の実弟に近づいたのではなく、「電力さんの仕事をやるためだった」と証言している。水谷は、東電が計画していた福島第一原発七・八号機の増設工事を受注させてもらうつもりであった。（東電立地部長の）「小菅さんに恩を売っておけばええんや。小菅さんが偉なっていけば、ワシに何かしてくれるやろと思っていた」というのである。もっとも小菅は、水谷の証言を捏造と否定しており、真相は不明である[26]。

無形の賄賂

公判で検察側は、次のような主張を行う。佐藤の実弟が経営する縫製会社は、二〇〇一年に前田建設工業とその子会社から計四億円の融資を受けていた。二〇〇二年八月に水谷建設が、この融資の担保となっていた縫製会社の本社用地の一部を約八億七〇〇〇万円で購入し、翌月には購入代金を一億円積み増ししていた。これは佐藤と実弟の共謀によるもので、二人は会社の経営難解消のため約一〇億円が必要と見積もり、県発注のダム工事を受注させた見返りとして前田建設工業と水谷建設に、その価格での購入を要求した。それを受けた前田建設工業元副社長の指示により、下請けの水谷建設が時価を約一億七〇〇〇万円上回る額で、その土地を購入した。佐藤と実弟は、この差額を賄賂として受け取ったというのである。これに対して佐藤は、実弟から土地取引について詳細を知らされてはおらず、共謀はあり得ないとし、ダム工事の発注についても、業者の選定に関心を持ったことも、指示や示唆をしたこともないと反論した。さらに土地取引の賄賂性についても、価格は適正だと主張した。(27)佐藤と検察の公判闘争は、次のような経緯をたどる。東京地裁は二〇〇八年八月八日に、佐藤と実弟の共謀を認定し、有罪判決を下す。賄賂の金額については、検察側の約一億七〇〇〇万円との主張に対し、後から積み増した一億円は土地の売買代金には含めず、約七〇〇〇万円と認定した。(28)

東京高裁も二〇〇九年一〇月一四日に、有罪判決を下す。ところが、約七〇〇〇万円の差益を賄賂と認定した一審判決は破棄し、佐藤らが得たのは、土地を買い取らせることで会社再建の資金を調達する「換金の利益」という無形の賄賂だけだとする異例の判断を行う。この判決に弁護側は、検察側の主張の根幹が崩れ、実質的には無罪の判決だとするコメントを発表した。(29)

最高裁は二〇一二年一〇月一五日付で、弁護側、検察側双方の上告を棄却する決定を行う。最高裁は、縫製会社が当時、再建費用を必要としており、「思うように土地が売れなかった状況で、ダム工事受注の謝礼の趣旨で土地を買い取ってもらった。代金が時価相当でも、換金できた利益は賄賂にあたる」と認定した。佐藤は弁護士を通じ、「収賄の事実はない。最高裁の決定は承服できず、私を収賄者に仕立て上げた特捜部の捜査を含め、真実を明らかにできない日本の刑事司法に絶望感を感じている」というコメントを発表した。(30)なお佐藤の実弟は、他のゼネコンから選挙資金として一〇〇〇万円を受け取ったことなども判明しており、県知事選挙に際して県内各地区の責任者に裏金を選挙資金として配ったとして、公職選挙法違反（買収など）の罪でも有罪判決を受けている。(31)

プルサーマル発電の実施

その後、プルサーマル計画は、どうなったのであろうか。国内初のプルサーマル発電は、二〇〇九年一一月五日に九州電力玄海原発三号機（佐賀県東松浦郡玄海町）で始まり（営業運転は一二月二日に開始）、二〇一〇年三月二日には四国電力伊方原発三号機（愛媛県西宇和郡伊方町）でも試運転が始まった（営業運転は三月三〇日に開始）。[32]さらに二〇一〇年二月に経産省は、難航する地元同意を促すため、期限切れとなった従来の交付金（地元合意を得た七カ所では最大五〇億円の交付金を得ている）に代わる、新しい交付金を新設する。二〇一〇年七月末までに原発のプルサーマル発電に同意した自治体には三〇億円を交付するというもので、二〇一〇年八月から二〇一一年三月までだと二五億円、その後は一年遅れるごとに五億円減らし、二〇一四年四月から二〇一五年三月までの同意だと五億円とした。[33]

佐藤栄佐久の後任の佐藤雄平・福島県知事は二〇一〇年二月一六日に、福島第一原発三号機でのプルサーマル発電について、①三号機の耐震安全性の確保、②老朽化に伴う高経年化対策、③プルサーマルに使う燃料に問題がないことの確認、という三つの技術的条件を付けたうえで容認する考えを県議会に示した。その三条件について問題がないとされたことから、八月六日に佐藤知事はプルサーマル発電の受け入れを表明する。国内では三例目で、九月一八日に試運転が始まり、一〇月二六日に営業運転に入った。[34]その後、福井県の関電高浜原発三号機でも、一二月二五日に試運転が始まり、二〇一一年一月二一日に営業運転に入っている。

3　関電美浜原発三号機事故と新潟県中越沖地震

関電美浜原発三号機事故

ここでは原発の設備利用率低迷のもう一つの原因である新潟県中越沖地震について見ておくのだが、その前に二〇〇〇年代に起きた、もう一つの大きな事故を見ておこう。

二〇〇四年八月九日に関電美浜原発三号機のタービン建屋内で、高温高圧の熱水が通っていた二次系配管の肉厚が減って破裂し、約一四〇度の蒸気や熱水が噴出した。この高温の蒸気により、五日後に始まる定期検査に向けて準備作業をしていた関西電力の協力会社の社員五人が亡くなり、六人が重傷を負う事故が起きた。稼働中の原発では初めての死亡事故である。破断部位は一九七六年の運転開始から二七年以上、一度も点検されていなかった(35)。

この事故の責任をとって秋山喜久・関電会長は辞任する。だが、そのときに退職金（慰労金）一〇億円を受け取り、世間を驚かせた(36)。

新潟県中越沖地震

二〇〇七年七月一六日の午前一〇時一三分頃、新潟県中越沖地震が発生した。震央地は柏崎刈羽原発から約一六キロメートル離れた場所で、マグニチュードは六・八、柏崎市と刈羽村の震度は六強であった。地震発生時、柏崎刈羽原発では三・四・七号機が運転中、二号機が起動中、一・五・六号機が検査のため停止中で、運転中および起動中の四基は自動停止する。だが、六号機の使用済み核燃料貯蔵プールの水が海へ放出され、七号機の主排気筒からはヨウ素等の放射能が放出された。さらに、三号機のタービン建屋に隣接する所内変圧器が火災を起こし、二時間にわたって黒煙が上がった。東電が迅速に情報を提供しなかったこともあり、テレビでは黒煙が上がる映像が繰り返し流され、住民の不安を高めることになった。

地震から二分後の一〇時一五分には、運転員が変圧器から煙が出ているのを発見する。原発の緊急対策室には、県庁・消防本部への専用回路（ホットライン）があった。だが、入り口のドアが地震でゆがみ、入室できなかった。一般回線で119番通報できたのは、火災の発見から一〇分後のことである。けれども消防本部も、油火災対応の化学消防車をすぐには出動させられなかった。当直班四〇人が管内で多発した家屋倒壊現場での救助にかかり切りで、消防車に乗り込むチームを編成できなかったのである。

消防本部は到着が遅くなるとして、自衛消防隊での対応を求めた。たしかに東電のマニュアルでは、自衛消防隊を結成して鎮火にあたることになっていた。しかし、絶縁油が燃えていたのに、自衛消防隊には化学消防車がなく、しかも屋外消火栓につないだホース四本のうち、水が出たのは二本だけで、それも一メートル先でボトボトとこぼれる勢いしかなかった。地震で消火配管が破断していたためで、原発職員は、ほとんど傍観するしかなかった。消防本部が化学消防車を出動させられたのは、119番通報から三〇分後のことで、道路の損傷や避難する車で渋滞が発生していたため、緊急消防隊が到着したのは通報の約一時間後、放水は四〇分ほど続き、鎮火まで約二時間かかったのである。

この地震では、電力会社が設定している「基準地震動」（原子力発電所の耐震設計の基準として、施設を使用している間にきわめてまれではあるものの発生する可能性があり、施設に大きな影響を与えるおそれがあると想定することが適切な地震動。地質構造的見地から、施設周辺で発生する可能性がある最大の地震の揺れの強さを想定する）が過小評価されており、規制当局も、それを見過ごしていることが明らかになった。東電が地震直後に公表した原子炉建屋最下層の最大加速度は、耐震性を評価するために設計時に想定した加速度を大幅に上回っており、一号機では約二・五倍に達していたのである。東日本大震災でも、福島第一原発は基準地震動を大幅に上回る揺れに襲われることになる。

免震重要棟の設置

泉田裕彦・新潟県知事は、県と原発の間で連絡がつかなかったことを問題視し、地震のときでもホットラインが通じるようにするよう東電に対応を求めた。その結果、柏崎刈羽原発の敷地内に免震重要棟が設置され、福島第一原発にも免震重要棟が設置されることになった。免震重要棟がなければ、福島第一原発では事故対応ができなかったと考えられている。

この事故の影響は大きく、柏崎刈羽原発の運転再開には時間がかかっている。運転再開には、原子炉システムのこうむったダメージに関する調査・評価と、地震・地盤に関する調査・評価を行う必要があり、それが難航しているからだという。二〇一一年三月までのところ、七基のうち、七号機（二〇〇九年一二月）、六号機（二〇一〇年一月）、一号機（二〇一〇年八月）、五号機（二〇一一年一月）の四基が営業運転を再開したにとどまっている(37)。また七号機は、運転自体は二〇〇九年五月に再開したのだが、同年九月に燃料棒から放射性物質が漏出するトラブルを起こし、運転を停止した。(38) また再開後の二〇一〇年九月にも燃料漏れを起こし、その後は漏出を防ぎながら運転を続けていた。

4　福島原発事故以前の民主党の電力・エネルギー政策

民主党の原子力政策の変遷

二〇〇九年八月三〇日の衆議院総選挙では民主党が大勝し、民主党・国民新党・社民党の連立政権が発足した。ところが政権交代にもかかわらず、電力・エネルギー政策は大きく変化することはなく、民主党政権は自民党政権以上に原発推進路線を加速させる。

ここで民主党の原子力政策の変遷を見ておこう。(39) 一九九六年九月に結党した民主党は「基本政策」で、「原子力発電を過渡的エネルギーとして位置づける」とした。結党の中心人物であった菅直人は、かつて社民連で政審会長を務めており、原発を過渡的エネルギーと位置づけて段階的縮小論を唱えていた。また菅は、一九八〇年に衆議院議員に初当選したときから自然エネルギーへの関心が強く、自然エネルギーに関する視察を行ったり、国会の委員会で関連する質問を行ったりしていた。このことが民主党の政策に反映されたと考えられる。原発については、旧社会党系の議員も慎重な姿勢をとっていた。

だが一九九八年四月に、民主党が民政党・新党友愛・民主改革連合と合併する際に作成された「基本政策」では、「エネルギーの安定供給と環境との調和を達成するため、原子力発電の安全性向上と国民的合意を形成するとともに、新エネルギーの積極的な開発・普及、省エネルギーの推進を図り、エネルギーのベストミックスを実現する」という表現に改められた。旧自民党系の議員や、電力総連などの支持を受けて原発推進姿勢をとる旧民社党系の議員に妥協したと考えられる。菅も、「だんだん仲間が増えて民主党になったころ、民主党の中でも旧民社系のように原発について『いいじゃないか』というような人も増えて、ある程度妥協したんですね。安全対策をしっかりやればいいじゃないか、と。石油などの化石燃料はCO_2が問題になるじゃないかと」、「かなり長い間原発を使って、日本も原発技術では世界でもかなり安全性を確保できているんだという風にやや思い込んでいたところもあるわけです」と振り返っている。

二〇〇〇年衆議院総選挙の公約では、原発を「過渡的エネルギー」と位置づけ、「慎重に推進する」とした。政調会長代理として公約の作成を主導した岡田克也・衆議院議員は、「賛否両論あり、集約できていなかった。それを過渡的という言葉でまとめた」と証言する。党内融和を優先した曖昧路線は継続され、二〇〇三年衆議院総選挙のマニフェストでは、「風力、太陽、波力などのクリーンな新エネルギーのための予算を倍増させ、低公害車の普及、拡大に努めます」と、新エネルギー促進策に触れたうえで、「過渡的エネルギーとしての原子力については、安全を最優先し原子力行政の厳格な監視をすすめます」とした。また、「原子力に関する行政機関を推進と規制に明確に分離し、安全を最優先させます。原子力の安全規制機関を経済産業省から切り離して、内閣府に独立した行政機関を新たに設置し、強力かつ一元的なチェック体制を築きます」とも明記した。二〇〇四年参議院選挙、二〇〇五年衆議院総選挙のマニフェストでも、同様の内容が記された。また二〇〇五年マニフェストでは、「民主党が既に提出している『原子力安全規制委員会設置法案』を任期中に成立させます」という文言が付け加えられている。

原子力政策の転換

二〇〇五年衆議院総選挙で惨敗した後、民主党代表に就任した前原誠司・衆議院議員は、外交・安全保障やエネルギーなど国家の基本政策で自民党との違いをなくし、「政権担当能力」を示そうとした。「次の内閣」経済産業大臣には、電機産業の労組出身の若林秀樹・参議院議員が就任する。若林は「エネルギー戦略委員会」を発足させ、委員長に日立製作所の原子力技術者であった大畠章宏・衆議院議員を起用した。前原は「偽メール事件」により、二〇〇六年四月七日に辞任し、小沢一郎・衆議院議員が党代表に就任するものの、同委員会は継続し、二〇〇六年七月に「日本国のエネルギー戦略」をまとめる。そこでは「エネルギー安全保障の確立」が掲げられ、原子力を「基幹エネルギーとして着実に推進する」ことが明記された。原発推進の自民党に同調する政策の大転換が行われたのである。菅も、「3・11前は『安全性をきちんと確保した中で原発を活用していく。CO_2を減らす意味でも活用していく。再生可能エネルギーも増やすけど原発を活用していく。そして化石燃料を減らす』と。そういう方向性についても了解していたんです」と証言している。

ただ小沢は、原発推進への政策転換を強くは主張しなかった。エネルギー政策について、二〇〇七年参議院選挙のマニフェストでは「政策各論」の中で、「エネルギー安全保障『エネルギー安全保障』の確立は、国家としての責務です。長期的な国家戦略を確立・推進する機関を設置し、一元的に施策を進めます」としたうえで、「省エネルギー技術をさらに発展させるとともに、天然ガス、石油、石炭、原子力に加え、風力、太陽、バイオマス、海洋エネルギーなど再生可能エネルギーや、水素、燃料電池などを中心とした未来型エネルギーの普及開発と、エネルギー供給源の多様化を促進することで、総合的なエネルギーのベストミックス戦略を確立します。特に、風力、太陽、バイオマスなど再生可能エネルギーについては、一次エネルギー総供給に占める割合を、EUの導入目標をふまえて大幅に引き上げ、二〇二〇年までに一〇パーセント程度の水準の確保をめざします」と、再生可能エネルギーに積極的な姿勢を示すにとどめた。一方で「2007政策リスト300」では、「原子力利用については、将来展望を持ち、安全を第一として、国民の理解と信頼を得ながら、国際社会と連携して着実に取り組みます」、「原子力発電所の使用済み燃料の再処理・放射性廃棄物処分は、事業が長期にわたること等から、国が技術の確立と事業の最終責任を負うこととし、安全と透明性を前提にして再処理技術の確立を図ります」と、自民党路線の踏襲を明記した。さらに「安全チェック機能の強化のため、国家行政組織法第三条による独立性の強い原子力安全規制委員会を創設するとともに、住民の安全確保に関して国が責任を持って取り組む体制を確立します」とも明記した。二〇〇九年衆議院総選挙のマニフェストでも、「民主党政策集INDEX2009」の中で、ほぼ同じ内容が明記された。

地球温暖化対策と成長戦略としての原発推進

民主党は二〇〇九年衆議院総選挙のマニフェストで、「地球温暖化対策を強力に推進する」とし、

「CO_2等排出量について、二〇二〇年までに二五パーセント減（一九九〇年比）、二〇五〇年までに六〇パーセント超減（同前）を目標とする」としていた。さらに鳩山由紀夫首相は、就任直後の九月二二日に国連気候変動首脳会合で、温室効果ガスを二〇二〇年までに二五パーセント削減（一九九〇年比）することを目指すと宣言した。だが、具体的な方策については詰められてはおらず、議論は迷走する。地球温暖化対策税や国内排出量取引制度の導入には反対が強く、経産省や民主党内では、「温暖化対策に原発推進は不可欠」という主張が強まった。(40)

一方、民主党に対しては財界などから、成長戦略がないという批判がなされていた。民主党はマニフェストで、子ども手当、公立高校実質無償化、高速道路無料化、暫定税率廃止などにより、家計の可処分所得を増やして消費を拡大することで、日本経済を内需主導型へと転換し、安定した経済成長を実現するとした。また、IT、バイオ、ナノテクなど、先端技術の開発・普及を支援し、とくに地球温暖化対策で国が大胆な支援を行うことで、環境関連産業を将来の成長産業に育てるとした。さらに、農業の戸別所得補償、医療・介護人材の処遇改善により、農林水産業、医療・介護を、大きな雇用を創出する産業に育てるともした。民主党は、これらを成長戦略としていたものの、こうした政策は即効性に乏しく、日本の国際競争力強化という観点も欠如していた。さらに円高も進み、民主党への経済無策批判は強まっていく。

そこで菅直人・国家戦略担当大臣の指示により、国家戦略室が「新成長戦略（基本方針）」をまとめ、一二月三〇日に閣議決定された。そこでは、「アジア経済戦略」として、アジア地域への「新幹線・都市交通、水、エネルギーなどのインフラ整備支援や、環境共生型都市の開発支援に官民あげて取り組む」ことが明記される。また、「グリーン・イノベーションによる環境・エネルギー大国戦略」として、「日本の経済社会を低炭素型に革新する」、「安全を第一として、国民の理解と信頼を得ながら、原子力利用について着実に取り組む」という文言も入れられる。

経産省の策謀

二〇一〇年一月七日には、藤井裕久・財務相の辞任を受けて、菅直人が財務大臣に就任し、仙谷由人・行政刷新担当大臣が国家戦略担当大臣を兼任する。その仙谷に、経産省の片瀬裕文・審議官が、「先生、〝新重商主義〟の時代が始まっています」と働きかけた。発展途上国のインフラ需要をめぐる争奪戦が始まっており、このままでは日本は新重商主義時代の敗戦国になりかねないと、経産省は危機感を募らせていたのである。[41]

世界金融危機以後、経済が停滞するなか、主要国は自国の企業支援を強めていた。とりわけ日本に衝撃を与えたのが、二〇〇九年一二月二六日に、アラブ首長国連邦（UAE）の原発建設事業で、これまで輸出経験のない韓国の企業連合が、日立・GE連合およびフランスの電力公社・アレバ連合を破って受注を決めたことであった。韓国は国営の電力公社が交渉の中心に立ち、李明博・大統領自ら、UAEの皇太子と六回にわたり電話交渉を行った。最終的には、日本よりも二割程度安い価格と六〇年間の運転保証という破格の条件を提示し、これが決め手となった。この結果を受けて経産省幹部は、「日本でも原発の運転は四〇年を超えたばかり。政府も一体となってリスクを取らなければ韓国のような提案は不可能だ」と訴えたのである。さらに二〇一〇年二月には、原子炉四基を建設する予定があるベトナムでも、そのうち二基について、潜水艦の提供などを申し出たロシアが受注を決めた。

仙谷は成長戦略として、原発や新幹線、水質処理技術などを、経済界と連携して官民一体で海外へ売り込むことを決める。さらに仙谷は、約二〇年の親交があり、エネルギー産業やインフラ・ファイナンスに詳しい国際協力銀行国際経営企画部長の前田匡史から、受注競争を勝ち抜くには「官民一体」に加え、運転、保守・点検もセットにした「パッケージ」型サービス提供が不可欠というアドバイスも受けた。そこで仙谷は、政府の後押しを受ける海外勢に対抗するため、国がトップセールスを含めて企業を支援することにしたのである。(42)

二〇一〇年六月一八日に「新成長戦略～「元気な日本」復活のシナリオ」が閣議決定される。「基本方針」の内容にくわえて、「パッケージ型インフラ海外展開」として、原発を含めたインフラ輸出が掲げられた。また二〇〇九年一一月から、太陽光発電の余剰電力の固定価格での買い取りが実施されていたのだが、買い取り対象を風力、中小水力、地熱、バイオマス発電にも拡大し、さらに全量買い取りとする、固定価格買い取り制度の導入も明記された。(43) 再生可能エネルギーの全量固定価格買い取りには、電力会社と、その意向を受けた自民党の電力族が強く反対していた経緯があったのだが、ここでは民主党のマニフェスト通りに取り入れられたのである。(44)

前日の六月一七日に発表された、民主党の参議院選挙のマニフェストにも、「総理、閣僚のトップセールスによるインフラ輸出」という項目が掲げられ、「政府のリーダーシップの下で官民一体となって、高速道路、原発、上下水道の敷設・運営・海水淡水化などの水インフラシステムを国際的に展開。国際協力銀行、貿易保険、ODAなどの戦略的活用やファンド創設などを検討します」と記された。また、「グリーン・イノベーション」という項目では、「再生可能エネルギーを全量買い取る固定価格買取制度の導入と効率的な電力網（スマート・グリッド）の技術開発・普及」などの支援が明記される。

原発拡大路線の邁進

新成長戦略が決定されたのと同じ六月一八日には、「エネルギー基本計画」（二〇〇七年に次ぎ二度目の改定）も閣議決定される。そこでは原子力を、供給安定性・環境適合性・経済効率性を同時に満たす中長期的な基幹エネルギーと位置付けた。「原子力は供給安定性と経済性に優れた準国産エネルギーであり、また、発電過程においてCO_2を排出しない低炭素電源である」として、「電源構成に占めるゼロ・エミッション電源（原子力及び再生可能エネルギー由来）の比率を約七〇パーセント（二〇二〇年には約五〇パーセント以上）とする。（現状三四パーセント）」、「二〇二〇年までに、九基の原子力発電所の新増設を行うとともに、設備利用率約八五パーセントを目指す（現状五四基稼働、設備利用率：〈二〇〇八年度〉約六〇パーセント、〈一九九八年度〉約八四パーセント）。さらに、二〇三〇年までに、少なくとも一四基以上の原子力発電所の新増設を行うとともに、設備利用率約九〇パーセントを目指していく」という、とてつもなく高い目標を掲げたのである。これにくわえて「原子力産業の国際展開を積極的に進める」として、官民一体オールジャパン方式によるフルパッケージ型の原発輸出を推進する方針が打ち出された。そのために電力会社を中心とした新会社を設立するとした。

新会社「国際原子力開発」は、一〇月二二日に発足する。筆頭株主の東電が二〇パーセント、電力九社で合わせて七五パーセント、日立・東芝・三菱重工業が五パーセントずつ、官民出資ファンドの産業革新機構が一〇パーセントで、計二億円を出資し、武黒一郎・東京電力フェロー（元副社長）が社長に就任した。新興国に対しては、原発の建設だけではなく、建設後の運転・管理や燃料供給、人材育成、法制度の整備なども供与しないと受注は困難との考えから、原発の運転ノウハウを持つ電力会社を巻き込むことにしたのである。[45] そのうえ、原発周辺の送電網や道路、港湾などのインフラ整備まで含めたパッケージ型の輸出も提案する目論見であった。

実は電力会社は、国際原子力開発への参画には消極的であった。村上朋子・日本エネルギー経済研究所原子力グループマネジャーによると、「将来、トラブルの責任を問われるリスクが生じると考えた」からである。そこで経産省が業界トップの東電を説得した。仙谷も、電力会社が温室効果ガス二五パーセント削減は達成できないとして盛んに陳情していたことから、清水正孝・東電社長に、「二五パーセント削減については電力業界に一定の配慮をしてもいい。その代わり、外（海外）へ出てください。外へ」と働きかけた。[46]

原発輸出のトップセールス

仙谷は原発輸出に邁進する。原発売り込みのため、三月には前田匡史をベトナムに向かわせ、五月には仙谷自ら、前原誠司・国土交通相とともにベトナムを訪問した。六月八日に菅直人内閣が発足し、官房長官に就任すると、前田を内閣官房参与に迎えた。さらに八月からは、原子力安全・保安院次長、資源エネルギー庁長官、経産事務次官を歴任した望月晴文も内閣官房参与に加えた。望月は、「政権中枢に送り込んだ経産省の毒まんじゅう」と言われた[47]。

六月二五日に菅首相は、NPT非加盟のインドへ原発の技術や機材を輸出するために必要とされる日印原子力協定の締結交渉に入ることを決める。経産省は二〇一〇年に入ってから、外務省に対し日印原子力協定の締結を促していた。米仏両政府は、GEやアレバがインドに進出するには、提携関係にある日本企業の技術が必要であるため、非公式に協定の早期締結を求めており、資源エネルギー庁幹部は、「協定の有無は日本一国だけの問題ではなくなっている」と訴えていたのである。五月三〇日に脱原発を党是とする社民党が連立離脱を決定し、六月八日に発足した菅内閣で、インフラ輸出の旗振り役の仙谷由人が官房長官に就任したことから、一気に締結交渉入りが決まったという[48]。

八月には直嶋正行・経産相が、電力会社や原子炉メーカーの会長・社長八人を同行して、ベトナムのグエン・タン・ズン首相らと会談し、日本企業に原発建設を発注するよう働きかけた[49]。こうした甲斐があってか、一〇月三一日にベトナム政府と日本政府は、原発二基の建設を日本企業に発注する（実際に建設する企業については、改めて選定する）ことで合意する[50]。

電力・エネルギー政策が変更されなかった理由

民主党は、自民党政権による既得権益団体への利益誘導を厳しく批判し、マニフェストでも国民への直接給付の福祉政策を掲げるなど、生産者よりも消費者を重視する姿勢を打ち出していた。だが電力・エネルギー政策については、マニフェストでもほとんど言及されず、政権奪取後も電力自由化を進めようとすることはなく、原発のいっそうの拡大路線をとるなど、自民党政権の政策をそのまま引き継いだ。

政党の党派性が違うにもかかわらず、なぜ政策変化は起きなかったのか。これは第一に、自民党が電力会社の経営者と密接な関係にあったのと同様に、民主党は、とくに旧民社党系の議員を中心に、電力総連など原発推進の労働組合から支援を受けていたことが挙げられる。つまり「大企業労使連合」が政権交代にもかかわらず、政策変化を阻害したのである。[51] ただ民主党には、菅直人や枝野幸男のような反ビジネスの政策志向を持つ議員も多く、電力総連などが決定的な影響力を持っていたわけではない。

そこで第二の理由として、政権に就いた政党が明確な政策選好や政策アイディアを持たない政策領域では、官僚の影響力が強まることが挙げられる。電力・エネルギー政策に関しては、二〇〇四年六月に村田が退官して以降、経産省では電力業界との関係を重視する現状維持派の官僚が主導権を握っていた。彼らが民主党政権に政策アイディアを提供していたため、政策の継続が見られることになったのである。

民主党は財界と疎遠であったこともあり、経済政策について具体策を持ってはいなかった。このため政権発足後、民主党政権には成長戦略がないという批判が経済界やマスメディアから噴出した。一方で鳩山由紀夫首相は、温室効果ガスを二〇二〇年までに二五パーセント削減（一九九〇年比）することを目指すと宣言していた。しかし、これについても具体的な方策は考えられておらず、議論は迷走する。そこで経産省が、成長戦略としての原発輸出の推進と、温室効果ガス対策としての国内での原発新増設の拡大を働きかけ、民主党はそれに飛びついた。電力自由化を進めると原発の新増設は困難になる。このため、電力自由化が政策課題になるはずはなかったのである。

5 無視された警告

北海道南西沖地震による津波想定の見直し

最後に本節では、福島第一原発事故が、権力に驕る東電による「人災」であったという見方を確認しておく。福島第一原発事故は、けっして「想定外」の天災によるものではなく、事前に数多くの警告が発せられていたにもかかわらず、それへの対応がとられなかったがゆえに起きた「人災」であったことは、すでに多くの文献や、二〇一七年三月一七日の前橋地裁判決（福島第一原発事故で群馬県内に避難した住民ら四五世帯一三七人が、国と東電に損害賠償を求めた集団訴訟で、住民六二人に計三八五五万円を支払うよう命じる）、二〇一七年六月三〇日の東京地裁での指定弁護士の冒頭陳述（福島第一原発事故をめぐり業務上過失致死傷罪で強制起訴された勝俣恒久・東電元会長、武黒一郎・東電元副社長、武藤栄・東電元副社長の初公判）などでも指摘されている。国や東電、個々の経営者の法的責任の有無は、今後、裁判所が判断することだが、東電および「原子力ムラ」の道義的責任は否定できないであろう。ここでは添田孝史の研究に依拠して、東電が大津波の危険性を認識しながら、対策を先送りしていたことを概観する。

福島第一原発の津波想定の見直しが検討されるようになったのは、一九九三年七月に発生した北海道南西沖地震がきっかけであった。この地震による津波の遡上高（津波が陸にかけ上がったときの高さ）は三〇メートルを超えるという、二〇世紀では最も高い値を記録し、死者・不明者二〇〇人を超える被害をもたらした。当時、原発の安全審査を担当していた通産省資源エネルギー庁は、同年一〇月に原発の津波想定の再検討を電事連に指示している。東電は一九九四年三月に報告書をまとめ、設計当初以来、三・一メートルとされていた福島第一原発の津波想定は、三・五メートルに見直された。この見直しは、主に最近四〇〇年に残された歴史文書に残る過去の津波の高さを計算し直しただけのものであった。

これまでに建設されてきた原発は、限られた歴史資料に記録が残っている津波か、近くの活断層によって生じる津波しか想定していなかった。だが、このころになると地震学の進歩により、プレート境界では、それより大きな地震が起きる可能性があることがわかってきた。一九九八年三月には、この地震学の進歩を受けて、津波防災に関連する省庁（国土庁・農林水産省構造改善局・農林水産省水産庁・運輸省・気象庁・建設省・消防庁）が、「太平洋沿岸部地震津波防災計画手法調査報告書」と「地域防災計画における津波防災対策の手引き」を各自治体に通知している。後者の手引きでは、津波想定方法について、最新の地震学の研究成果から想定される最大規模の津波も計算して既往最大の津波と比較し、「常に安全側の発想から対象津波を選定することが望ましい」と定めている。この考え方に従えば、福島第一原発における津波の高さは最大一三・六メートルとなり、東日本大震災で発生した津波（福島第一原発では最大一五・五メートルと推定）とほぼ同じ規模になる。また、この手引きでは、津波数値解析の不確かさを大きく見て、誤差を大きくとっており、手引きの作成にも関わった通産省原子力発電技術顧問のメンバーの中には、二倍の誤差はあり得る（津波の高さは二倍になり得る）という見方もあった。そこで通産省の指示を受けて電事連が調べたところ、福島第一原発は数値解析による想定水位が約五メートルで、この一・二倍の津波（五・九〜六・二メートル）が到達すると、海水ポンプのモーターが止まり、原子炉の冷却に支障が出ることがわかったという。

この手引きの作成にあたり、電事連は公表される以前に報告書案を入手しており、事務局のあった建設省に対して通産省を通じ、原発の津波想定を上回る水位にならないよう圧力をかけていた。結局、報告書案は電事連の思惑通りには変更されなかったものの、一九九七年三月に完成していた報告書が自治体に通知されたのは一年後のことで、公表が遅れた可能性があるという。

土木学会の津波評価部会

この後、津波想定の設定をめぐる議論は、土木学会の原子力土木委員会のもとに設置された津波評価部会に移る。この部会は、委員・幹事等三〇人のうち、一三人が電力会社、三人が電力中央研究所（電中研）[52]、一人が東電子会社の所属と、半数以上が電力業界関係者で占められており、手法の策定に必要な研究費全額（一億八三七八万円）と、審議のために土木学会に委託した費用全額（一三五〇万円）を電力会社が負担していた。

一九九九年一一月から二〇〇一年三月まで、計八回の審議を経て、「原子力発電所の津波評価技術」（土木学会手法）がまとめられた。この手法では、津波想定は低く抑えられる。福島第一原発では五・七メートルとされ、これに合わせて六号機の非常用海水ポンプ電動機を二〇センチかさ上げする対策がとられた。この手法が、二〇一一年の事故発生まで使われることになる（津波想定は、二〇〇九年二月に六・一メートルに微修正される）。

地震調査研究推進本部による海溝型地震の長期評価

二〇〇二年七月に、政府の地震調査研究推進本部が、日本海溝に関する海溝型地震の長期評価を公表する。そこでは、三陸沖から房総沖にかけて、マグニチュード八級の津波地震が三〇年以内に起きる確率は二〇パーセント程度とされた（東日本大震災はマグニチュード九・〇）。この予測を行ったのは地震調査委員会の長期評価部会海溝型分科会であり、長期評価部会長と海溝型分科会主査を務めていたのが、後に原子力規制委員会で委員長代理となる島崎邦彦・東京大学地震研究所教授であった。

島崎は、二〇一四年八月の原子力規制委員会委員長代理の退任会見で、この長期評価を公表する際に、中央防災会議や原子力の安全審査に関わる有力研究者から圧力を受けたと発言している。しかも中央防災会議では、島崎らの反対もむなしく、過去に起こった記録がないような地震、もしくは記録が不十分な地震は、正確な被害想定を作ることが難しいとして、「海溝沿いの津波地震」は防災の検討対象としないとされた。このときの悔しさが、後に島崎に、原子力規制委員になることを決心させたという。

保安院と原子力安全基盤機構の溢水勉強会

二〇〇四年一二月には、インドネシアのスマトラ沖でマグニチュード九・一の巨大地震が発生し、大津波が千数百キロ離れたインド東岸南部にあるマドラス原発二号機まで押し寄せた。この津波は、取水トンネルからポンプ室に入り、原子炉の冷却に必要なポンプを水没させて運転不能とし、原子炉が緊急停止した。独立行政法人原子力安全基盤機構は二〇〇五年九月以降、この事故について内部で検討を行い、二〇〇六年一月には原子力安全・保安院と合同で「溢水《いっすい》勉強会」を設置する。

一月三〇日の溢水勉強会第一回会合で、保安院の担当者は、電力会社や電事連からの出席者に対し、想定が合意できれば早急にアクシデント・マネジメント策を実施してほしいと要請している。津波のアクシデント・マネジメントとは、想定を超えた津波に襲われたときでも原子炉の停止や冷却ができるよう、ハード・ソフト両面で対応しておくことである。この時点で保安院は、二〇〇六年度には想定外津波による全プラントの影響調査結果をまとめ、それに対するアクシデント・マネジメント策を二〇〇九～一〇年度に実施する予定としていた。

五月一一日の第三回会合で東電は、福島第一原発に、その建屋のある敷地高一〇メートルを超える津波が来た場合、津波が大物搬入口などから建屋に浸水し、電源設備が機能を失い、非常用ディーゼル発電機、外部交流電源、直流電源すべてが使えなくなって全電源喪失に至り、炉心損傷の危険性があることを報告している。しかし七月に東電は、土木学会津波評価部会の委員・幹事三一人（このうち地震学者は一人のみ、一三人は電力会社、五人は電力の関連団体に所属）と外部の地震学者五人へのアンケートをもとに、福島第一原発に土木学会手法を超える津波（五・七メートル以上）が到達する頻度は数千年に一回程度とする英語論文を発表する。そして九月には鈴木篤之・原子力安全委員会委員長に、土木学会手法の想定を超える津波が到達する頻度は低いと説明した。

しかし、保安院は六月二九日に、電力会社が土木学会手法による津波の高さの一・五倍程度を想定してアクシデント・マネジメント策を講じるとの検討方針をまとめる。九月一三日に開かれた安全情報検討会では、保安院から三人の審議官が出席し、「我が国の全プラントでの対策状況を確認する。必要ならば対策を立てるように指示する、そうでないと『不作為』を問われる可能性がある」という報告がなされている。その後、二〇〇九年二月一八日の安全情報検討会では、各原発の津波影響評価を二〇〇八年度中に確認するとされている。ところが、それ以降は、期限が明示されなくなってしまった。

先延ばしにされた津波のバックチェック

話を二〇〇六年に戻すと、原発の耐震指針が九月に改定され、保安院は各電力会社に、既存原発のバックチェック（新しい知見に基づいて基準を改定し、それに照らし合わせても原発は安全かどうかをチェックすること）を指示した。実は、この耐震指針見直しの動きは、一九九五年の阪神・淡路大震災当時からあった。だが電事連の抵抗により、ここまで先延ばしにされてきたという。しかも二〇〇七年三月にまとめられた溢水勉強会とりまとめ案では、アクシデント・マネジメント策の実施についての記述はなく、「耐震指針のバックチェックに委ねることとした」とされた。保安院は、津波対策を先送りしてしまったのである。

二〇〇八年三月に東電は保安院に対し、津波については記載していないバックチェック中間報告書を提出する。もともとはバックチェックを二〇〇九年六月までに実施することになっていた。だが、二〇〇七年七月の新潟県中越沖地震の影響で、津波のバックチェックは先延ばしにされた。柏崎刈羽原発では、設計時の想定の約三・八倍の揺れが観測されたため、まずは揺れへの安全性にバックチェックの範囲を限定した中間報告を提出することで、東電と保安院が合意したからである。

東電の不作為

バックチェック中間報告書が提出される際に保安院は、今後、事業者が津波調査に応じて適切に対応すべきとの見解を示しており、東電は最終報告書を策定するに際して、津波について再検討を行う必要があった。これを受けて二〇〇八年三月に東電では、幹部も出席した社内の打ち合わせで、プレスリリース用のQ＆Aについて、バックチェックの最終報告書では地震調査研究推進本部の津波地震を考慮するという修正を行うことが了承されている。さらに同月、津波地震が福島第一原発に、高さ一五・七メートルの津波をもたらす可能性があるとのシミュレーション結果が出された。六月に東電の土木調査グループは、武藤栄・原子力・立地副本部長と、津波想定を担当する吉田昌郎・原子力設備管理部長（福島第一原発事故時の福島第一原発所長）らに、この結果を報告し、高さ一〇メートル（頂上部は標高二〇メートル）の防潮堤を設置する必要があると説明している。

ところが、武藤と吉田は、この警告を無視することにした。七月三一日に武藤は、土木調査グループに対して、津波地震に備えるという、これまでの方針を変更し、耐震バックチェックにおいては地震調査研究推進本部の長期評価は取り入れず、土木学会手法で津波高さを想定するよう指示した。また、この方針について土木学会津波評価部会の委員や原子力安全・保安院でバックチェックを担当する専門家らに根回しをするよう言い渡した。八月には武黒一郎・原子力・立地本部長も、武藤の方針を了承したという。そして一〇月には、保安院の了解をおおむね得ることができ、耐震バックチェックの最終報告を行う予定であった二〇〇九年六月の期日は延期されることになった。

一方で、二〇〇八年九月一〇日頃に東電社内で作成されたと見られる資料では、「地震本部の知見を完全に否定することが難しいことを考慮すると、現状より大きな津波を考慮せざるを得ないと想定され、津波対策は不可避」という文言が記されていた。この資料は、当時の福島第一原発所長らが出席していた会議で配布されており、注意事項として「機微情報のため資料は回収、議事メモには記載しない」と書かれていたという。

このとき東電に何が起きていたのか。関係者によると、二〇〇七年七月に新潟県中越沖地震が発生した後、柏崎刈羽原発の運転が停止に追い込まれたことで、東電の収支は悪化していた。さらに、地震調査研究推進本部の長期評価に基づく津波評価を行った結果、対策工事を実施することになると、福島第一原発まで停止せざるを得なくなり、東電の収支をさらに悪化させることが危惧されていたというのである。

二〇〇九年九月には、東電は原子力安全・保安院に対し、試算ではあるものの、八六九年に起きた貞観地震の津波の水位は約八・九メートルとの報告を行っている。これはプラントが耐えられる水位の約一・五倍で、炉心損傷に至る危険性があることも認識されていたという。このことに関連して、保安院で地震や津波の審査を担当していた小林勝・耐震安全審査室長は、部下が東電から聞いた「貞観津波（八六九年）の計算結果が大きく、敷地高さ（一〇m）を超える可能性がある」という話を、直属の野口哲男・原子力安全審査課長に説明し、原子力安全委員会に話を持っていくべきだと具申したと証言している。しかし野口からは、「保安院と原子力安全委員会の上層部が手を握っているのだから、余計なことはするな」という趣旨のことを言われ、当時、保安院でノンキャリア人事を担当していた原昭吾・原子力安全広報課長からは、「あまり関わるとクビになるよ」と言われたという。

二〇一一年三月七日に、東電と原子力安全・保安院は非公開の打ち合わせを行う。この場で東電は初めて、三年前に計算していた、想定される津波の高さは最大一五・七メートルという結果を示す。地震調査研究推進本部が、日本海溝で起きる地震の長期評価第二版を翌月に公表する予定で、そこには旧版にはなかった貞観地震に関する記述も含まれていた。この日、東電と保安院は、住民に津波リスクが周知され、福島第一原発に備えがないことが明らかになったら、どのように対応するかについて、打ち合わせを行っていたのである。その四日後に東日本大震災が発生する。

避けられた悲劇

適切な津波対策がとられていたならば、福島第一原発事故は避けられた可能性が高い。実のところ、東日本大震災で東北電力女川原発（宮城県牡鹿郡女川町・石巻市）は、高さ約一三メートルの津波に見舞われたものの、敷地の高さが一四・八メートルであったため、津波の被害は小さく、原子炉三基すべてを地震翌日未明までに冷温停止できた。東北電力は女川原発建設時には、一八九六年の明治三陸地震や一九三三年の昭和三陸地震の調査から、建設予定地の津波は最高三メートル程度だと考えていた。しかし、それよりも震源が南にあった貞観地震や、一六〇五年の慶長地震では、津波は、より高かったのではないかと考えて検討した結果、敷地の高さを一四・八メートルにしていた。福島第一原発の海水ポンプが高さ四メートルの埋め立て地にあり、これが水没すれば原子炉の冷却ができなくなるおそれがあったのに対し、女川原発では海水ポンプも高さ一四・八メートルの敷地内に置かれていた。また一九九〇年には、地震調査研究推進本部が津波地震の一つとして取り上げた一六一一年の三陸沖地震が、より大きな津波をもたらすとして、女川原発は、それに耐えられる対策をとっている。

また日本原子力発電（原電）東海第二原発（茨城県那珂郡東海村）も、約五・四メートルの津波に見舞われた。もともと土木学会手法では、四・八六メートルの津波が想定されていた。ところが地震調査研究推進本部が、一六七七年の延宝《えんぽう》房総《ぼうそう》沖《おき》地震を津波地震の一つと判断し、この津波地震が房総沖から茨城沖まで伸びる震源域で発生した場合（マグニチュード八・三）を茨城県が予測したところ、東海第二原発の地点で予想される津波の高さは、五・七二メートルとなった。この津波浸水予測を茨城県が二〇〇七年一〇月に公表したため、原電は対策見直しを余儀なくされ、二〇〇九年七月から防潮壁を六・一メートルにかさ上げする工事を開始した。この工事が終了したのは、東日本大震災のわずか二日前で、この対策が遅れていたならば、東海第二原発もメルトダウンした可能性が高いという。実のところ、工事中の穴から流入した海水で、非常用電源三台のうち一台が故障し、残りの二台で原子炉を何とか冷却できたのであった。

結局、長期評価の津波地震に備えていなかったのは、東電だけだったのである。(53)

このように地震研究者からは、福島第一原発が、従来の想定を超える大津波に見舞われるおそれがあることが何度も指摘されており、電事連や保安院は、大津波が炉心損傷や全電源喪失を引き起こすおそれがあることを認識していた。しかし東電は、津波に備えたバックチェックやバックフィット（原発を新基準に適合するように改修すること）を行わず、津波対策を先延ばしにしてきたのである。また、全交流電源喪失や過酷事故が起きた場合の対策について考えておくべきだという指摘もなされており、(54)原発訴訟でも、こうした論点は提示されていた。(55)

しかし、こうした警告は、電力会社、行政、その周辺の学者たちによって、ことごとく無視された。いっそうの安全対策にはコストがかかるし、安全対策の必要性を認めると、原発の地元住民などから、そのような事故が起きる可能性があるのではないかという反発が生じるので、それを回避しようとしたのである。(56)

第5章

東京電力の政治権力・経済権力

本章では、東日本大震災発生以前における東京電力の政治権力・経済権力について、とりわけ原子力発電をめぐる権力行使に焦点を絞って概観する。

本章での主語は東電である。だが本章では、東電のみならず、電気事業連合会（電事連）、さらには経済産業省（旧通商産業省）が、影響力行使の主体として登場する。というのも東電は、電力業界で最も強い影響力を持ち、電力一〇社で構成される業界団体の電事連を動かしていた。また経産省（旧通産省）は、一時期には電力会社と緊張関係にあったものの、総じて電力会社と協調して原発を推進していたため、政府が原発推進を目的として影響力を行使する場合、それは東電が影響力を行使したのと同じ効果を発揮した。つまり本章は、広く「原子力ムラ」の政治権力・経済権力を概観するものでもある。

なぜ東京電力の政治権力・経済権力を見るのか。それは、これまで見てきたように東電が、一民間企業としては考えられないほどの絶大な権力を振るってきたからである。第一に、原発反対の声を抑圧して原発を推進してきたこと、第二に、電力自由化を目指す経産省（旧通産省）の圧力を打ち破ってきたこと、第三に、事前に数多くの警告が発せられていたにもかかわらず、それへの対応をとらずに、福島第一原発事故を起こしてしまったことである。

東電が、原発に反対する地域住民の声を抑圧できたのはなぜか。監督官庁である経産省の自由化要求を押し返すことができたのはなぜか。大地震や大津波、全交流電源喪失や過酷事故の可能性は何度も指摘されていたのに、そうした警告を無視することができたのはなぜか。それは東電には、監督官庁を抑え込んだり、原発反対の声を抑圧し、原発の「安全神話」を作り上げたりすることを可能にする政治権力と経済権力があったからである。東日本大震災以後、ジャーナリストや関係者らによって、それまで語られることが少なかった東電の権力について、多くのことが語られるようになった。本章では、東電の権力について調査・研究した文献を渉猟して収集した事実関係をもとに、東電の政治権力・経済権力について他の政治アクターとの関係ごとに概観していく。

1　経済界における東電の権力

原発関連企業への巨大調達企業としての影響力

東電は日本を代表する巨大企業である。二〇一〇年三月期決算のデータで見ると、総資産一三兆二〇四〇億円（一三位）、フリーキャッシュフロー三八九〇億円（一一位）、二〇一〇年度の設備投資予定額七八九九億円（二位）である。[1] また二〇一一年三月末の時点で、資本金九〇〇〇億円、従業員数三万六七〇〇人、売上高五兆一五〇〇億円、子会社を含めた連結で見ると、売り上げは五兆三七〇〇億円、従業員数五万三〇〇〇人に上る。[2]

電力会社は、資・機材の調達や発電施設建設などを通じて多種多様な企業と取引を行っている。東電の二〇一〇年の資材・役務調達コストは一兆二五二七億円に上る。たとえば発電所建設には、各種機器を供給する重電メーカー、制御システムを構築する情報システム会社、送電設備に関係する電線メーカーや鉄鋼メーカー、建屋を建設するゼネコンなどが関係する。また、燃料の調達には商社が、燃料の輸送には造船会社や運輸業者が関わる。

しかも経営に余裕のある電力会社は、コスト意識が甘くて随意契約が多く、あまり厳しい値下げを求めないため、取引先企業には巨額の利潤がもたらされる。[3] これが、他の企業に対する電力会社の強い影響力の源泉なのである。

総括原価方式と財界への影響力

経営に余裕のある電力会社は、財界活動にも積極的であった。東電トップは、日本経済団体連合会（経団連）の副会長、経済同友会の副代表幹事、東京商工会議所の資源・エネルギー部会長といったポストを占めてきた。元社長・会長の木川田一隆は経済同友会代表幹事を、元社長・会長の平岩外四は経団連会長も務めた。[4]

財界活動を行うには、多くの人員を割く必要があり、経営に余裕がなければ対応できない。電力会社の経営に余裕があったのは、地域独占が認められ、自由化も十分に進んではいなかったからである。さらに電気料金は、一九六四年制定の電気事業法第一九条に基づき、「総括原価方式」で決められるため、黒字が保証されていた。第1章で見たように、総括原価方式とは、発電所や送配電網の建設費・修繕費・運転費、燃料費、社員の人件費や福利厚生費、法人税や固定資産税、借入金の支払利息や株主への配当などのコストを合算させた「適正原価」に、電力会社の利益（事業報酬）を加えて、電気料金を算定する仕組みである。事業報酬は、電力会社が持つ発電所や送電線などの固定資産、使用済みを含む核燃料、建設中の資産など、電気事業に投下した資産の合計（レートベース）に一定の倍率（事業報酬率。東電の場合、二〇〇八年からは三パーセント）をかけたものとされた(5)。

このため電力会社はコスト意識に乏しく、震災後には、関連企業との随意契約による取引や、社員・役員の高給・高待遇(6)が、経営コストを高めているとして批判されることになる。一方、人的リソースの観点からすれば、こうした高待遇のゆえに、優秀な人材を集めることができたのである。

巨額の設備投資による政府への影響力

総括原価方式により、発電所や送電線などの電気事業資産を造れば利益が増えるため、電力会社は設備投資に積極的であった。このことに政府も目を付けた。一九七八年に福田赳夫内閣は、景気対策として公共事業費を対前年度比最高となる三四・五パーセント増の五兆一八三五億円とする予算案を編成する。同年一月には、通産大臣が平岩外四ら電力九社の社長と電源開発総裁を呼び出し、「政府も全力をあげて電源立地に協力する」として、電力業界に、公共事業費とほぼ同額の設備投資を実行するよう要請する。一九七八年度の設備投資計画はすべて合わせても三兆円強で、これを六〜七割増の五兆円規模にするという無理な要望であった。だが電事連会長の平岩は、「わかりました。大変ですけど考えてみましょう」と述べ、その場を収める。(7)

これ以降、政府が景気対策として公共投資の増額を打ち出すのに合わせて、東電は設備投資額を積み増したり、前倒し発注を行ったりするようになった。関東地方しか事業エリアのない東電の設備投資水準が、全国を事業領域とするＮＴＴに次ぐ規模に膨れ上がったのは、このためでもある。(8)

この事情を経産省の官僚は、次のように説明する。「一九九〇年代初頭まで、民間の電力会社の設備投資であっても、それは公共事業の一環と考えられてきた。政府の景気対策というと、必ず電力会社に設備投資の前倒しを求めて、それが一項目として入った。電力会社は総括原価方式で、設備投資をしてもそれを電気料金で回収できるので、安く買おうと考えない。発電施設をつくる重電メーカーや商社も電力会社の前にひれ伏して、高額で受注する。こうして余裕ができたお金は、めぐりめぐって政治資金になる。政界と財界、官僚の利害が一致していたわけです」。(9)

原子力産業の規模

原子力産業は単独で見ても巨大な産業である。二〇〇九年度の電気事業者の発電電力量のうち三〇・二パーセントが原子力で、電力会社は原子力産業に年間二兆一三五三億円（二〇〇九年度）を支出する。一方、国の原子力関係予算は年間四三二三億円（二〇一〇年度予算）に上る。原子力産業従事業者に、電気事業者で一万一六六八人、鉱工業で三万三七一四人である。

さらに原子力発電所は、部品数は数万点に上り、一基造るのに三〇〇〇億〜五〇〇〇億円かかる。一基につき、計画されてから廃炉になるまで一〇〇年間（地点の選定に一〇年、建設準備および建設に一〇年、運転六〇年、廃炉に二〇年を要する）、膨大な資金が関連企業に流れ込む。[10]これほどの巨大産業であるため、脱原発政策には猛烈な反発が起きるのである。

電力業界内部の影響力関係

東電は電力業界の中でも圧倒的な存在感、影響力を誇る。福島第一原発事故以前には、一〇電力会社の売上合計約一五兆円のうち、東電の売上高は三分の一の五兆円に上っていた。電事連の中でも東電の影響力は圧倒的で、ある西日本の電力会社社員は、「中部、関西も発言力はあるが東電は別格。東電の意思が電力の意思だ」と証言している。電事連に詰める各社東京支社の社員の主たる仕事は、経産省よりも東電との縁を結ぶことであり、通したい意見がある場合は、「会議で東電の人に『そうだね』と同意してもらえるよう、根回しすることが重要」だという。[11]

だが、地域独占を認められ、市場競争が行われない電力会社間でも、かつては競争があった。一九五四年一〇月に九電力のいっせい値上げが行われて以降、石油危機が発生する一九七三年まで、電気料金の値上げは各社バラバラに行われた。単独で電気料金の値上げを行うと、その企業は消費者の批判を受ける。このため、各電力会社は発電コストの安い火力発電の割合を高めつつ、送電ロスを減らすための技術開発や、水力発電所に電気式制御システムを導入して無人化を進めるなど、競い合って合理化を進めたのである。

また原子力発電についても、東電と関電が先陣争いを演じた。関電が一足早く一九七〇年一一月に美浜原発一号機の運転を開始し、東電は、その四ヵ月後に福島第一原発一号機を稼働させる。(12)

ところが、石油危機による燃料費高騰などを理由として、一九七四年六月に電力九社はいっせいに値上げを行う。それ以降、電力一〇社（沖縄電力を含む）は世論の批判をかわすため、ほぼ同時期に料金改定を行うようになり、電力会社間の競争もなくなっていく。(13)

これ以降、電力業界は東電を中心に、一枚岩で動くようになる。電事連の会長ポストは、東電、関電、中部電力社長の持ち回りとなっている。だが、主要ポストは東電出身者により占められ、電事連は事実上、東電の別働隊として、政界・官界・メディア界へ原発推進のためのロビー活動を行ってきた。

先述したように経産省（旧通産省）は、一九九〇年代後半から二〇〇三年にかけて電力自由化を進めようとし、電力業界と激しく対立する。だが東電は、発送電分離には絶対に反対であるものの、他の電力会社が強く反対していた小売りの全面自由化については前向きに対応したいという考えを二〇〇二年四月に表明し、他の電力会社の反発を買う。経営基盤が強固な東電は、自由化により競争が激しくなっても生き残っていくことができる。それに対し、地方の電力会社は現状維持を強く望んだ。電力会社間で意見は分かれたものの、結局、東電は業界利益を優先する。全面自由化反対で足並みを揃えることにしたのである。(14)

第3章で述べたように、この際、東電は自民党への猛烈なロビー活動を展開する。その結果、発送電分離は実現されず、電力小売りは拡大されたものの、家庭を含めた全面自由化は先送りされる。他の電力会社は、「さすが東電」と、その底力に脱帽したという。(15)

金融機関との関係

事業会社の社債は無担保が一般的である。だが電気事業法第三七条では、電力会社に、他の債権者よりも優位に弁済を受けることのできる社債（電力債）の発行を認めている。こうすることで、設備投資額が巨額な電力会社が、電力債により安定的に資金を調達できるようにしていたのである。(16)

政府の要請に応じて積極的に設備投資を行ったため、東電の有利子負債は二〇一〇年一二月末時点で七兆四六四一億円に上っていた。(17) しかし東電は、国債と同程度の高い信用度を誇る電力債の発行により、低利で資金を調達することができた。社債の発行額は約五兆二〇〇〇億円であるのに対し、銀行からの長短期の借入金は約二兆三〇〇〇億円にとどまっていたのである。

電力債の国内発行残高は、福島第一原発事故以前には一五兆円に上り、日本の社債市場の二〇パーセントを占めていた。そのうち三五パーセントを発行する東電は、証券業界にとって最も重要な取引先であった。銀行にとって東電は、融資したいのに、あまり借りてくれない企業で、一方、東電は、銀行からは付き合いで資金を借りてあげているという意識であったという。(18)

このように東電には、経済界に怖いものはなかった。

2　行政機関に対する東電の権力

電力会社と経産省（旧通産省）の影響力関係

本節では、監督官庁である経産省（旧通産省）、安全規制機関である経産省原子力安全・保安院と電力会社との影響力関係について見ておく。

電力会社と経産省（旧通産省）との関係は複雑である。電力会社にとって経産省は監督官庁であり、電力料金の改定や発電所の設置は経産省の認可事項であるため、経産省を敵に回したくはない。このため、経産官僚の天下りを東電本体や業界団体で引き受けるなどして、協調関係を構築していた。それゆえ、原発事故後のジャーナリズムでは、政官業の「鉄の三角形」を「原子力ムラ」と称して非難する見解が主流であった。

しかし、電力会社は経産省と対立することもあった。第1章で見たように、戦後しばらくの間、通産省は電力の国家管理復活を目指して電力事業への介入を図っており、民営を維持しようとする電力会社とは緊張関係にあった。その後、協調関係が続いたものの、第3章で見たように、一九九〇年代前半から二〇〇〇年代前半にかけて、通産省の電力自由化派官僚が、電力自由化と発送電分離、核燃料サイクルの見直しを仕掛けてきたため、両者は激しく対立する。政治アクター間の影響力関係の優劣は、協調関係のときにはわからない。両者が対立関係になって、初めて明らかとなる。いずれも勝利したのは電力会社であった。電力会社は経産省（旧通産省）に対抗するため、後述するように政治家との関係を強めていくのである[19]。

監督官庁と電力会社の緊張関係と、電力会社がその戦いに勝利したことは、すでに見てきた通りである。ここでは、電力会社と監督官庁、そして安全規制機関との癒着とも言える協調関係について見ておこう。

人材交流に見る協調関係

経産省（旧通産省）と電力会社の協調関係が最も明瞭に現れているのは、人事である。経産省が二〇一一年五月二日に発表したところによると、電力会社一〇社と電力卸会社二社に、過去五〇年で六八人が天下りしている。また、電力・エネルギー関連の独立行政法人や財団法人などに天下りした経産省OBは、判明しただけで六一法人一〇八人に上る[20]。

東電には一九五九年に、原子力行政事務のまとめ役を務めた石原武夫・通産事務次官が取締役として天下りし、副社長にまで昇進する。それ以後、東電の副社長ポストは通産官僚の「天下り指定席」となり、資源エネルギー庁長官・次長が三名続けて東電の顧問、副社長に就任している。二〇一一年一月には経産省から五人目となる石田徹・前資源エネルギー庁長官が顧問に就任し、副社長への昇任が見込まれていた[21]。ところが、原発事故により経産官僚の電力会社への天下りが批判を受けるようになり、石田は四月に退任に追い込まれる。

一方で、電力会社からの「天上がり」もあった。二〇〇一年から二〇一一年にかけて、電力会社の社員三六人が、官庁に臨時職員（国家公務員）として採用されている（内閣官房一二人、内閣府一五人、文部科学省九人）。また電力会社七社、原電、日本原燃、原発機器メーカーのＩＨＩ（石川島播磨重工業）、原発推進団体の社団法人日本原子力産業会議（原産会議）、財団法人電力中央研究所（電中研）に在職したまま、内閣府、内閣官房、経産省、文科省に採用された公務員（非常勤）は一〇二人に上る（そのうち東電出身者は三四人）。いずれも、人事院規則に基づく公募ではなく、専門知識を有する場合は公募によらなくてよいという特例による採用であった(22)。

人材交流の問題点としては、安全規制の実効性や公平性を損なう可能性が挙げられる。経産省原子力安全・保安院は、二〇〇一年から二〇一一年までに東芝二二人、ＩＨＩ六人、関電六人など、原子力産業から八三人を採用しており、そのうち五〇人以上が原子力保安検査官として採用されている。検査官の中には、出身企業が建設した原発を担当したり、退職後に出身企業に再就職したりするケースもある(23)。同じく安全規制を担う内閣府原子力安全委員会の事務局にも、電力会社や原発機器メーカー出身で、電中研・原産会議在籍者が採用されている(24)。

接待とコネ就職

次に、経産省資源エネルギー庁と電力業界との癒着関係について見ておこう。資源エネルギー庁で電力業界に関係する部署にいた元官僚は、かつての電力業界との関係を次のように証言している。「当時は公務員倫理法がありませんでしたから、銀座から始まって地方の原発まで接待漬けでした。地方に出れば必ず泊まり、夜は接待で原発のＰＲ施設で案内をしている女性まで出てきます。接待費の枠があるので、年度末になると猛烈に声をかけてくる。そんな時には、一〇万円のワインを開けましょう、というような感じでした」。「何かあるたびにビール券を持ってくる。それも何十万という金額です」[25]。

経産省と電力会社の癒着を最も明瞭に示した例としては、原発事故後、広報担当として連日、原子力安全・保安院記者会見に臨んでいた西山英彦・審議官の娘が、二〇〇九年に大卒事務職として東電に就職していたことが挙げられる[26]。娘が就職活動をしていた二〇〇八年に、西山は資源エネルギー庁電力・ガス事業部長であった。また、二〇〇四年に資源エネルギー庁電力・ガス事業部長に就任し、二〇一一年八月に事務次官に就任した安達健祐の娘も、東電の総合職として勤務している[27]。

大鹿靖明によると、資源エネルギー庁電力・ガス事業部で課長を務めた官僚は、「役所に出入りする東電の企画部の人に『お子さんの就職の件でお困りでしたら是非私に声をかけていただければ、なんとかします』と、よく言われましたよ」と証言している。また、外局の長官経験者（OB）の少なくとも六人が、子どもを東電に就職させていたともいう[28]。

監督官庁の官僚を監視する電力業界

しかし電力会社は、経産官僚を甘やかしてばかりではなかった。経産省が電力事業とガス事業の規制緩和を進めようとすると、電力業界は本性を現す。資源エネルギー庁の元官僚によると、電力会社の社員は、「毎日来て、ちょっと席を外すと机の上の書類やパソコンを勝手に見ている。見たらいけないんですよ。でも、昔のMOF担（銀行の旧大蔵省担当）と同じです。何をやっているかというと、『思想チェック』なんです」。「夜に電力から接待を受けると、翌日には沖縄電力を除く九電力の担当者に電子メールで『議事録』が回ります。それを手に入れていましたが、ある時、私のことを『ガス中毒』と書いてあった。でも、『感電』するよりましだと思いましたよ。電力業界寄りの官僚でも、東京電力寄りなのか、関西電力寄りなのか、そんなことを一生懸命探っていました」。「ガス中毒」はガス業界に、「感電」は電力業界に肩入れする者を示す隠語だという。(29)

安全規制機関との癒着

経産省原子力安全・保安院と電力会社の癒着については、東電関係者による次のような話もある。

「原子力とまったく関係ない部署の役人が異動で、安全審査官になる。そういう人たちに、最初は東電側が原子力についてレクチャーする。東電側は彼らへの接待にはかなりの額を使っていました。今は国家公務員倫理法が厳しくなったので官僚接待はしていませんが、昔は『昼の問題は夜に解決しましょう』と接待漬けです」。安全審査で問題が起きると、経産省の担当者を高級クラブで接待して、「昼の話ですが、何とかなりませんかね」と酒の席で交渉していたというのである。さらに話は続く。「昔の通産省のたかり体質はひどく、『タクシー券、もってこい』とか『ビール券、もってこい』などは日常茶飯事。安全審査官がですよ」。「あるとき、安全審査官から電話があり、『ソフトボールをやりたいな』と言うんです。グラウンドを用意しろという意味です。また、『東電には女の子がいるよね』と、接待係として呼び出す」。

原子力には素人の官僚が安全審査の担当となり、電力会社と癒着していると、次のようなことになる。「安全審査は当時の通産省と原子力安全委員会のダブルチェックということになっています。しかし、審査の資料を作成していたのは東電です。通産省とすり合わせて、『安全審査書』を東電がつくり、あたかも通産省が書いたかのように『通産省』という名前を入れて東電が印刷します」、「次に、原子力安全委員会の二次審査では、通産省が同委員会に説明をしなければならない。その資料も東電がつくり、最終的に原子力安全委員会の『安全審査書』が出るわけですが、それも東電が作っていました。まったくの〝お手盛り〟だったのです」(30)。こうした実態は、金融の素人なのに銀行局に配属され、銀行のMOF担から金融行政についてレクチャーを受けていた大蔵官僚を思い起こさせる。

こうした安全規制機関と原子力産業との癒着は、原子力推進の経産省内に安全規制機関があることと、官民人材交流とによって深まっていったように思われる。

やらせシンポジウム

こうした癒着ゆえに、「やらせシンポジウム」が実施される。二〇一一年九月三〇日に政府の第三者調査委員会は、プルサーマル計画や原発の耐震性など原子力関連シンポジウム（住民説明会）の開催にあたり、保安院原子力安全広報課長や資源エネルギー庁原子力発電立地対策・広報室の職員らが電力会社に対して、社員を動員したり、住民に賛成意見の表明を呼びかけたりするよう指示していた「やらせ」が、過去五年間に七件あったことを認定している(31)。これは氷山の一角であろう。

そもそも「やらせ」シンポジウムは、シンポジウムが始まって以来の伝統であった。原発建設をめぐって初めて開かれた公聴会は、福島第二原発一号機の建設をめぐり、一九七三年九月一八、一九日に原子力委員会が主催したもので、これは楢葉町《ならはまち》の住民の署名運動で実現したものであった。ところが、陳述・傍聴の希望は公募制で、応募者から原子力委員会が指定した陳述人四二人のうち、二七人が賛成派で、批判派は一四人であったという。傍聴希望者は一万六一五八人と、当時の町の人口の倍以上に上った。これは、東電が原発労働者に手を回して応募させたからであった。(32)

3　自民党との関係

政治献金の廃止

先に見たように電力会社は、自民党と緊密な関係を築き、その力を借りることで、経産省（旧通産省）を撃退してきた。

かつて電力業界は、自民党に対して金融（銀行）、鉄鋼に次ぐ献金を行っており、「献金御三家」と称されていた。だが、一九七四年に石油価格高騰を理由に電気料金を引き上げた際、市川房枝・参議院議員らが、政治献金の分まで支払いたくないとして「一円不払い運動」を始めた。電力会社は不払い者に対して、満額の電気料金でなければ受け取らないとし、滞納すれば送電を停止すると通知する。けれども、不払い運動は多くの団体に広がり、総評も、政治献金を含んだ電気料金の値上げ認可は無効として、行政訴訟を起こそうとする。そこで木川田・東電会長が、地域独占が認められた公益企業にそぐわないとして政治献金の廃止を決定し、他の電力会社も追随した。(33)

役員個人の政治献金

だが、自民党への資金提供は継続していた。第一に、役員個人の政治献金である。電力会社の公式見解によると、それは個人の意思であり、会社は関与していないという。だが実際には、総務部が役員に要請し、組織的に行われていた。そもそも政治献金の停止を決めた木川田自身、代わりに役員個人の政治献金を積極的に行うという考えで、そのとき以来の伝統であった。

自民党の政治資金団体「国民政治協会」への東電役員の献金総額は、一九九五〜二〇〇九年の一五年間で少なくとも延べ四四八人、計五九五七万円に上る。東電役員の年間の献金額は、会長・社長が三〇万円、副社長が二四万円、常務が一二万円などと決められていた。[34]また、二〇〇七〜二〇〇九年の三年間における九電力会社（原発を保有しない沖縄電力を除く）の役員の献金総額は、延べ九一二人、計一億一五六七万円に達する。[35]

表に出ない政治献金

第二に、一九九三年には、電力業界が自民党の機関誌などに三年間で二五億円の広告費を支払っていたことが明らかになった。[36]これには「新手の政治献金」といった批判が起き、広告費の支払いは取り止められた。中日新聞社会部が電事連に取材したところによると、自民党の機関紙には広告費として、一九八三年から九二年までの一〇年間で、総額五五億五〇〇〇万円を支払っていたという。[37]

第三に、組織的なパーティー券の購入である。東電は毎年、自民党を中心に五〇人以上の政治家のパーティー券を計五〇〇〇万円以上購入してきた。一〇〇社以上の関連会社も購入しており、グループ全体では約一億円に達していた。しかし、このことは隠蔽されてきた。各社は、一回あたりの購入額を政治資金規正法上の報告義務がない二〇万円以下に抑えていたからである。

パーティー券の年間予算枠を確保していたのは、表に出せない資金を扱う総務部で、総務課長が中心となって、議員ごとに原子力政策における重要度や業務への協力度などを査定し、購入額を決めていた。東電の原発や関連施設が立地もしくは建設中の青森・福島・新潟県選出の議員や、経産省の政務三役だと購入額は高くなるという。

近年の査定が最も高かった政治家の一人が、自民党の電力族議員の代表格である甘利明である。甘利が経産大臣に就任した二〇〇六年以降、電力九社は一回あたり約一〇〇万円分のパーティー券を、事業規模に応じて分担額を決めたうえで、毎年二、三回以上、購入していた。平均的な年間購入総額は数百万円に上る(38)。

第四に、日常的な接待や裏金もあった。電事連主催の朝食会で、電力九社の政治担当役員が自民党議員と顔合わせをしたうえで、担当議員を分担し、選挙時の資金協力や飲食接待を行っていたというのである(39)。

このように電力会社は、自民党と政治資金を通じて深い関係を結ぶことで、経産省との対決に勝利し、政治家を通じて経産省の人事にまで介入するようになったのである。

4　学界に対する東電の権力

学界への資金提供と人材交流

学界は原子力産業の基盤をなす。原子力工学の研究者は大学で、原子炉メーカーや電力会社などで働く技術者を育成する。また研究者自身、原子力政策を決める原子力委員会や、安全基準の策定や審査を行う原子力安全委員会などの構成員となっている。

もともと原子力工学を専攻しようとする者は、原子力に夢と希望を持つから、その道に入るのであり、原子力工学の専門家の大半が原発推進派になるのは当然であろう。なかでも東京大学工学部原子力工学科は、原子力の高級技術官僚を養成するため、国策として一九六〇年に設置されたもので、卒業生は官公庁や研究機関、重電メーカーや電力会社に就職し、原発を推進してきた。東電でも福島第一原発事故対応の指揮を執った武藤栄・元副社長（一一期生）など、主要な地位を占めており、政策決定の側でも、二〇一一年三月一一日時点の原子力委員会委員五人のうち、委員長の近藤駿介（二期生）を含む三人が卒業生であった。

原子力産業と関連の深い研究者には、寄付金、受託研究費、共同研究費という形で、原子力関連企業や業界団体、行政機関や傘下の独立行政法人などから巨額の資金が提供されている。こうした研究者が原子力安全委員会や経産省・文科省の原子力関連審議会の委員などを務めてきたのである。(40)

そのうえ原子力産業は、大学に「寄付講座」を開設している。東京大学には東電単独の寄付三億九五〇〇万円による三つの寄付講座、東電を含む複数企業（ゼネコンなど）の寄付三億六〇〇万円による三つの寄付講座があり、「核燃料サイクル社会工学」などの講座が開かれていた（金額は二〇〇七年一〇月から二〇一三年九月までの合計。ほかに関電と日立、三菱電機、住友電工などの寄付二億円による寄付講座もある）。東電の寄付講座や研究助成は、東京大学だけでなく、東京工業大学、慶應義塾大学、新潟大学、筑波大学、横浜国立大学などにも及んでおり、他の電力会社も、旧帝大や原子力工学の関連学科を持つ大学に寄付講座を開設している。また寄付講座では、東電の法人営業部長や東芝の元原子力開発営業部長、三菱重工業の元技術者、経産省の原子力部会のトップなど、原子力産業の人材が東京大学特任教授に就任し、教壇に立っている(41)。

くわえて興味深いのが、原子力学会のあり方である。先述した通り、日本学術会議の原子力特別委員会が母体となって発足させたという点で、自由な研究者の集まりであるはずの「学会」とはイメージが異なるのだが、二〇一一年度の役員を見ると、二〇人中、学者・研究者は七人だけで、三人が独立行政法人日本原子力研究開発機構の役員で、残る一〇人は東電、原電、日本原燃、原子炉メーカー（東芝・日立・三菱重工業）、電中研、財団法人エネルギー総合工学研究所の役員たちである(42)。

こうした関係が影響したのか、原子力工学の専門家は、地震学者の警告を強く否定してきた。地震学者の石橋克彦・神戸大学名誉教授が、阪神・淡路大震災以後、「原発震災」という言葉を用いて、地震国の日本に原発があることの危険性を主張したのに対して、原子力工学を専門とする班目《まだらめ》春樹・東京大学教授（後に原子力安全委員会委員長）は、「（外部電源が止まり、ディーゼル発電機が動かず、バッテリーも機能しなくなる可能性について）原発は二重三重の安全対策がなされており、安全にかつ問題なく停止させることができる」、一石橋氏は原子力学会では聞いたことがない人である」などと述べたという。また、原子力工学・放射線安全学を専門とする小佐古敏荘・東京大学教授（二〇一一年三月一六日付で内閣参与に就任するものの、文科省が福島県内の小学生の年間被曝限度線量を二〇ミリシーベルトに引き上げたことに抗議して四月二九日付で辞任）も、石橋の主張に対して、「国内の原発は防護対策がなされているので、多量な放射能の外部放出は全く起こり得ない」、「石橋論文は保健物理学会、放射線影響学会、原子力学会で取り上げられたことはない」、「論文掲載にあたって学者は、専門的でない項目には慎重になるのが普通である。石橋論文は、明らかに自らの専門外の事項についても論拠なく言及している」などと強く批判したという。(43)

反対派の抑圧

学界で原発批判を行うことは困難であった。東京大学工学部原子力工学科の一期生でありながら、放射線防護学を専門とし、原子力政策の問題点を訴え、市民運動に大きな影響を与えてきた安斎育郎・立命館大学名誉教授は、原子力工学科を追われ、東京大学医学部に助手として採用された後も、執拗な嫌がらせを受けた。「研究室では『安斎と口を利くな』と通達が出され、他大学の共同研究者が打ち合わせに来ると、同僚の助手が『勝手に入るな』と追い払う。隣の席には東京電力の社員が張り付いていて、私がどんな活動をしているか、逐一会社に報告していた」。講演に行けば尾行がつき、内容は録音して東電に報告される。仕舞いには東電の社員から、「カネは出すから三年間米国に留学してくれ」と提案された。一九七五年の原子力工学科設立一五周年記念パーティーで挨拶に登壇した

教授は、「安斎育郎を輩出したことだけは汚点」と述べた。(44)

学生の原子力離れへの対応

ところが、一九八六年のチェルノブイリ原発事故や一九九九年の東海村ＪＣＯ臨界事故などにより、学生の原子力離れが進む。一九九三年には東京大学の原子力工学科もシステム量子工学科に改称されるなどし、二〇〇四年度には原子力の名を冠する学科がなくなってしまう。こうした事態を受け、二〇〇七年度から文科省と経産省は共同で、大学向け補助金制度「原子力人材育成プログラム」を設立し、二〇一〇年一一月からは、産官学連携で「国際原子力人材育成イニシアティブ」を開始する。

また二〇〇〇年代半ば以降、世界的に原発建設の機運が盛り上がってきたことを受けて、二〇〇八年には東京都市大に、二〇一〇年には東海大に、それぞれ原子力の名を冠した学科が新設されるなど、復調の兆しが見え始めてはいた。(45) その矢先に福島第一原発事故が起きたのである。

5　労働組合を通じた東電の権力

電力総連の持つ組織票

電力会社の経営陣は自民党に「票とカネ」を提供し、原発推進を働きかけてきた。一方、民主党には、労働組合が同様の働きかけを行ってきた。それゆえ、政権が交代しようとも、政府の原発推進路線は変わらなかった。

まず、労組の組織票を見ておこう。電力総連は、日本労働組合総連合会（連合）の中で、構成員が一一番目に多い構成組織である（二〇一四年五月二七日現在で二一万九一五三人）。同じく原発推進の「全日本電機・電子・情報関連産業労働組合連合会」（電機連合）は四番目（五七万二五一六人）、「日本基幹産業労働組合連合会」（基幹労連、二〇〇三年に「日本鉄鋼産業労働組合連合会」〈鉄鋼労連〉・「全国造船重機械労働組合連合会」〈造船重機労連〉・「全日本非鉄素材エネルギー労働組合連合会」〈非鉄連合〉により結成）は七番目（二五万二一一人）と、いずれも大きな組織である(46)。

だが電力総連の政治力は、構成人数から予想される以上に強力である。第四代の連合会長（二〇〇一〜〇五年）を務め、菅直人内閣で内閣特別顧問も務めた笹森清は、東京電力労組、電力総連出身であり、電力総連が連合内で大きな地位を占めていることがわかる。

また、参議院比例代表選挙で電力総連出身候補は、民主党内で上位当選している。二〇〇一年参議院選挙では、藤原正司（関電労組出身）が二五万九五七六票を集めて二位で当選している（一位はタレントの大橋巨泉）。二〇〇四年参議院選挙では、小林正夫（東電労組出身）が三〇万一三二二票を集めて一位で当選している。二〇〇七年参議院選挙では、藤原正司が一九万四〇七四票を集めて九位で当選している。二〇一〇年参議院選挙では、小林正夫が二〇万七二二七票を集めて四位で当選している（一位はジャーナリストの有田芳生、二位はオリンピック柔道金メダリストの谷亮子、三位は構成員七六万五八九七人と、連合内で三番目に大きい「全日本自動車産業労働組合総連合会」〈自動車総連〉出身の直嶋正行）。二〇一三年参議院選挙では、浜野喜史（関電労組出身）が二三万五九一七票を集めて二位で当選している（一位は自動車総連出身の磯崎哲史）。二〇一六年参議院選挙では、小林正夫が二七万三〇五票を集めて一位で当選している。

このように電力総連出身の候補者は、毎回、構成人数とほぼ同じ程度の票数を集めて当選しており、他の労組に比べて選挙での動員力が強いことがわかる。

この組織力は他の民主党議員にも行使される。二〇一〇年参議院選挙で電力総連は、四八人の候補者を推薦し、二五人が当選している。当選者には輿石東、北沢俊美、蓮舫ら有力議員もいる(47)。電力総連は選挙になると、ポスター貼りから電話作戦まで選挙慣れした組合員を長期間送り込んでくれるため、民主党から高く評価されていた(48)。

民主党議員の元秘書は、電力総連の組織力について「推薦はそら、のどから手が出るほどほしいわ。なんせ票が固い。推薦が決まると、労組の担当者が名簿を持って来て『おたくの地区には約九〇人の社員がいます』と教えてくれる」と証言する。だが、支援は条件付きであった。元秘書が関電の労組に行くと、Ａ４判一枚の政策協定書と原子力に関する冊子を渡され「よく読んどいて」と言われた。原発容認の協定書にサインしないと推薦はもらえなかったという(49)。

福島第一原発事故後も、電力総連は民主党議員が「脱原発」に向かわないよう締め付けた。電力総連は、事故後に電力業界と距離を置く民主党議員が増えたことに危機感を強め、二〇一一年五月から六月にかけて、同党議員に陳情活動を展開した。電力総連関係者は、「会社がなくなれば労組もなくなる。会社の代わりに原発推進を訴えた」、「総連側の立場を理解してくれた議員は約八〇人」と明かしたという。民主党の有力議員の秘書も、「脱原発に方向転換されては、従業員の生活が困ると陳情を受けた」、「票を集めてくれる存在だから、選挙を意識して対応せざるを得ない」と証言している。

また、ある電力系労組は、支援議員の発言をチェックし、国会などで原発に否定的な発言をした場合には、議員や秘書を地元に呼び出し、「あれはどういう意味ですか？」などと、発言の真意を問いただしたという。この労組の幹部は、「うちが選挙の票と人手を持っていることを強調すると、大抵の議員は言動が慎重になる」と明かしている。東京電力労働組合の幹部も、二〇一一年に朝日新聞の取材に対して、「事故も収束していないし、原子力じゃないとだめなんて言えない状況だ」としつつも、次の選挙について、「たとえ民主党でも、脱原発という議員は応援しない」と断言していた(50)。

実際に二〇一二年五月二九日には、中部電力労働組合の大会に来賓として出席し、挨拶を行った東京電力労働組合の新井行夫・中央執行委員長が、「裏切った民主党議員には、報いをこうむってもらう」と発言し、世間を驚愕させた。この発言には、出席していた中部電力労組の組合員約三六〇人からも、どよめきが上がったという。新井は、福島第一原発事故について、「(東電に)不法行為はない。国の認可をきちっと受け、現場の組合員はこれを守っていれば安全と思ってやってきた」と述べ、さらに朝日新聞の取材に対しても、「(民主党候補者に)推薦を出すかどうかを厳密に判断していく。原発だけでなく、雇用や産業の政策も総合的に判断する」と語っている(51)。

電力総連出身議員も負けてはいない。二〇一一年九月一九日には、電力総連の会合で藤原正司・参議院議員が、脱原発に積極的だった古川元久・衆議院議員の名を挙げ、「選挙区は愛知二区。脅すんじゃないけど、私はみんなの選挙区を知っています」と述べた。逆に協力的だったという議員名も挙げ、「わしら道楽で選挙しとるんちゃうで。自分らの政策を生かすためにやっている」と続けた。また同会合では、二〇一〇年参議院選挙で電力総連の推薦を受けた尾立源幸・参議院議員が、大飯原発の再稼働反対を訴える首相官邸前のデモに参加したことを謝罪し、「政治の世界に入ったきっかけが鳩山由紀夫元首相。ついて行かざるを得なかった」、「再稼働のために私もしっかり頑張る」と釈明した。(52)

電力総連の資金力

電力総連は、票だけでなく政治資金の面でも民主党に強い影響力を持つ。電力総連の政治団体「電力総連政治活動委員会」の二〇〇九年度収入総額は約二億五〇〇〇万円に上り、そのうち約七〇〇〇万円は政治活動資金として、三〇〇〇万円は二〇一〇年に改選を迎える小林正夫・参議院議員の選挙活動資金に使われ、残りは各電力労組の政治活動団体に渡っている。また二〇一〇年の政治資金収支報告書によると、全国の電力一〇社と関連三社の労働組合の政治団体が、組合員約一二万七〇〇〇人から、会費などの形で約七億五〇〇〇万円の政治活動費を集め、このうち約六四〇〇万円が電力総連政治活動委員会に渡っている。これは「上納金」と呼ばれ、東京で開かれる民主党国会議員のパーティー券購入や選挙時の陣中見舞い、選挙活動費などに充てられるという。具体的に見てみると、二〇〇七年から〇九年の三年間で、電力総連政治活動委員会から民主党や所属国会議員に渡った政治献金は、総額で一億七六五万円（うち小林議員に四〇〇〇万円、藤原議員に三三〇〇万円）に上り、民主党の国会議員のパーティー券計五三〇万円分も購入している。

「上納金」を除く残りの資金も、各労組の政治活動団体が、民主党議員のパーティー券を購入したり、一五〇人いるという組織内地方議員に活動資金を提供したりするのに使っている。多額の政治活動資金は、クラブや料亭での飲食費、組織内地方議員の旅費にも使われているという。[53]

地方議会での組織内議員

二〇一二年一一月に明らかになったのだが、九電力会社の組織内地方議員のうち九九人は現役社員（東京電力は最多の二三人）で、うち九一人は会社から給与を受け取り、そのうち五二人は、議会活動で会社を休んでも有給となる特例を受けていた（東電は、電気料金値上げ前の二〇一二年八月に、この特例を廃止）。また、九〇人の社員議員の資金管理団体や後援会は、労組の政治団体から二〇一〇年までの三年間で総額六億円の政治献金を受け取っていた。社員議員の多くは、地元議会で「脱原発」の意見書に反対したり、地域で原子力の勉強会を開いたりして、原発を推進する活動に勤しんでいる。

ある電力会社の元役員は、「原発を進めてきた自民党の反対側に、原発に理解のある議員がいることが大事。内部から働きかけることで、反原発に流れがちな勢力を押しとどめることができる」と説明している。[54] このように電力会社の労使は、それぞれ自民党と民主党に原発推進を働きかけてきた。「大企業労使連合」ここに極まれり、である。[55]

6　立地自治体における影響力関係

漁業組合への対応

先述した通り、一九七〇年代になると原発立地計画にはつねに地域住民からの反対運動が起きるようになり、立地地域対策の重要性が増す。欧米の原子力立地紛争の主要な争点は安全問題なのだが、日本の場合、それ以上に金銭問題が重要であった。日本では、土地所有権・漁業権が欧米諸国に比べて手厚く保護されてきたため、地権者・漁業権者の反対が原発立地の最大の障害であり、土地買収をめぐる地権者との交渉と、漁業権放棄をめぐる漁協との交渉が、電力会社にとっては最も重要だったのである。(56)

反対運動が強まった一九七〇年代後半には、電力会社が支払う漁業補償額が高騰する。一九六六年に妥結された東電福島第一原発の漁業補償額は一億円であった。ところが、一九七三年に妥結された東電福島第二原発では三五億円、一九七九年に妥結された東北電力女川原発では九八億三〇〇〇万円に上った。(57)

電源三法の制定とその効果

反対運動への政策対応として、電源三法が制定されたことはすでに論じた。『週刊ダイヤモンド』編集部によると、立地自治体に対する電源三法交付金の総額は、二〇〇九年度で一二二二億円に上る。また資源エネルギー庁の資料をもとに試算を行うと、最新鋭の原発を誘致した場合、四五年間にわたり総額約二四五五億円が交付されるという。(58)

しかし一九七〇年代後半以降、新規敷地での原発新設は少なく（しかも、その大半は一九六〇年代末に計画が浮上したもので）、多くは既設原発での原子炉増設であった。このため吉岡斉は、電源三てきたとしている。

法は新規の建設地確保にはあまり効果はなく、すでに原子力施設がある地域への慰謝料として機能し(59)

それでは、なぜ既設原発では原子炉の増設が進んだのか。それは、電源三法の仕組みによる。電源三法交付金の支出は、環境影響評価の開始から運転開始までの一〇年間に集中している。モデルケースでは、環境影響評価の開始から着工まで三年、運転開始まで一〇年で、それから三五年間稼働するという想定で四五年間にわたり、交付金約二四五五億円が支払われる。そのうち約四四九億円が、運転開始までの一〇年間で支払われる。運転開始後も交付金は支払われるのだが、交付額は段階的に減っていく。また立地自治体には、電力会社から巨額の固定資産税も入る。だが、法定減価償却期間の一六年を超えると、自治体に入る固定資産税は大きく減ってしまう。しかも交付金は、公共施設の建設に使われるため、収入が減ると維持費が財政を圧迫する。たとえば福島県双葉町は、二〇〇九年度決算で実質公債費比率が二九・四パーセントに上り、早期健全化団体に指定されている。

そこで新たな交付金欲しさに原子炉の増設を求めることになる。双葉町も福島第一原発七・八号機の建設を決議し、二〇〇七年度から年間九億八〇〇〇万円の電源立地等初期対策交付金相当部分を受け取っている。電力会社も、そうした事情を熟知し、あえて市町村をまたいで原発を建設し、原発を支持する市町村を増やしていったという。(60)このように原発増設に依存する双葉町について、佐藤栄佐久・元福島県知事は著書で、「これでは、麻薬中毒者が『もっとクスリをくれ』と言っているのと同じではないか。自治体の『自立』にはほど遠い」と記している。(61)

一九七〇年代以降、反対運動の広まりにより原発の新規立地地点の確保が難しくなった電力会社にとっても、既設原発に原子炉を増設するほうが容易であった。だが、一箇所に多数の原子炉を設置することは、安全上のリスクを高める。福島第一原発事故で見られたように、いざ事故が起きた場合には、一挙に多数の原子炉に対処しなければならなくなり、十分な対策がとれなくなってしまうのである。(62)

匿名の寄付金

立地自治体に支払われるのは、電源三法交付金と固定資産税だけではない。電力会社からは寄付金も入る。東電は一九六〇年代から立地自治体へ匿名の寄付を行っており、一九九〇年度から二〇〇九年度にかけて、青森県むつ市（東電と原電が使用済み核燃料の中間貯蔵施設〈リサイクル燃料備蓄センター〉を設置予定、二〇一三年八月に貯蔵建屋が完成）(63)に一八億円、新潟県と柏崎市、刈羽村などに一三〇億円、福島県と原発立地四町などに一九九億円の計三四七億円を寄付していた。また東電は、電事連が核燃料サイクル推進のため、青森県の「むつ小川原地域・産業振興財団」に一九八九年から二〇〇九年にかけて支払った寄付金計一七〇億円のうち、約五〇億円も負担していた。(64)このほか、使途不明の寄付金も数十億円あり、総額は四百数十億円に上る。

東電では、毎年、年度初めに一〇億～二〇億円の寄付金の予算を組んでいた。必要に応じて増額することも多く、年平均では二〇億円以上になる。金額は県ごとの発電量を目安に配分された。具体的な支出に際しては、自治体首長の要望を審査し、役員会の決裁を得てきたという。

さらに、福島県のサッカーナショナルトレーニングセンター「Jヴィレッジ」（一三〇億円）の寄贈や、柏崎市と刈羽村の公園施設整備費（計一〇〇億円）など、例外的に公表された大型施設への寄付もある(65)。

また、東電と東北電力の原発を立地・建設中の青森県東通村に対しては、一九八三年から東電が二、東北電力が一の割合で、インフラ整備のための負担金と、地域振興のための寄付金を支払っていた。その額は約一五七億円に上る。東通村は、電力二社からの負担金と寄付金を予算の「雑入」に分類し、その使途の詳細も明らかにしていなかった(66)。

こうした匿名の寄付金は、他の電力会社も行っている。たとえば福井県内の原発立地四市町村には、匿名を希望する大口寄付が、二〇一〇年度までに少なくとも計五〇二億円寄せられている。その大半は、関電など電力業界によるものと見られる(67)。

核燃料税の創設

さらに原発立地自治体は、法定外普通税として核燃料税を創設する。一九七六年八月に福井県が、電源三法では既設原発に関係する税収が期待できないとして創設し、自治省に認めさせた。その内容は、原子炉への核燃料の装荷時から、その取得価格の五パーセントを毎年、一〇年間にわたって県が徴収するというものである。その後、六ヶ所村に核燃料サイクル施設を有する青森県を含め、原発が立地する全道県が導入している。

核燃料税は、電源三法交付金とは異なり、使途が特定の公共施設の建設に限定されず、交付期間も運転開始の前後に限定されない。また固定資産税とは異なり、減価償却で税収が減少せず、原子炉を増設すればするほど核燃料の取扱量が増えるので税収が増える。これは増設を受け入れる原発既設県への資金提供なのである。(68)

二〇一〇年度に電力九社が支払った核燃料税は計二四二億円に上る。(69)

地元対策

他方、電力会社は、ゼネコンを使って地元対策を行う。ゼネコンは、電力会社から地元対策費を上乗せした原発建設費を受け取ると、下請けゼネコンに地元対策を依頼する。下請けゼネコンは、地元の有力者や地元議員を、スナックやパブで接待したり、原発を視察するという名目で国内外に観光旅行に連れて行ったりする。さらに、選挙協力も行う。その見返りとして地元有力者や地元議員は、用地買収に協力したり、反対住民の説得を行ったりする。

電力会社も自ら、地元有力者や地元議員の子息を電力会社で雇用したり、選挙協力を行ったりするなどして、彼らと友好関係を築く。さらに商店街や町内会のイベントには、お茶をまとめて寄付する。発電所の備品は、すべて地元の商店から購入する。(70)

立地自治体の抵抗力

ＮＨＫが原発立地四四自治体に行ったアンケートによると、これまで原発や関連施設がある自治体には、電源三法交付金、寄付金、核燃料税などにより、明らかになっただけで総額三兆一一二七億六〇九九万円（そのうち寄付金は一六四一億一九六七万円）が支払われ、当該自治体の歳入に占める割合は平均三五パーセントに上る。最高額は新潟県柏崎市の三〇〇〇億円である[71]。このように電力会社は、カネの力で立地自治体から原発設置への同意を得てきた。これは電力会社の権力なのだが、地方自治体に抵抗力があるからこそ、政府と電力会社がこれだけのカネ（電力料金から支払われているのだが）を使わなければならなかったのである。

それでは立地自治体には、どのような抵抗力があるのか。第一に、漁協が漁業権を放棄せず、地権者が土地を売らなければ、原発は設置できない。しかし先述の通り、これはカネによって切り崩されやすい。

第二に、先述したように一九九六年八月四日に新潟県巻町（当時）で実施され、それ以後、全国各地に広がった、原発建設の賛否を問う住民投票によって、地域住民は原発設置に対する意見表明を行うことができる。だが住民投票条例の制定は、原発を推進する市町村長や地方議会議員の多数派の反対に遭って頓挫することも多い。

第三に、原発立地の市町村長および都道府県知事の同意がなければ、事業実施は困難である。法的には、原子力開発利用に関する許認可権は中央政府にあり、地方自治体にはない。だが一九七〇年代以降、電力会社が立地する市町村に協力を申し入れ、都道府県知事の同意を得ることが、通産省の省議決定によって慣行化されてきた[72]。さらに地方自治体が、事業者との間で安全協定など各種協定を結ぶことができるという慣行も定着してきた。そのため都道府県知事は、事業者に対する同意を留保したり、安全協定への署名を留保したりすることで、原発事業を中断させることができるのである。もっとも電力会社や通産省が、立地自治体の市町村長や議会多数派から原発事業への同意を得ることは比較的容易であった。だが都道府県知事は、ときに強力な抵抗力を発揮することがあった。

その先駆例としては、先に見たように、一九八〇年代後半に横路孝弘・北海道知事が、幌延町に「高レベル廃棄物貯蔵工学センター」を設置することを拒否した事例が挙げられる。また一九九一年の青森県知事選挙でも、核燃料サイクル基地建設に反対する知事を誕生させて、事業者との協力協定を破棄させようとする動きが広がった。さらに一九九五年のもんじゅ事故以後、都道府県知事の慣例上の権限が行使される事例が増えている。原発への拒否権を行使し、その影響力の大きさを示した知事としては、先に見た佐藤栄佐久・福島県知事が挙げられる[73]。

7　反原発団体・市民運動に対する東電の政治権力

原発城下町

原発立地地域における電力会社の隠然たる影響力は、大企業城下町で大企業が持つ影響力と同等、もしくはそれ以上と考えられる[74]。

福島第一原発が立地する大熊町と双葉町で取材をした恩田勝亘は、原発城下町の重苦しい空気を次のように伝えている。下請け会社で働いていた地元住民からは、「あんたら週刊誌や雑誌の記者に話をしたことサわかると、会社から『明日から来なくてもええ』つっていわれんだ」と言われたという。

また一九七〇年代から、「ＴＣＩＡ」（東電ＣＩＡ）と呼ばれる集団が暗躍していたという。ＴＣＩＡは、原発反対派の集会では自動車のナンバーを調べ、選挙では反対派候補の家や事務所に出入りする住民をチェックしていた。また、東電に関係した記事が載った週刊誌や雑誌は、TCIAが買い占めてしまうため、町の書店では購入できなかった。その結果、職場や家庭内ですら、原発や東電について話題にするのは憚られ、一九八六年のチェルノブイリ原発事故について、当時、中学校の教師が学生に聞くと、クラスの三、四人しか事故のことを知らなかったという。

柏崎市や刈羽村でも、同様の状況があったという。「柏崎刈羽プルサーマルを考える市民の会」のメンバーは、「町全体に昔から原発には触れたくない、という雰囲気がありますね。原発のことを話すと誰が話したか、すぐわかるらしいんです。とくにバブル後は下請けも競争が激しいようで、ますます口が重く、家族、親戚にも原発内のことは話さないようです」と証言している。(75)

電力会社の住民監視に関しては、次のような報道もなされている。ジャーナリストの柴野徹夫はTCIAについて、「その部課のコンピューターには、地域住民の戸別リストが詳細にデータ化され、購読紙、学歴、病歴、犯罪歴、支持政党、思想傾向……克明に記録されている」と報告している。また広告会社の社員が、興信所を使って調べた住民情報を電力会社に提供し、その代わりに広告出稿を求めていたという証言もある。さらに一九七二年には、北陸電力が富山県内の新聞・放送一四社の記者約八〇人の身上調査を行っていたことが発覚している。この後、北陸電力の幹部は他の電力会社幹部から、「調査のやり方が拙劣」と冷笑されたという。(76) 他社は、もっとうまくやっていたのである。

嫌がらせ

原発立地地域であるか否かにかかわらず、原発反対運動に対してはさまざまな嫌がらせが行われてきた。組織的な嫌がらせが行われるようになったのは一九八〇年代末頃で、二〇〇〇年頃まで続いたという。以下、多数の原発訴訟を手掛けてきた「脱原発弁護団全国連絡会」共同代表の海渡雄一の編著に依拠して、原発反対運動への嫌がらせについて見ておこう。

その内容は多岐にわたるが、以下にいくつか例を挙げておく。①無言電話をかけてくる。②反原発の著名活動家を名乗った偽造郵便物を不特定多数の運動関係者に送付してくる。特定の活動家が「逮捕された」、「死んだ」などとする文書や、人格を誹謗中傷するような内容の文書・絵葉書などで、反原発運動内部を混乱させることが目的だと考えられる。③反原発集会の写真や活動家の写真、活動家の自宅や、活動家の子どもが遊んでいる公園の写真などを送付してくる。活動家を尾行していることを誇示し、本人や子どもに危害を加えると脅迫することが目的だと考えられる。④市民団体の女性スタッフの氏名を詐称してトイレに落書きするなどの性的嫌がらせや、依頼していない商品を着払いで送りつけたり、生理用品、汚物、鈴虫、たばこの吸い殻、枯れ草、ポルノビデオカタログなど、意味不明のものを送りつけたりする。原発反対運動に関わることへの嫌悪感や恐怖感を催させることが目的だと考えられる。⑤公的機関の内部文書、回収済みＪＲ切符、電話料金等の各種料金請求書、納税通知書など、不正に入手されたものを送付してくる。嫌がらせを行う集団が違法行為を行っていることを見せつけ、恐怖感を与えることが目的だと考えられる。

こうした嫌がらせの手紙の特徴としては、大量の郵便物が日本全国から、さらに海外からも送られてきていることであり、多額の経費がかけられていることがわかる。嫌がらせ事件の犯人はわかっていないのだが、日本弁護士連合会（日弁連）への人権侵害救済の申し立てに代理人として関わった海渡は、これだけの資金を用意できるのは、原発推進のために多額の普及開発関係費を支出してきた電力会社ではないかと推測している(77)。

なお東北電力が新潟県巻町で原発建設を計画し、賛成派と反対派が対立していたときにも、反対派の自宅に毎日五〇通もの嫌がらせの手紙が届いたり、車のタイヤがパンクさせられたりするなど、迷惑行為が続けられたという(78)。

公安機関との関係

さらに海渡は、公安警察や公安調査庁といった公安機関の関与も疑っている。理由は以下の通りである。

第一に、嫌がらせの郵便物の中には、反原発運動参加者のリストを切り抜いたものがあったからである。かねてより公安警察は、反原発運動だけではなく、市民集会に参加した者を写真撮影して、あらかじめリスト化されている構成メンバーと照合して、参加者リストを作成する作業を行っている。全国規模の活動家のリストを作成するのは、公安警察でなければ無理だというのである。

第二に、嫌がらせ文書の中には、活動内部の実情を知らなければ書けない内容も多く、スパイ行為や潜入があったと考えられるからである。実際のところ公安調査庁は、原発反対運動も調査対象にしていることが明らかになっている。

第三に、嫌がらせ事件の犯人は、信書の抜き取りなどの違法行為を繰り返し行っており、しかも被害申告にもかかわらず、犯人は明らかにならなかったからでもある(79)。

もちろん真偽は不明である。ただ警察と電力会社は、天下りを通じて密接な関係にある。東電は二〇一一年三月末時点で三二人の退職警察官を雇用している。元警察庁刑事局長の栗本英雄は顧問として渉外業務を、元新潟東警察署長の渡邊和雄は柏崎刈羽原発次長として警備やセキュリティの業務を行っているとされているものの、具体的にどのような業務に従事しているのかは明らかにされていない。

震災後の脱原発デモでも、私服の公安警察官が監視活動を行い、特定の党派や労組の活動家の姿を見つけるとノートに名前を記す姿が目撃されている。青森県六ヶ所村の原発関連施設周辺では、反原発運動家が微罪で逮捕されたケースも報告されている(80)。

8　司法をめぐる影響力関係

原発訴訟に見る東電の権力

市民団体が原発の建設・運転を止めるための合法的手段として、国や電力会社を相手に訴訟を起こす、いわゆる原発訴訟があり、東日本大震災の発生まで約二〇件の訴訟が起こされている(81)。こうした一連の訴訟では、国の安全審査の杜撰さが明らかにされてきた(82)。また、電力会社が想定している以上に大きな地震が起きた場合の原発の耐震性や、停電、津波による非常用電源の喪失など、福島第一原発事故を予見していたかのような論点が原告側から提示されてもいた(83)。しかし結果は、下級審の二件(84)を除き、いずれも原告の敗北で、その二件とも上級審では原告の逆転敗訴となった。

それではなぜ裁判官は、このような判決を下してきたのか。

大企業が、その経済権力や社会に占める地位の大きさにより、裁判を優位に進められることは、大嶽秀夫の欠陥車問題の研究で、すでに指摘されている通りである。(85) 電力会社は、豊富な資金力により優秀な弁護士を雇用できる。また原発訴訟では、東大や原研のトップクラスの研究者・技術者が被告側の証人となり、原発の安全性を主張してくれる。(86) しかも民事訴訟では、立証責任は原則的に原告側にある。原発に関する資料や情報は被告である電力会社が握っており、電力会社は企業秘密や安全保障上の理由を名目として、情報を出すことにはきわめて消極的である。この企業と市民の情報格差が、住民側の勝訴をきわめて困難にしている。(87)

しかし原発訴訟では、反原発の弁護士と、市民科学者の高木仁三郎や久米三四郎・大阪大学講師、京都大学原子炉実験所の原子力安全研究グループ「熊取六人衆」らが原告側に協力し、いくつかの訴訟では国・電力会社側と互角以上の闘いをしてきたとも評されている。彼らの存在が、政府や電力会社の優位性を一定程度、相殺したのである。

最高裁と政治の関係

一方で、政治との関係を考慮して、国策の是非については判断しないとする最高裁判所の意向が、個々の裁判官の判断に影響を与えたと見る向きもある。

訴訟は個別の事件について違法かどうかを判断するものであり、国策の是非を判断するものではないとする「政治裁量論」という考え方が、司法、とりわけ最高裁には根強い。これは「統治行為論」

と同様の考え方である。この考え方の背景には、選挙で選出された国会議員が決めた政策を、国民から選ばれたわけでもない裁判官が止めてよいのかという民主主義的な発想があるのだが、裁判所に対する政治介入を防ぐための防御的反応という見方もある。これはまさに、後述する「非決定権力」が行使されたとする見方である。

というのも一九六〇年代後半から七〇年代にかけて、自民党と右派ジャーナリズムは、護憲運動を展開する「青年法律家協会」を「容共団体」と批判するなど、司法に対する「左翼偏向」キャンペーンを行った。それ以降、最高裁は、その保守性を強め、司法消極主義が強まったとされる。つまり、国策に反するような判決を出せば、政治が司法への介入を強めかねないため、そうした判決は出せないというのである。

そして個々の裁判官も、人事権を握る最高裁の意向を慮り、国策に反するような判決を出すことには躊躇してきたと言われる。地裁では、原発訴訟は「報告事件」として扱われている。「報告事件」とは、行政府が関心を持ちそうな事件のすべてであり、地裁が最高裁に別途、報告している。このようなことをしていること自体、最高裁が行政との関係を非常に気にしていることの証左である。(88)

しかも実際のところ、最高裁は原発訴訟に関して、下級審の判断を誘導しようとしている。以下、三つの事例を挙げておく。

第一に、伊方原発一号炉設置許可取り消し訴訟の第一審では、証人尋問が終了した後の一九七七年四月に、突如、村上悦雄・裁判長が不自然に交代する。村上裁判長は、国に対して安全審査の全記録の提出を求め、拒否する国に提出命令を出すなど、その訴訟指揮は原告住民側の信頼を得ていたのだが、名古屋高裁に異動になった。その代わりに名古屋高裁から植村秀三・裁判長が赴任したものの、一度も法廷を開かずに六月に東京高裁に異動する。その代わりに名古屋高裁から柏木賢吉・裁判長が赴任して、原告住民側の請求を棄却する判決を下したのである。

第二に、地裁レベルで原発訴訟が行われていた一九七九年一〇月に、裁判官が集まって法令解釈などについて協議する、最高裁事務局開催の会合で、付近住民に行政処分取り消し訴訟を起こす原告適格を認めるかどうかについて議論がなされた。このとき最高裁事務総局行政局の担当者は、議論の締めくくりとして、賛否両論を示しつつも、原発事故が起きる確率はきわめて小さいので、否定する考え方に立っても不都合は生じないと明言している。

第三に、一九九八年一〇月の同会合では、原発訴訟の審理方式について議論がなされた。そのときに、原発については高度の専門技術的知識が必要なため、そのような判断をするのにふさわしいスタッフを擁している行政庁の判断を尊重して審査に当たるべきであり、裁判所は、行政庁の判断に合理性、相当性があると言えるかどうかという観点から審査をすれば足りるとの見解が示された。これは、後述する一九九二年一〇月の最高裁判決でとられた考え方と非常によく似ており、この時点で最高裁の見解は固まっていたということである。[89]

とはいえ、原発の運転差し止め判決を出した裁判官もいる。その裁判官は判決後、人事で冷遇されることはなかったという。[90]

裁判官個人の考え

電力会社や最高裁の権力とは無関係に、裁判官が原発の建設や運転を差し止める判決を出すことを躊躇する理由もある。第一に、原発の安全性をめぐる議論は高度に専門技術的であるため、科学技術には素人の裁判官には、その是非を判断することが難しく、原発の建設・運転差し止めという社会的影響の大きい判断にまでは踏み込みにくいことが挙げられる。原発訴訟で初めての最高裁判決となる、一九九二年一〇月二九日の伊方原発一号炉設置許可取り消し訴訟の最高裁判決では、行政庁の審査指針は、専門家の科学的・技術的知見を動員して作られたものであるから、司法としては見逃しがたい誤りがない限り、行政庁の判断を尊重するという考え方が示された。その後の裁判では、この「専門技術的裁量論」という考え方が採用されることになる(91)。

第二に、福島第一原発事故以前には、原発の安全性について不安感を持ちつつも、原発なくして電力需要は賄えないのだから、原発稼働はやむを得ないというのが、国民の多くの考えであり、裁判官の多くもそのように考えていたということが挙げられる(92)。国民と同様に「原発安全神話」を信じていた裁判官も多かったであろうし、裁判官も世論には敏感である。

つまりこれは、後述する「三次元的権力」の行使が、多くの国民のみならず、裁判官に対しても成功していたことを示している。

最後に、裁判の判決内容に影響を与えたとは考えにくいものの、裁判官の中立性への信頼を損ねた事例を挙げておく。一九九二年の伊方原発一号炉訴訟と福島第二原発一号炉訴訟で、住民側の設置許可取り消し請求の上告を棄却した最高裁判事の味村治は、一九九四年に退官した後、一九九八年に東芝の社外取締役に就任している(93)。

9　マスメディアに対する電力業界の権力

電力業界のマスメディアに対する権力行使

電力会社が原発推進のために、マスメディアへ影響力を行使したり、広報活動により世論を誘導したりする事例は、枚挙に暇《いとま》がない。(94) 歴史的にも、マスメディアが原子力平和利用のキャンペーンを行うことで、被爆国の日本で原発が熱狂的な世論の支持を受けて導入されたこと、また原発の立地反対運動が盛んになると、電事連が広報体制を強化したこと、さらに「ヒロセタカシ現象」に対して、原子力広報がいっそう強化されたことは、すでに見てきた通りである。また電力会社のみならず、政府も原発推進のための広報活動を熱心に行っている。(95)

電力会社が原発に批判的な報道に抗議を行い、そうした報道をやめさせるのは、わかりやすい権力行使の例である（これは政治学で言うところの「多元主義的権力」の行使にあたる）。これに対し、電力会社がマスメディアに原発ＰＲの広告を出稿することで、マスメディアの原発に対する批判の矛先が鈍るとすれば、これは、ピーター・バクラックとモートン・バラッツが論じた「非決定権力」の行使ととらえられる。「非決定権力」とは、政策決定者の価値や利益に対する潜在的・顕在的挑戦を抑圧し、挫折させる権力、あるいは争点化されるべき問題が争点化されないように妨害し、政策決定過程から排除する権力のことである。(96) マスメディアは、原発に批判的な報道を行おうとしても、巨大な広告主である電力会社に気兼ねして、それを行えなくなるのである。

さらに、原発推進の広報活動により原発の重要性を国民に「刷り込み」、多くの国民が原発の必要性に疑いを持たなくなった状況については、「三次元的権力」が行使され、それが成功していたと解釈することができる。「三次元的権力」とは、スティーブン・ルークスが提示した概念で、人々の知覚、認識、さらには選好までも形作り、権力を行使される側が自身の客観的な利害を認識できないようにする権力のことであり、ルークスは、これこそが権力の至高の、しかも陰険な行使なのだと主張する。この権力を行使される側は、自らの客観的な利害、「本当の利益」を認識することができず、不平不満を持つどころか、自分たちが操作されていることさえ認識できなくなり、争点そのものが生じることもなくなるのである。(97)

マスメディア向けの広告宣伝費

次に、電力業界がマスメディアと具体的にどのような関係を築いていたのかを見ていこう。まず、マスメディア全体に対する影響力を資金面から見ておく。電力一〇社の普及開発関係費（広告宣伝費のほか、原発ＰＲ施設の運営費なども含む）は、二〇一一年三月期で八六六億円である。このうち東電の支出は二六九億円に上り、その内訳はテレビ・ラジオ放送七〇億円、広告・広報掲載四六億円であった。(98) また電事連の広告宣伝費も、年間約二〇億円に上る。(99)

電力業界とテレビ局の関係

テレビ局と電力会社の経営レベルでの関係も深い。東日本大震災の発生時、フジテレビの親会社

「フジ・メディア・ホールディングス」の社外監査役には南直哉・東電元社長が、テレビ東京ホールディングスの社外監査役には荒木浩・東電元会長が就いていた。テレビ朝日は二〇一一年五月まで、勝俣恒久・東電会長を放送番組審議会の委員に迎えていた。また、愛知の主要五局のうち四局は役員を、残る一局は放送番組審議会委員を、中部電力から受け入れている。朝日新聞「原発とメディア」取材班によると、『日本民間放送年鑑2010』に掲載された二〇一社のうち、少なくとも六一社で、主要株主に電力会社名が確認できたり、番組審議会委員に電力会社幹部らの名前が確認できたりしたという。(100)

原発を批判的に取り上げたテレビ番組に対して、電力会社が圧力をかけてきたと見られる事例も多い。ここでは著名な三つの例を簡単に見ておこう。

青森放送『核まいね——揺れる原子力半島』

一九八九年一一月に日本テレビ系列の青森放送が、六ヶ所村の核燃料サイクル施設建設に反対する女性の動きを追った、『核まいね——揺れる原子力半島』を制作し、ローカル番組『RABレーダースペシャル』の枠で放送した。「まいね」とは、津軽地方の方言で「だめだ」という意味である。この番組に対しては、科技庁から事実誤認があるとして番組内容を訂正するよう要求があり、日本原燃からも圧力がかけられたという。しかし、全国ネットの『NNNドキュメント』でも放送され、好評のためシリーズ化された(計七本)。

ところが、報道部門出身の社長が退任させられ、総務・営業畑の人物が社長に就任すると、その新社長は、パーティーの席などで『レーダースペシャル』を誹謗する発言を行い、高視聴率であったにもかかわらず『レーダースペシャル』の放送終了が決定される。さらに、番組の母体である報道制作部は解体された。

広島テレビ『プルトニウム元年』

一九九二年から九三年にかけて日本テレビ系列の広島テレビが、英仏の核燃料再処理工場や周辺住民の様子を紹介するとともに、六ヶ所村の再処理施設の是非を問う、『プルトニウム元年』Ⅰ、Ⅱ、Ⅲを制作し、『ＮＮＮドキュメント』で三回にわたり全国放送される。この番組は、日本ジャーナリスト会議奨励賞や、「地方の時代映像祭」大賞（グランプリ）を受賞するなど、高く評価された。

ところが一九九三年夏に、中国電力、そして電事連の広報がテレビ局に来訪し、その後、中国電力がスポーツ番組のスポンサーになる話がとりやめになってしまう。さらにスポットＣＭも引き上げられ、年間一〇〇〇万円（推定）の減収となった。一九九五年春に、番組制作の中心者四人は営業局に異動になる。

毎日放送『なぜ警告を続けるのか～京大原子炉実験所〝異端〟の研究者たち～』

二〇〇八年一〇月に大阪の毎日放送は、「熊取六人衆」と呼ばれる反原発の研究者の活動を追った、『なぜ警告を続けるのか～京大原子炉実験所〝異端〟の研究者たち～』を放送する。この番組に対しては関電から申し入れがあり、原子力の安全性について、関電社員を講師とした勉強会が社内で行われることになる。さらに、高浜原発を見学するバスツアーも行われた[101]。

電力業界と記者の関係

電力業界とメディアの癒着関係と言えば、東日本大震災のときに、勝俣恒久・東電会長が「愛華訪中団」の団長として、毎日新聞元主筆や中日新聞相談役、西日本新聞元東京支社長、『週刊文春』元編集長で『月刊WiLL』編集長の花田紀凱、『週刊現代』元編集長の元木昌彦らマスメディア関係者らとともに、中国に滞在していたことが記憶に新しい。「愛華訪中団」は二〇〇一年に始まり、参加者の自己負担は一人五万円。視察旅行の費用は二〇人強で四〇〇万～五〇〇〇万円ほどで、これを日中双方で折半し、日本側負担金のうち半分は、東電、関電、中部電力が拠出していた[102]。

このように電力業界は、記者個人をターゲットとした接待も行っている。二〇～三〇年前の話ではあるが、電力業界を取材する「エネルギー記者会」には、夕方になると電事連からビールやつまみが提供され、その後、記者たちは電力各社の広報担当者らの接待を受けていた。帰りのタクシー券までもらう記者もいた。電力会社は、飲み会や土産付きの原発見学会も開いていたという[103]。

一九九〇年代に大手紙科学部にいた記者も、電力会社は、科学部や経済部の記者に対して接待を行っていたと証言している。原発見学ツアーに始まり、その後、交遊が深まれば、高級クラブやゴルフなど、金に糸目はつけないといった感じで接待が行われ、東電や電事連のツケで遊ぶことが当然のようになっていく。これを記者たちは、「電事連トラップにハマった」と揶揄していたという。

親しくなった記者には、電力会社にとって不都合な極秘資料を渡したり、幹部へのインタビューを設定したりするなどの便宜を図ってくれる。海外出張の際には現金を渡し、異動になれば送別会を開くこともあった。さらに電力会社の斡旋で、経産省総合資源エネルギー調査会の電気事業分科会や原子力安全・保安部会といった審議会、電力会社の会費で運営されている海外電力調査会や電中研の委員に就任させてもらうこともある。(104)

記者の「天下り」

電力関連団体には、記者の「天下り」先まで用意されている。電中研は、新聞社OB四人、放送局OB一人、通信社OB一人を研究顧問として受け入れており、平均契約期間は約六年だという。研究顧問をしていた元朝日新聞記者の志村嘉一郎によると、研究者の原稿をわかりやすく書き直すのが仕事で、出勤は週二、三回、報酬は月二〇万円であったという。

日本原子力文化振興財団には、朝日新聞論説委員（後に論説主幹）として原子力社説を担当し、「イエス・バット」の原則を確立させた岸田純之助が監事に就任していた。「イエス・バット」の原則とは、記事執筆の際の方針として、国策である原発推進には賛成し、その代わりに軍事転用しないことや安全性・経済性を確立することといった条件もつけるというもので、原発そのものに反対する主張は認められなかった。岸田は退社後、関電が創刊した同社広報誌『縁』の監修者となり、関電が発足させた原子力安全システム研究所の最高顧問にもなっている。

日本原子力文化振興財団は、月刊誌『原子力文化』を発行しており、その編集部には鶴岡光廣・元毎日新聞記者がいる。創刊以来、『原子力文化』に登場したマスメディアの幹部、記者は八〇人以上に上る。その常連で、電中研名誉研究顧問である中村政雄・元読売新聞論説委員は、全国各地で講演を行い、「原子力の安全宣伝部長」と評されていた。さらに、朝日新聞元科学部長やNHK元解説委員とともにNPO「原子力報道を考える会」をつくり、日本のメディアの原子力報道は危険一辺倒であるとして、その「偏向」を批判していた。

このほか、財団法人日本原子力産業協会では、鳥井弘之・元日本経済新聞論説委員が理事を務めている。元読売新聞編集委員の新井光雄は、社団法人海外電力調査会から一般財団法人日本エネルギー経済研究所へと渡り歩き、「渡り鳥」官僚ならぬ「渡り鳥」記者となっている。[105]

くわえて東電は、一九八九年に創刊された情報誌『SOLA』をすべて買い上げ、無料で顧客らに配布してきた。『SOLA』の編集には朝日新聞OBが深く関わり、江森陽弘・元編集委員、田中豊蔵・元論説主幹らの対談記事が掲載されていた。田中の対談相手には、[106]荒木浩・東電会長、加納時男・参議院議員（いずれも当時）もおり、原発推進について語り合っていた。

電力会社の懐柔策

一方で、都合の悪いことを書かれそうになると、懐柔しに来る場合もある。朝日新聞記者の奥山俊宏は、二〇〇二年八月に発覚した東電の原発トラブル隠しを取材し、東電社員が通産省に対して、事実を把握しながら何も知らなかったかのように虚偽報告を行っていたことをつかんだ。二〇〇三年一二月に、そのことを記事にし、この経緯を出版予定だった単行本に掲載するため確認取材をしていたところ、東電関係者から「単行本をまとまった冊数で買い上げることができる」と持ち掛けられたという。[107]

月刊誌で「東電OL殺人事件」を連載していた作家の佐野眞一には、東電の広報担当者から、釣りを名目にした接待の誘いが来た。「狙いが、タイトルから〝東電〟を外してもらうことは明らかだった」。担当者は、「自分は月に三百万円なら自由に交際費が使える」と豪語していたという。[108]

電力会社と雑誌の関係

雑誌についても見ておこう。電力業界の広告が多数出稿されている雑誌では、原発に対する批判的な記事など皆無で、電力会社の事故や不祥事が起きるたびに、電力会社を擁護するような記事が掲載されていた。

さすがに原発事故後は、そうした過去がなかったかのように、東電批判を始める雑誌もあったものの、依然として東電への批判を行わない雑誌もあった。たとえば花田紀凱・編集長の『月刊WiLL』六月号では、「福島の放射能、恐るるに足らず」、「歪んだ『東電叩き』の陥穽」といった記事が並んでいる。また『週刊新潮』の関係者によると、社内では経営陣から、「東電、原発の露骨な批判はするなという指示が出ている」という。[109]

電力業界と地方紙の関係

地方紙にも原発マネーは及んでいる。高レベル放射性廃棄物の最終処分場を探すため、二〇〇〇年に原子力発電環境整備機構（NUMO）が発足した。NUMOは、九電力会社、原電、電源開発といった発電用原子炉設置者と、日本原子力研究開発機構、日本原燃といった再処理施設設置者などから納付された拠出金および運用益で運営されている認可法人で、職員八〇人のうち五〇人超が電力会社からの出向者である[110]。NUMOは最終処分場公募のPRなどを目的として、二〇〇〇年度から一〇年度にかけて広報活動費を計一八〇億円以上使っていた。その中には、地方新聞の紙面に、その新聞の論説委員が司会を務める座談会を掲載したものもあった。

資源エネルギー庁も、毎年全国一〇ヵ所以上で、使用済み核燃料の最終処分場の必要性を訴える「全国エネキャラバン」と題したシンポジウムを開催している。主催者には必ず地方新聞社が入り、地元テレビ局やラジオ局が後援に名を連ねる。地方紙は後日、シンポジウムの内容を紙面で詳しく紹介している[111]。

10 世論対策

市民団体の活用

電力会社は、原発推進のPRを行う市民団体やNPOにも資金を流している。

二〇一〇年三月一一日からの一年間で、読売新聞には原発広告が一一回、掲載されている。そのうち約五割の広告主となっているのが、「フォーラム・エネルギーを考える」という団体である。これは一九九〇年に、エネルギーについて生活者の立場から考えるために、社会経済国民会議（現・日本生産性本部）内に発足したという団体で、全国で原発推進のシンポジウムを開催している。代表は作家の神津カンナで、これまでのメンバーには、山名元・京都大学教授（原子核工学。後に原子力損害賠償・廃炉等支援機構理事長に就任）、山地憲治・東京大学名誉教授（エネルギーシステム工学）、茅陽一・東京大学名誉教授（エネルギーシステム工学）といった、原子力関連ではお馴染みの研究者のほか、吉村作治・早稲田大学名誉教授（エジプト考古学）、渡辺利夫・東京工業大学名誉教授・拓殖大学元総長（開発経済学）、小泉武夫・東京農業大学名誉教授（農学・発酵学）、元衆議院議員の中林美恵子・早稲田大学教授（国際公共政策）といった他分野の研究者、読売新聞論説委員の松田英三や元読売新聞記者で科学ジャーナリストの東嶋和子、舛添要一・前東京都知事、山谷えり子・参議院議員といった政治家、堺屋太一、堀紘一、木元教子、大宅映子といった評論家、フリーアナウンサーの露木茂、木場弘子、宮崎緑、タレントの安藤和津、ケント・ギルバート、ダニエル・カール、増田明美、三屋裕子など多数の著名人が名を連ねている。ところが、この団体の資金は、電事連からの巨額の寄付金で賄われていると言われ、事務局は電事連と同じく経団連会館の中にある(112)。

また、青森県下北地区で二〇〇〇年に企業関係者らが設立したNPO法人「エッグ」は、政府や自民党の関係者、地元自治体関係者らを集めて、エネルギーフォーラムを開催している。このフォーラムには、電事連、東北電力、東電、電源開発、日本原燃などが協賛し、数百万円単位の協賛金を提供している。フォーラムでは、電力会社も出展ブースで自社施設などのPRを行っている(113)。

このほか、チェルノブイリ原発事故以後、高学歴の主婦層が反原発運動に加わるようになったため、北陸電力や電源開発などが女性団体を組織化し、原発推進のワークショップを行わせている(114)。

教育現場への介入

電力会社は、原子力教育を推進するため、教育現場にも働きかけていた。電力会社は、交通費を負担して、教科書会社の編集者を浜岡原発や柏崎刈羽原発の見学ツアーに招いていた[115]。

また、東電の幹部も役員を務める「日本原子力学会」は、一九九六年以降、小中高で使う教科書で原子力がどのように書かれているのかを調査し[116]、結果を提言としてまとめ、文科省教科書課に持参したり、各教科書会社に郵送したりしている。

二〇〇九年一月にまとめられた提言では、原発について安全面で「不安」や「疑問」との言葉を用いている教科書に対して、「『課題が残っている』との表現が適切」と注文を付けている。また中学校理科・社会科の教科書では、全体として自然エネルギーへの期待が過大だと批判している。さらに、小学校の理科・社会科で原子力エネルギーを教えること、中学校の理科・社会科で核燃料の「リサイクル」を教えること、中学校の理科で放射線利用の実例や原子力の安全性、自然放射線の存在について教えるとともに、自然放射線の測定実験を行うこと、中学校の社会科で世界の原子力利用拡大の流れを教えることなどを提言している。くわえて二〇一一年度から実施予定の新学習指導要領について、「原子力発電を今後どれだけ増やせるかが、資源問題と環境問題の解決の成否を決定付けると言えます」、「高速増殖炉とその燃料サイクル技術が完成すれば、ウランの利用可能年数は数千年に延び、実質的に資源の枯渇を考える必要はなくなり、持続的に温室効果ガスの排出を抑制することができます」、「原子力施設の事故が起きる可能性を記載するだけでなく、原子力施設の安全性は高く、実際にはガン、自動車事故などよりもリスクが十分小さいことを併せて教えるべきであります」というような内容を入れるべきとも提言している。

実際のところ文科省は、この原子力学会の意向を受け入れて教科書検定を行っているようである。[117] 文科省が二〇〇五年四月に公表した中学公民の検定内容では、八社の教科書すべてに検定意見が付けられ、修正がなされた。「原子力について問題を強調しすぎだ」として、原発の危険性を薄めたり利点を入れたりする修正が五点、自然エネルギーの課題を入れる修正が六点であった。具体例を挙げると、「原子力発電には、いったん事故を起こすと広い範囲にわたって深刻な被害をもたらす危険がある」という文章から「事故」の言葉を消す、チェルノブイリ原発事故の記述を本文から注に移して、扱いを小さくする、ヨーロッパで脱原発が進むという記述を削除して、代替エネルギーに課題があることを説明する、といった修正がなされた。

さらに副読本として、二〇一〇年春には経産省資源エネルギー庁と文科省が発行した『わくわく原子力ランド』（小学生用）、『チャレンジ！　原子力ワールド』（中学生用）が配布されている。後者には、「原子力発電所を建てる際は、周囲も含めて詳細な調査を行い、きわめてまれではあるが、予定地に大きな影響を与えるおそれのある地震を想定し、それを考慮して重要な施設がこわれないような設計を行っています」、「大きな津波が遠くからおそってきたとしても、発電所の機能がそこなわれないよう設計しています。さらに、これらの設計は『想定されることよりもさらに十分な余裕を持つ』ようになされています」と記され、「ココがポイント」というコーナーには、「原子力発電所では、事故を未然に防ぎ、事故への発展を防止する対策が取られている」、「原子炉は放射性物質を閉じこめる五重のかべで守られている」、「大きな地震や津波にも耐えられるよう設計されている」と明記されていた[118]。

11　東電の権力の源泉

以上、本章では、東日本大震災以前における東電の政治権力・経済権力について検討してきた。東電の権力の源泉は、電気事業法で認められた総括原価方式にあった。それによってもたらされた資金力により、巨大調達企業として経済界で圧倒的な影響力を誇るとともに、財界でも強い影響力を保持してきた。自民党の政治家には票とカネを提供することで、その力を借り、電力会社の影響力を削ごうとする監督官庁の試みを粉砕してきた。一方で、自民党に対峙する民主党にも、労組を通じて票とカネを提供し、原発推進へと向かわせた。監督官庁や原子力安全規制機関とは接待や天下りの受け入れを通じて、大学の研究者とは研究費や寄付講座の提供を通じて、ともに癒着し、規制を骨抜きにしてきた。立地自治体に対しても、カネの力を使って原発設置への同意を得てきた。くわえて、巨額の広告宣伝費を使ってマスメディアも懐柔し、原発への批判を抑圧してきた。その圧倒的な権力に驕り、エセ市民団体を組織したほか、教育現場にまで介入して、世論操作を目論んだ。

このように東電は、一民間企業としては考えられないほどの絶大な権力を有し、それを原発推進のために行使してきた。東電が、原発の「安全神話」を作り上げ、数多くの警告を無視し続けることができた背景には、こうした権力構造があったと考えられるのである。

もっとも東電は、福島第一原発事故後、実質的に国有化され、その権力は大きく損なわれた。その結果、電力自由化が進展し、脱原発の世論も強くなっている。しかし、ここまで見てきた影響力関係は、いくつかはそのままの形で、またいくつかは別の形で残存している。それゆえ、ときの首相が脱原発を唱えても、猛烈な抵抗が起きて脱原発政策が進まないという事態に陥ることになった。このことについては、次章以降で見ていく。

第6章

菅直人と原子力ムラの政治闘争

●脱原発をめぐるせめぎ合い

第6章と第7章では、東電福島第一原発事故後、二〇一二年一二月の政権再交代までの期間における民主党政権の電力・エネルギー政策を、原子力政策を中心に概観する。福島第一原発事故を契機に、菅直人首相は「脱原発」宣言を行い、野田佳彦首相のもと、二〇一二年九月一四日にエネルギー・環境会議は、「二〇三〇年代に原発稼働ゼロを可能とするよう、あらゆる政策資源を投入する」と明記した「革新的エネルギー・環境戦略」を決定する。

ところが、民主党政権の脱原発路線は、実のところ看板倒れであった。その一方で、福島第一原発事故以前には、ほとんど進まなかった電力自由化政策は、急速に進展することになる。民主党政権下で「脱原発」政策がとられようとしたものの、それが「まやかし」に終わったのはなぜか、その民主党政権で、電力自由化政策が進んだのはなぜか、その理由を明らかにするのが、本章と次章の課題である。

本章ではまず、福島第一原発事故により経営破綻の危機に瀕した東電を、政府が救済した経緯を示す。次に、それと並行して菅直人首相が、脱原発を進めようとする一方、政権運営を批判されて退陣するまでの経緯をたどる。続いて次章ではまず、野田佳彦内閣で東電が実質的に国有化されるまでを追う。それから、野田内閣での電力・エネルギー政策の決定過程を概観する。本章と次章で記述される事実関係については、大鹿靖明、安西巧、遠藤典子、町田徹、山岡淳一郎、仙谷由人、菅直人らの著書によるところが大きい。

1　東電への緊急融資

金融市場から見捨てられた東電

二〇一一年三月一一日に東日本大震災が発生し、福島第一原発事故が起きる。東電の株価は急落し、三月一〇日の終値が二一五三円だったのが、一六日には二七年ぶりに一〇〇〇円を割り込んだ(1)。三月三〇日には五〇〇円割れ、四月五日には上場来最安値となる三六二円となり、六日には一時三〇〇円割れ(2)、六月九日には一四八円にまで落ち込む。

金融市場では、東電の債務超過への転落が疑われるようになり、社債の格付けも急落する。米格付け会社のムーディーズ・インベスターズ・サービスは、三月一八日から六月二〇日にかけて、東電の電力債の格付けを「Aa2」から投機的水準の「Ba2」まで引き下げた。(3) スタンダード・アンド・プアーズも、三月一八日から五月三〇日にかけて、東電の電力債の格付けを「AAマイナス」から投機的水準の「BBプラス」まで引き下げた。(4) 社債（電力債）の国債に対するスプレッド（上乗せ金利）も急上昇する。残存一〇年物で震災前は〇・一パーセントであったスプレッドが、四月初めには二パーセント強、(5) 四月半ばごろには四パーセント近くまで上昇し、投機的格付け債権と同様の扱いとなっていた。

この影響は他の電力会社にも広がり、関電は四月二五日の約八〇〇億円の社債償還には長期借り入れで対応し、九電と中国電力は社債発行を中止する。社債発行見合わせは他の業界にも広がり、社債市場は機能不全に陥った。(6)

東電への緊急融資

電力債での資金調達が絶望的となった東電は、資金繰りが急激に苦しくなった。四月以降の新しい会計年度（二〇一二年三月期）には、社債の償還と長期借入金の返済に七五〇〇億円が必要であった。くわえて稼働を停止した原発に代わって火力発電所を動かすために、石油や天然ガスなど燃料の調達費用約五〇〇〇億円が必要であったし、震災で壊れた火力発電所や送電網の復旧にも費用がかかる。そこで東電は早くも三月一八日に、主要行に対して一兆九〇〇〇億円の緊急融資を要請している。メーンバンクの三井住友銀行に六〇〇〇億円、みずほコーポレート銀行に五〇〇〇億円、三菱東京UFJ銀行と住友信託銀行にそれぞれ三〇〇〇億円など、各行の融資残高を考慮し、それぞれに割り当てた融資額を要請した。

この時点では、東電はまだ強気であった。借り入れ条件として「無担保」、「全額三～一〇年の長期借り入れ」、「金融機関の貸し出しスプレッドは震災前とほぼ同水準の〇・一～〇・一五パーセント」を提示したという。

これまで社債への依存度が高く、銀行からはあまりお金を借りない東電からの融資の要請を、銀行側は好機到来と見た。だが、原発事故を起こした東電は債務超過に転落し、資金繰りもつかなくなる可能性が高かった。銀行側はリスクを減らすため、「せめて半額は一年以内の短期融資で」と注文を付けた。しかし東電は、その注文を拒絶し、「短期ならいらない」と回答したという。結局、長期で三〇〇〇億円の融資を求められて半額の一五〇〇億円しか応じなかった住友信託銀行を除き、銀行側は東電の条件を受け入れた(7)。

経産次官のお墨付き

しかし、銀行は不安であった。緊急融資がまとまった直後の三月二五日に、全国銀行協会（全銀協）会長でもあった奥正之・三井住友銀行頭取が、松永和夫・経産事務次官を訪問する。奥は、東電免責の確約を得ようとしたという。それに対し松永は、日本経済新聞によると、「我々も責任をしっかり負う。金融機関も支えてほしい」と語ったという。また大鹿靖明によると、「融資には事実上の政府保証がついていると考えてもらっていい」と受け取れる発言があり、三井住友側は、「次官から口頭で融資をしても大丈夫というお墨付きを得た」との印象を得たという。

間もなく各行に、「経産次官が三井住友に約束してくれた」、「経産次官が東電の債務を保証した」という噂が広まり、三月三一日までに八金融機関が約一兆九〇〇〇億円の緊急融資を行う。これにより東電は、当座の資金ショートを回避した。(8)

各行は、次に述べる「原子力損害の賠償に関する法律」(以下、原子力損害賠償法)第三条第一項の免責規定により、東電が損害賠償義務から免責されることを期待していた。また、原発から火力発電へのシフトによるコスト増分は、総括原価方式により電気料金に転嫁できると考え、融資を決断したという。(9)

原子力損害賠償法の免責規定

一九六一年に制定された原子力損害賠償法では、第三条第一項で「原子炉の運転等の際、当該原子炉の運転等により原子力損害を与えたときは、当該原子炉の運転等に係る原子力事業者がその損害を賠償する責めに任ずる」とされた。事業者に過失があろうとなかろうと、事業者に損害賠償責任を負わせる「無過失責任」である。このため電力会社は、国が設けた原子力損害賠償責任保険に強制加入しており、原子力発電所の一事業所あたり一二〇〇億円までは、政府が電力会社に保険金を支払うことになっていた(法制定時は五〇億円で、その後、段階的に引き上げられていた)。ただ、電力会社が支払う損害賠償額には限度額が設けられてはいなかった。つまり、「無限責任」が採用されており、一二〇〇億円を超える分については電力会社が支払うことになっていた。

ただ、第三条第一項には続きがあった。「ただし、その損害が異常に巨大な天災地変又は社会的動乱によって生じたものであるときは、この限りでない」という「免責規定」が置かれていたのである。この免責規定について、一九六〇年五月一七日の衆議院科学技術振興対策特別委員会で原子力損害賠償法案の提出理由の趣旨説明を行った中曾根康弘・科学技術庁長官は、「ただし、異常に巨大な天災地変等によって損害が生じた場合まで、原子力事業者に賠償責任を負わせますことは公平を失することとなりますので、このような不可抗力性の特に強い特別の場合に限り、事業者を免責することといたしたのであります」と述べている。「天災地変」については翌日の答弁で、「関東大震災の三倍以上の大震災、あるいは戦争、内乱というような場合」と補足説明している。科技庁の官僚たちは、巨大隕石が原発に激突することや、大きな戦争を想定していたという。東日本大震災はマグニチュード九・〇で、エネルギーでは関東大震災の四五倍にあたる。銀行は、ここに着目し、免責規定が適用されると考えたのである。

さらに第一六条第一項では、「政府は、原子力損害が生じた場合において、原子力事業者（外国原子力船に係る原子力事業者を除く。）が第三条の規定により損害を賠償する責めに任ずべき額が賠償措置額をこえ、かつ、この法律の目的を達成するため必要があると認めるときは、原子力事業者に対し、原子力事業者が損害を賠償するために必要な援助を行なうものとする」と定められ、第二項では、「前項の援助は、国会の議決により政府に属させられた権限の範囲内において行なうものとする」と定められている。この法律の目的とは、第一条で「被害者保護」と「原子力事業の健全な発達」と定められている。池田正之輔・科技庁長官は、一九六一年四月一二日の衆議院科学技術振興対策特別委員会で、政府の援助について、「一人の被害者も泣き寝入りさせることなく、また、原子力事業者の経営を脅かさせないというのが、この立法の趣旨でございます」と答弁している。

想定されていなかった大規模な原発事故

ところが第一七条では、「政府は、第三条第一項ただし書の場合（中略）、被災者の救助及び被害の拡大の防止のため必要な措置を講ずるようにするものとする」としか書かれていない。中曾根康弘・科技庁長官は、一九六〇年五月一八日の衆議院科学技術振興対策特別委員会で、「必要な措置」について、「これは災害救助法もございましょうし、ともかく、戦争や内乱が起きた場合に、国が乱れていろいろな事故が起きる、そういう場合におけるいろいろな応急措置、その他全般が入るわけでありますので、今からどうというように限定するわけには参りません。少なくとも、災害救助法程度のことはやるという、最低限のことは言えると思いますが、それ以上は、そのときの情勢によって、政府なり国会なりがきめることになるだろうと思います」と述べ、さらに、「第三条におきまする天災地変、動乱という場合には、国は損害賠償をしない、補償してやらないのです。つまり、この意味は、関東大震災の三倍以上の大震災、あるいは戦争、内乱というような場合は、原子力の損害であるとかその他の損害を問わず、国民全般にそういう災害が出てくるものでありますから、これはこの法律による援助その他でなくて、別の観点から国全体としての措置を考えなければならぬと思います。戦争のような場合に船が沈む、その保険の支払い等いろいろな問題も出てきましょうし、戦災にあうこともございましょう。従って、そういう異常巨大な社会的動乱あるいは天災地変というような場合には、これは別個のもので取り扱われるので、その限りにおいては、政府に法律上責任はない、そういうことになるのであります」と答弁している。

つまり、第三条の免責規定にあてはまるような天災地変、動乱が起きた場合には、国民全体に影響が出るため、もはや原子力損害賠償法上の問題とはならず、そのときにどうするか考えなければならないというのである。(10)

とはいえ、被害者が救済されずに済むはずはない。これはまさに法の不備であり、原子力損害賠償法は、そもそも大規模な原子力事故を想定していなかったと考えざるを得ない。それゆえ原発事故後には、新たな賠償制度が設計されなければならなくなったのである。

あらかじめ裏切られていた被災者

実のところ原子力損害賠償法は、一九五七年九月に成立したアメリカの原子力損害賠償法(プライス・アンダーソン法)にならってつくられたものである。当時、アメリカでは、政府の目論見に反して、民間企業は原子力発電への参入に消極的であった。それは、保険会社が原子力事故発生時の被害の大きさを考慮し、保険の引き受けを拒否していたからである。そこでアメリカ政府は、原子力災害に対して最大五億六〇〇〇万ドルまでを補償するとし、うち政府が五億ドル、民間保険会社は六〇〇〇万ドルを補償するとしたプライス・アンダーソン法を制定した。この際、アメリカ原子力委員会は、ブルックヘブン国立研究所に委託して、事故が起きたときの被害のシミュレーションを行っている。その報告書「WASH-740」で算出された被害予想額は、七〇億ドルであった。

日本原子力産業会議で原子力損害賠償法の制定に関与した森一久によると、アメリカの原子力関係者は、民間保険会社が請け負う補償額が六〇〇〇万ドルになった理由について、民間保険会社が保険金をプールするために集めることができた金額が六〇〇〇万ドルで、これ以上は払えないと主張したため、その金額になったと説明したという。

プライス・アンダーソン法が制定されると、アメリカのメーカーは、日本に原子炉を輸出できるようにするには、日本でも損害賠償法が必要だと要求してきた。そこで科技庁の委託を受けて日本原子力産業会議が、東海村で建設が予定されていた原発で事故が起きたときの被害のシミュレーションを行った。最悪のケースとされた三七万テラベクレルの放射性物質が放出された場合の被害シミュレーションでは、死亡者は七二〇人、健康面で要観察となる人数は三一〇〇人、退避や移住を強いられる人数は三六〇万人、農業制限が及ぶ地域は三万七五〇〇平方キロメートルとなり、これらによる損害額は、当時の日本の国家予算が年間一兆七〇〇〇億円のところ、総額で三兆七三〇〇億円になったという。

試算に続いて行われた原子力損害賠償法の骨子作りは、難航した。森らは、国家も賠償責任を負うべきと主張し、大蔵省に掛け合ったものの、「私企業の事故に国が補償するなどあり得ない。顔を洗って出直してこい」と拒まれた。森らは、「全く新しい科学技術を使うのだから、従来の責任の観念を変えるのは当たり前のことだ」として、「幸か不幸かアメリカもそういう法律ができあがっている。同じような制度がない国には原子炉を売らないと言っている」と反論したという。結局、議論の結果、「無過失責任」、「無限責任」が採用され、政府の役割は「援助」にとどめられる一方で、「異常に巨大な天災地変」の場合の「免責規定」が盛り込まれ、しかし、その場合は国も賠償義務を負わないな

ど、曖昧な妥協案が採用されることになったのである。(11)

つまり、大規模な原子力災害が起きた場合、十分な損害賠償が不可能なことは、法の制定当初からわかっていたことなのであった。使用済み核燃料の処分先も考えずに原発を増やしていったのと同じく、長期的な展望を欠いた無責任な政策がとられていたのである。

2　東電支援スキームの策定

仙谷由人の内閣官房副長官就任

三月一七日に菅直人首相は、仙谷由人・前官房長官に電話をかけ、「原発事故の収束以外の問題をお願いします」と、内閣官房副長官への就任を要請する。仙谷の任務は二つあり、第一の任務は被災地支援であった。菅首相、枝野幸男・官房長官、海江田万里・経産大臣、細野豪志・総理大臣補佐官らは原発事故の収束に掛かりきりで、首相官邸から被災地支援を指揮する司令塔役がおらず、閣内にも適任者がいなかったからである。第二の任務は東電の経営問題への対応であった。仙谷は、菅から電話を受けたときから、「この三月の決算を、果たしてどう乗り切るか」と考えており、枝野からは、「仙谷さん、もうすべてお任せします」と言われていた。同日、仙谷は、高齢を理由に辞任する藤井裕久に代わって内閣官房副長官に就任し、その日のうちに「被災地生活支援特別対策本部」を設置して、救援物資や人的応援の指示を行った。そのとき、勝俣恒久・東電会長と奥正之・三井住友銀行頭取が、仙谷に面談を求めてきた。

免責を求める東電とメーンバンク

三月二〇日に仙谷は、勝俣、奥と面談する。勝俣は、「『原賠法』の精神に照らせば、ご容赦いただけるのではないでしょうか」と、「免責」を求めてきた。仙谷は、「いや、それは通りませんよ」と断言した。仙谷は、「弁護士としての実務経験からの直感」で、「二つの理由で勝俣の主張は通らないと感じた」。第一に、法的に免責は成り立たないと仙谷は考えた。津波による全電源喪失は想定外にしても、その後の対応には東電の過失がいくつもあり、それらがすべて免責されるとは考えにくいというのである。第二に、免責の法的解釈と国民感情とは別であると仙谷は考えた。免責の法的解釈が成り立ったとしても、何十万もの被害者が、東電と国を相手取って損害賠償訴訟を起こし、係争は何年も続くであろう。そして被告の東電と国の共同不法行為が成立する可能性も否定できないというのが、仙谷の見立てであった。仙谷は、「放射性物質が盛んに放出されているこのときに、『免責』を持ち出すのは論外だ」と反論した。一方で奥は、「東電の資金需要をわれわれだけで賄うことはできません。国はできるだけ早く東電への支援を表明していただきたい。何とか体制維持できるように……」と述べたという(12)。

経産省内では三月下旬から、東電への対応策について検討が始まる。省内では、さまざまな東電処理策、東電救済策、賠償資金捻出策が飛び交った。三月末になると、原発を持つ電力会社に掛け金を拠出させ、その資金を元手に事故時の賠償資金を捻出する「共済方式」が有力となっていた。問題は、事故を起こしたわけではない東電以外の電力会社にも、将来の事故に備えて掛け金を拠出させるという点にあった。一方で財務省主計局からは、東電を、電力供給を担う「グッド東電」と、賠償と事故収束だけを担う「バッド東電」に分ける新旧分離方式が持ち込まれる。この方式は国鉄やチッソでも適用されたもので、主眼は、賠償をする主体を旧東電に負わせて、賠償債務を東電の責任とすることにあった。これに対して、関電出身で電力総連の組織内候補であった藤原正司・参議院議員らは、原子力損害賠償法の免責規定を発動すべきだと主張し、財政負担を嫌う財務省が東電犯人説を流布していると訴えた(13)。

「古賀ペーパー」と「東谷ペーパー」

四月五日に経産省の古賀茂明は、「東京電力の処理策(暫定版)」をまとめ、同期の上田隆之・官房長や、経産省内で東電対応の仕切り役となった資源エネルギー庁の山下隆一・電力市場整備課長らに渡している。このとき古賀は、二〇〇八年から首相が本部長を務める「国家公務員制度改革推進本部」に出向し、経産省の意向に反した改革を進めようとしたことから、「大臣官房付」という閑職に追いやられていた。古賀の案は、二〇一〇年一月に会社更生法の適用を申請して経営破綻したものの、企業再生支援機構の支援を受けて事業は継続した、日本航空(JAL)の処理策に近いものであった。

その案によると、まず東電対策の特別法を策定するとともに、燃料費や設備投資など東電の事業継続に必要な取引は全額保護し、政府保証をつけて資金調達ができるようにすることで、電力供給事業は継続させる。ただし、金融債権については弁済を停止する。その後、被災者への賠償額などがおおまかに判明してきたころに、破綻処理に移行し、一〇〇パーセント減資、債権放棄、経営責任の明確化を行う。これにより五兆円が捻出でき、その分、国民負担が減る。そのうえで、東電を発電会社と送電会社に分離し、さらに発電会社を発電所ごとに発電事業会社に小分けして、発電事業に参入したい事業者に順次売却していくというものであった。これにより、電力自由化や発送電分離に道を開くという狙いが込められていた。くわえて原子力安全・保安院は廃止し、原子力安全委員会を独立性の高い組織に改めることも盛り込まれていた。

古賀は、すでに経産省を退職する覚悟で、『日本中枢の崩壊』という著作を出版するつもりであり、この案が採用されるとは思っていなかった。予想通り、上田隆之・官房長からは、ペーパーを外部に公表しないように命じられるものの、この「古賀ペーパー」はマスメディアで派手に報じられる。(14)

一方で三井住友銀行は、四月八日付で「損害賠償対応スキームのイメージ」と題する資料を作成し、関係省庁や記者に提供し始める。作成者とされた車谷暢昭・三井住友銀行常務の名を取って「車谷ペーパー」と呼ばれたこの案は、特別立法によって、預金保険機構をまねた「原発賠償機構」を新設し、賠償債務を東電から分離させることで、東電が賠償支払い業務から免れることができるというものであった。

「原発賠償機構」の勘定区分は、福島第一原発事故による賠償を賄う「特別勘定」と、将来の他の原発事故に備えたセーフティーネット業務を工面する「一般勘定」に分ける。「特別勘定」は、政府保証をつけて金融機関から調達する借入金と東電の負担金によって賄われる。東電の負担金は、まず原発賠償機構設立時に利益剰余金から一五〇〇億～二〇〇〇億円を一括拠出し、その後、毎年の利益の中から五〇〇億円を一〇年間にわたって支払うこととされた。「一般勘定」は、東電以外の電力会社に負担が義務付けられる保険金によって賄われる。

この案のメリットとしては、「東電を賠償リスクから完全に遮断することが可能（電力安定供給に専念可）」であるとともに、「安定的な社債発行が可能な財務内容の維持が可能」であると書かれていた。これがまさに銀行の狙いで、東電を賠償債務から切り離して、融資の返済を確実にすることを目的としていたのである。大鹿靖明が森信親・金融庁審議官に取材したところによると、実はこの案は、三井住友銀行が経産省の山下隆一の腹案を流用し、銀行に有利なように細部を修正したものであったという(15)。

三井住友案は、国が東電を救済することで、株主や債券投資家、金融機関を救済することに主眼があった。この案には経済界からも、同調する声が上がる。仙谷に免責を訴えていた奥正之・三井住友銀行頭取は、一四日の全銀協会長会見で、免責規定を適用する余地もあるとし、「国が強い支援体制を打ち出して、具体的な対応をしていただきたい」と述べた。その前日の一三日には、米倉弘昌・日本経済団体連合会（経団連）会長が記者会見で、電力不足に対応して経済界がさまざまな節電努力を講じていくことを訴えるとともに、原発事故の賠償問題について、「国の全面支援が当然だ」と主張していた(16)。実はこれまでも米倉は、過剰なまでの東電擁護を繰り返していた。三月一六日には福島第一原発事故について、「一〇〇〇年に一度の津波に耐えているのは素晴らしいこと。原子力行政はもっと胸を張るべきだ」、「原子力行政が曲がり角に来ているとは思っていない」と述べている。四月一一日には、「東電には頭が下がる。甘かったのは東電ではなく、国が設定した安全基準の方だ」、「東電の技術力の高さ、モラルの高さは世界最高であると認識されるはずだ」と語り、さらに、三月一六日から四月七日まで公の場に姿を現さなかった清水正孝・東電社長が、謝罪のために佐藤雄平・福島県知事を訪問したものの面会を拒否されたことについて、「苦境にある者にああいう対応をするのはリーダーとしての資質を疑う」と、佐藤を批判した。そしてこのころから米倉は、東電の免責を唱え始める。(17)

なぜ東電は法的整理されなかったのか

ところが、そうした思惑は打ち砕かれる。財政負担を嫌う財務省の意向が、東電支援スキームに反映されることになったからである。(18) 四月一一日に政府は、海江田万里・経産相を経済被害担当の特命担当大臣に任命して「原子力発電所事故による経済被害対応本部」(後に「原発事故経済被害対応チーム」と改称)を設置し、ここで対応策を策定させることにした。同本部の実質的トップは、同本部の事務局長代理を兼任することになった仙谷由人・内閣官房副長官で、以後、同本部が損害賠償を含む東電の経営問題を担うことになる。さらに同本部の事務局として、「内閣官房原子力発電所事故による経済被害対応室」が設置される。同室のトップは経産省の北川慎介・総括審議官で、同室には経産省、財務省、文部科学省、農林水産省、厚生労働省など、各省からの出向者が集められた(大鹿靖明は約四〇人、仙谷は三〇人としている)。(19)

同室に集まった官僚たちは、福島第一原発事故によって次の五つの複合問題が発生したと認識していた。(20) 第一に、原発事故により発生した被害に対する、巨額の損害賠償の支払い原資を確保することである。第二に、原発事故の収束である。第三に、計画停電を回避し、安定した電力供給を回復することである。第四に、東電が巨額の損害賠償により債務超過に陥ると見られたために失われた電力債の信用を回復して、機能不全に陥った社債市場を安定化し、産業界の資金調達を正常化することである。[21] 第五に、東電に巨額の融資を行っている金融機関の損失発生を回避し、金融システムの安定を維持することである。このような問題認識から、官僚たちは東電を法的整理することはできないと考えた。東電の債務超過を回避して企業として存続させ、事業を継続させることが、官僚たちにとっての大前提であった。[22]

本当に法的整理できなかったのか

こうした認識に対しては、批判の声も多い。たとえば安西巧は、四月に入ってから「永田町や霞が関ではこんな説がしきりに流れ始めた」、「いずれも『東電を潰せない』理由を挙げたものだ」、「こうした『東電存続』の流れの裏で動いていたのは、やはりメーンバンクの三井住友銀行だった」と、批判的に記述している。安西によると、電力の安定供給については、裁判所が選任する管財人のもとで業務継続は可能であり、二〇一〇年一月に会社更生法の適用を申請した日本航空のように、政府が資材調達や燃料費など必要な経費について全面保護する方針をアナウンスすればよいと主張する。安西は、元産業再生機構社長の斉藤惇・東京証券取引所グループ社長が、東電も日本航空と同じ会社更生法での処理が望ましいとして、「具体的には、債務超過なら一時国有化、銀行の債権放棄、上場廃止と将来の再上場、送電設備の売却、原発の国有化などの措置やその可能性に言及した」ことも、その論拠として挙げている。『日経ビジネス』も、橘川武郎・一橋大学教授の「海外では電力会社のM&

A（合併・買収）は当たり前。現場は変わらないから、供給不安は起きない」という発言を引用し、電力大手やガス会社など買い手の候補はいるし、新規参入してくる企業もいるだろうと論じている。また『日経ビジネス』は、東電債がデフォルト（債務不履行）すると、他の電力債にまで信用不安が波及し、金融市場が混乱するという「電力版システミック・リスク」を懸念する見方に対しても、「これまでデフォルトした社債はあったが、他社の社債が発行できなくなるということはなかった」という金融関係者の発言を引用して、疑問を呈している。安西巧も、たしかに電力会社の起債は、二〇一一年三月に東北電力が機関投資家向けに六〇〇億円の普通社債を発行するまで凍結されてはいたものの、電力会社は二〇一一年三月期の事業運営に必要な資金の大半を銀行借り入れなどで手当て済みで、社債市場の混乱により資金ショートする企業が出たわけでもなく、産業界や日本経済に著しい悪影響はもたらされなかったと論じている。

さらに安西は、東電を法的処理すると電力債の償還が優先され、被災者に賠償金を支払えなくなるという点についても、国が賠償責任を引き受ければ解決する話であり、実際に菅首相が四月二九日の衆議院予算委員会で、「（原発事故の損害賠償は）最後の最後まで国が面倒を見る」と明言していると反論している。安西は、「東電を法的処理すると『大変なことになる』という一連の反対論は、企業経営の実態に疎い民主党政権に対する脅しに使われているようにみえた」とまで論じている。(23)

財務省の策謀

しかし官僚たちは、東電の債務超過を回避することを大前提として東電支援のスキーム案を策定した。そして実際にスキーム案を仕上げたのは財務省の高橋康文・参事官であったという。高橋は、内閣法制局に参事官として出向したこともある法律作りのプロであった。高橋は、財務省にいるころから素案を作成しており、着任して三、四日で法案をあらかた策定してしまったという。東電の二〇一一年三月期決算発表が予定されていた五月二〇日が近づいており、対応を急いだのである。[24]

高橋が中心となって作成した「東京電力の損害賠償支払いに関する援助スキームについて」という文書では、必要な前提として次の七項目が記されていた。①東京電力が損害賠償の支払い主体となり、将来にわたり損害賠償を責任をもって行う。②損害賠償の支払いを完全に履行させるために政府が資金を交付する。ただし、国民負担は発生させない（今後の東京電力の事業収益から返済を行わせる）。③電力の安定供給を行うため必要な設備投資を可能とする（資本増強を可能とする）。④東京電力の上場を維持する（債務超過にさせない、国有化はしない）。⑤東京電力をはじめ各電力会社が必要な資金を安定的に市場から調達することを可能とする（社債を毀損しない）。⑥東京電力の経営合理化を求める。⑦今回の損害賠償について資金援助を行うだけでなく、将来の原子力事故による損害賠償の支払いに備える。

具体的な仕組みは、以下の通りである。数兆円に上ると見られた賠償債務を東電の負債と位置付けると、東電は即座に債務超過となってしまうため、東電を含む原子力事業者一二社（電力九社、原電、電源開発〈Jパワー〉、日本原燃）と政府の折半出資により、「原子力損害賠償支援機構」を新設することにした。東電は毎決算期に賠償負担額を特別損失として計上し、政府がその内容を審査したうえで、それに見合う資金を機構から資金交付する。この資金を特別利益に計上することで、債務超過状態に陥らないようにするのである。政府は機構に対して、交付国債の発行という形で資金を交付する。交付国債とは、交付先の求めに応じて、その都度、現金化する国債で、発行段階では財源を手当てする必要はない。機構は、事故を起こした東電からは特別負担金[25]として賠償債務の一部を、東電を含む原子力事業者一二社からは将来の事故に備えた一般負担金を、それぞれ徴収することで、長期間かけて資金を回収することにした（ただし電源開発からは、建設中の大間原発が稼働した後に、一般負担金の徴収を始める）。

これは東電を賠償主体と位置づけることで国が前面に出ることを回避し、財政出動を最小限にしようとする財務省の意向を強く反映した仕組みであった[26]。また、東電を経営破綻させずに東電株の上場を維持して社債を毀損しないとすることで、金融機関の利益や金融市場の安定にも配慮したものであった[27]。

なお齊藤誠によると、交付国債が償還される際の資金の流れは、次の通りである。あらかじめエネルギー対策特別会計の原子力損害賠償支援勘定が、民間銀行からの借り入れや短期証券（損害賠償支援証券）の発行によって資金を調達しておく。原子力損害賠償支援機構が東電に対し、賠償資金を支払う際には、原子力損害賠償支援勘定から国債整理基金特別会計へ資金が繰り入れられ、その資金で交付国債が償還される。エネルギー対策特別会計が借り入れた資金にかかる利払いは、一般会計から繰り入れた原子力損害賠償資金から賄われている[28]。

仙谷の判断

このスキームが策定される傍ら、勝俣が四月に入って仙谷に、東電の賠償上限額を一兆円としたいと打診してきた。それを超える賠償額は、国が負担してほしいというのである。仙谷は、話にならないと思った。ところが、経済被害対応室トップの北川・総括審議官が官房副長官室に持参したペーパーでは、東電の賠償総額を一兆円と試算していた。仙谷は、弁護士として交通事故や企業災害の弁護を行ってきた経験から、おそらく賠償総額は一世帯当たり一億円を下らず、一〇万世帯でざっくり一〇兆円と考えていた。このため、この楽観的シミュレーションに対し、「おい、これで済むわけないだろ！」、「わしの勘ではひと桁違うぞ。やり直してくれ」と怒った。勝俣の打診と平仄が合うこの数字に、仙谷は、東電を破綻させたくない資源エネルギー庁、財務省、銀行が、事態を過小評価したものだとすぐにわかったとしている(29)。

だが、東電の二〇一一年三月期決算の発表の日が近づいていた。仙谷は、会計監査を担当する新日本有限責任監査法人のトップに会い、事故債務の引き当てについて見解を質した。すると東電破綻の引き金を引きたくない監査法人は、逆に国の方針を問うてきた。国の支援策がまとまらなければ、東電が資金ショートに追い込まれることは確実であった。仙谷は、東電支援スキームの策定を急がなければならないと考え、原子力損害賠償支援機構案を受け入れた。仙谷は、東電の免責を否定したものの、法的整理も無理だと考えていたのである。

法的整理に反対する主張としては一般に、被害者の賠償債権がカットされてしまうことが挙げられる。東電の発行する電力債は、弁済順位が最も高い「一般担保付き社債」で、東電に会社更生法を適用し、会社財産を処分した場合、社債償還が最優先され、賠償金まで弁済資金が回らなくなってしまうというのである。また東電を法的整理してしまうと、東電管内での電力の安定供給が確保されるのか、不安視する向きもあった。

もっとも仙谷は、東電を法的整理しても、その火力発電所を買い取り、代わって電力供給を続ける事業者は現れるであろうし、被害者への損害賠償も、政府が法律を新たに作って、それを行うこともできると考えていた。実のところ仙谷は、東電支援スキーム作成当初から「東電はもたない」と思っており、事故収束、損害賠償、除染は国の責任で全うするしかないと考えていたという。

仙谷が最も懸念したのは、法的整理を行えば、原発事故の収束を行う責任主体がいなくなってしまうということであった。法的整理を行えば、現場の士気は急速に低下し、作業員は立ち去ってしまい、いくら金を積んでも、代わりに放射線封じ込めの作業を行う者は現れないだろう。事故収束のためには東電を潰せないというのが、仙谷の考えであった(30)。

しかし仙谷は、「東電はモラルハザードを起こすぞ。これでは国民も納得しない」と、経済被害対応室のスタッフに指摘もしていた。そこで東電の財務・法務など経営上の問題を広く調査し、国民に開示するデュー・ディリジェンス（厳格な資産査定）が必要だと考え、専門家の人選を始める(31)。

東電の負担に上限を求める動き

一方で東電は、四月二五日に文科省が事務局を務める、政府の「原子力損害賠償紛争審査会」に「要望書」を提出する。東電は、福島第一原発事故による損害が、原子力損害賠償法第三条第一項但し書きにいう「異常に巨大な天災地変」に当たるという解釈も十分可能だと考えているとし、可能な限り補償はしたいものの、「当社の実質的な負担可能限度も念頭に置かれたうえ、公正、円滑な補償の実現に資するものとなるよう」要望したのである。二六日には勝俣会長が金融機関向けの説明会で、新設される機構に対して東電が毎年の純利益から特別負担金という名目で賠償金を支払うことには同意するとしても、東電の負担金には上限を設けるよう政府に求める考えを示した。負担に上限がないと社債の発行は難しくなるため、市場から安定的に資金調達ができなくなるというのである。

これに対して枝野幸男・官房長官は二七日の記者会見で、被害者との関係で、東電の負担金に上限を設けることなど許されないと勝俣を厳しく批判し、免責条項の適用も考えられないと明言した。海江田万里・経産相も、東電の負担に上限を設けることは考えていないと発言する。[32] 枝野は五月二日の参議院予算委員会でも、原子力損害賠償法第三条第一項但し書きについて、「昭和三十六年の法案提出時の国会審議において、この異常に巨大な天災地変について、人類の予想していないような大きなものであり、全く想像を絶するような事態であるなどと説明されております」、「今回の事態については、国会等でもこうした大きな津波によってこうした事故に陥る可能性について指摘もされておりましたし、また、大変巨大な地震ではございましたが、人類も過去に経験をしている地震でございます。そうした意味では、このただし書に当たる可能性はない、したがって上限はないというふうに考えております」と答弁した。免責規定にはあたらず、負担に上限を設けることもないというのである。[33]

他方、自民党の電力族たちも動き出していた。四月五日には、経済産業部会、電源立地及び原子力等調査会、石油等資源・エネルギー調査会を合体させた「エネルギー政策合同会議」が立ち上げられた。甘利明・衆議院議員、細田博之・衆議院議員、加納時男・参議院議員ら幹部たちは一二日に、「責任を東京電力一社に負わせることは、現実問題として不可能であり、国が最終的に責任を持つことを明確にすべきである」と記した基本方針の採決を強行しようとした。これには反原発派の河野太郎・衆議院議員が異論を唱えて、「継続検討」扱いとされた。

経産省内では、望月晴文・内閣官房参与の意向を受けた松永和夫・事務次官、細野哲弘・資源エネルギー庁長官、柳瀬唯夫・官房総務課長らが、東電の負担に上限を設けるよう主張していた。これには山下隆一・電力市場整備課長が反対し、経済被害対応室にはそうした声を伝えなかったという(34)。こうした動きを見ると、このとき自民党中心の政権であったならば、東電の負担に上限を設けたり、さらには東電を免責したりする可能性もあったのではないかと思われる。

枝野・与謝野論争

五月一日から「原発事故経済被害対応チーム関係閣僚会合」（通称インナー）が開催され、経済被害対応室が作成したスキーム案の検討を始める。チーム長は海江田万里・経産相、副チーム長は枝野幸男・官房長官、野田佳彦・財務大臣、高木義明・文部科学大臣、事務局長に鈴木寛・文部科学副大臣、事務局長代理に仙谷由人・官房副長官、福山哲郎・官房副長官、細野豪志・首相補佐官というメンバーで、枝野と仙谷が会議を主導した(35)。五月六日に開かれた四回目の閣僚会議からは、自ら参加を頼んできた与謝野馨・経済財政政策担当大臣と、自見庄三郎・金融担当大臣も加わった。

与謝野は大学を卒業した一九六三年に、若手衆議院議員だった中曾根康弘から、「これからは原子力が面白い」と勧められて日本原子力発電に入社しており[36]、そのときに原子力損害賠償法への対応を担当したことがあった。自民党では商工族で通産相も経験していた与謝野は、電力業界とも関係が深かった。与謝野は、原子力損害賠償法三条一項の免責規定が適用されないのは、無制限の財政負担を嫌う財務省の言い分を受け入れたからであり、東電を整理しないのは、貸し手である銀行の債権保全のためだと見破っていた。そこで与謝野は、免責規定の適用を主張するために、閣僚会合への参加を希望したのであった。

はたして与謝野は、閣僚会合で免責規定の適用を主張した。これに真っ向から反対する枝野は、免責にこだわってリストラ計画を明確にしない東電を批判し、会社更生法の適用もあり得ると主張するなど、両者は激しい論争を繰り広げる[37]。

論争が続くなか、五月二〇日の決算発表が近づいていた。そこで海江田が、どうすれば監査法人から適正意見をもらえるのか、東電に要望書を提出させることを提案する。要請を受けた東電は、賠償債務に上限を設けることを求めるとともに、被災者を受け付ける体制が整っていないため、賠償窓口業務も機構で担ってほしいと求める要望書を提出した。この厚かましい要望に閣僚たちはあきれ果て、東電に対する態度が厳しくなった。与謝野も、事故の収束を急がないといけないときに、いつまでも閣内不一致であり続けるわけにはいかないし、税と社会保障の一体改革に責任を負っていることも考え、持論を強く主張することをやめる。

追いつめられた東電

このころになると仙谷と枝野は、債権放棄論を唱えるようになる。これには自見金融相が異論を唱えた。政府が民間銀行に債権放棄を強制することはできないし、法的整理や私的整理なしに銀行経営者が債権放棄を決めれば、経営者は株主代表訴訟で訴えられる可能性がある。それは無理だというのである。[38]

他方、前田匡史・内閣官房参与は仙谷や枝野に対し、「東京電力が電力自由化の動きをたたきつぶしたのは有名な話。ここで電力の自由化に道筋をつけないといけません。賠償問題を東電の決算問題に矮小化してはダメなんです」と進言する。債権放棄が無理だと理解した仙谷や枝野は、この考えを取り入れることにした。

五月一〇日に清水正孝・東電社長は、枝野官房長官、海江田経産相を首相官邸に訪ね、福島第一原発事故の損害賠償に関する国の支援を要請する。海江田は清水に、「確認事項」という文書を手渡した。そこには、「①賠償総額に事前の上限を設けることなく、迅速かつ適切な賠償を確実に実施すること。」「②東京電力福島原子力発電所の状態の安定化に全力を尽くすとともに、従事する者の安全・生活環境を改善し、経済面にも十分配慮すること。」「③電力の安定供給、設備等の安全性を確保するために必要な経費を確保すること。」「④上記を除いて、最大限の経営合理化と経費削減を行うこと。」「⑤厳正な資産評価、徹底した経費の見直し等を行うため、政府が設ける第三者委員会の経営財務の実態の調査に応じること。」「⑥すべてのステークホルダーに協力を求め、とりわけ、金融機関から得られる協力の状況について政府に報告を行うこと。」と記されていた。[39]

東電は追いつめられていた。事故原子炉は外部注水により冷却されていたものの、その汚染水が原子炉格納容器から漏れて原子炉建屋の外部に流出する事態が迫っていた。そこで汚染水を浄化して再び冷却に使う「循環注水冷却システム」の構築を急がなければならなかったのだが、これには相当の資金が必要であった。さらに枝野が、法的整理に言及していたことも影響した。東電は翌一一日の臨時取締役会で、「確認事項」を受け入れる方針を決める。仙谷の思惑通り、東電は免責を断念してリストラに踏み切り、デュー・ディリジェンスを受け入れなければならなくなったのである。(40)

東電救済スキーム案の決定

関係閣僚会合は五月一二日に最終案を決定する予定であった。ところが、その直前に開かれた民主党原発事故影響対策プロジェクトチームの会合で、座長の荒井聡・衆議院議員が一任取り付けに失敗する。連合系議員を中心に、スキームへの不満が噴出したのである。日商岩井でエネルギーを担当してきた吉良州司・衆議院議員は、「原子力推進は国策じゃなかったのですか。事故のときに事業者だけに責任を負わせていいのですか」と主張し、関電出身の藤原正司・参議院議員も、「他の事業者にまで負担させていいのか。これでは株主代表訴訟で訴えられる」と異議を唱えた。このため一日遅れて一三日に関係閣僚会合は、経済被害対応室が作成したスキームを政府案として決定する。

枝野は、このスキームに不満たらたらであった。同日の記者会見では、金融機関が債権放棄に応じないと国民の理解は到底得られないと思うなどと述べた。(41)この発言に対し細野哲弘・資源エネルギー庁長官は、オフレコと断ったうえで、「そのような官房長官発言があったことは報道で知っているが、はっきり言って『いまさら、そんなことを言うなら、これまでの私たちの苦労はいったい、なんだったのか。なんのためにこれを作ったのか』という気分ですね」と痛烈に批判した。この発言を東京新聞の長谷川幸洋・論説副主幹がオフレコの禁を破って公表し、さらに玄葉光一郎・国家戦略担当相も、翌日のテレビ番組で枝野発言を批判するなど、混乱が続いた[42]。

五月二〇日に東電の二〇一一年三月期決算が発表された。震災特別損失は一兆円強にとどめられ、一兆二四七三億円の最終赤字に転落したものの（前年度は最終利益一三三七億円）、純資産は一兆六〇二四億円を維持した（前年度に比べて九一四〇億円の減少）。清水社長はリストラ計画を示した後に辞任することを表明し、後任に西澤俊夫・常務の昇格が決まる[43]。

菅首相は、このスキーム作りにまったく関与しなかった。菅は後に、大鹿靖明の取材に対して、「法的整理とか整理的な手法がありうることは知っていましたが、まずは事故収束は東電が先頭になってやってくれないと。自衛隊や原子力安全・保安院ではできないわけ。私はまずそれを考えた。この優先順位はまず事故収束である、とね」、「東電に甘いという議論があったのも知っているけれど、まずは事故収束だと。発送電の分離にしろ、原発国有化にしろ、それは後の議論でいい。だからインナーの議論の流れには異論がなかった」と答えている[44]。仙谷と同じく菅も、事故収束のためには東電を潰すわけにはいかないと考えていたのである。

内閣法制局の反対

原子力損害賠償支援機構法案は、六月一四日になってようやく閣議決定される。なぜ遅れたのか。町田徹によると、内閣法制局が反対したからだという。東電を含めた原発事業者は、将来の原発事故に備える保険金として一般負担金を支払うこととされた。だが実際には、福島第一原発事故の賠償債務に充てられることは明白であった。法律施行前の事故に適用して全国の電力会社に資金拠出を義務付ける奉加帳《ほうがちょう》を回すのは、財産権を保障した日本国憲法に違反する疑いが強く、電力会社に提訴されれば国が敗訴するおそれもあるというのが、法制局の考えであった。実際に、株主代表訴訟を起こされることを懸念した電力会社の経営者からは、一般負担金の支払いに反対する声も上がっていた。

そこで経産省と財務省は、電力会社が支払う一般負担金を電気料金に組み込むことで、電力会社の理解を得ようとした。電気料金には、原価に適正利潤を上乗せして算出する本体部分と、燃料価格の変動分を自動的に反映するサーチャージ部分とがあり、サーチャージ部分については認可手続きは必要とされない。そこで一般負担金をサーチャージ部分に組み込むことで、消費者に負担を転嫁し、電力会社の負担とならないようにしたのである。

さらに両省は、株主代表訴訟対策として、政府が国策として各社に機構への負担金拠出を正式に要請することにし、電力会社を説得する。これを受けて五月下旬になると、電力会社は態度を軟化させ始めた。経産省と財務省は、電力会社から違憲立法訴訟を起こさないという言質をとり、内閣法制局に法案を容認するよう持ちかけた(45)。

内閣法制局は、法案の附則三条に「施行前に生じた原子力損害についても適用する」という条文を加えることで、法制局として問題がないことをはっきりさせることにした。法制局が法案を容認したのは、内閣法制局に参事官として勤務した経験があり、将来の内閣法制局長官候補の一人とも見られていた、高橋康文がスキーム作りの中心にいたため、という見方もある(46)。

ねじれ国会下での与野党修正

原子力損害賠償支援機構法案については、ねじれ国会のもと、与野党間で修正協議が始まった。与党経験の乏しい民主党は、経済被害対応室の官僚に助けを求めた。経済被害対応室は、「法案修正のポイント」と「修正が許されないポイント」という二種類のペーパーを作成し、東電の賠償負担額に上限を設けることは「修正が許されない」ものの、国の責任を前面に打ち出すことは「修正のポイント」とした。自民党内では、河野太郎らは東電の法的整理を辞さないと主張していたものの、甘利明や野田毅・衆議院議員らが、国の責任を強く打ち出すよう求めていたという。

七月二二日に民主・自民・公明の三党は、国の責任を明確化し、交付国債が足りないときの不足資金を国が交付する条項を創設することなどで合意し、八月三日に法案は成立した。こうした修正については、経産省の官僚たちからさえも、「統一感のない」ものになった、「経産省の守旧派がスジ悪のスキームを持ち出してきたと思ったら、それ以上に悪いものになってしまったと言われてもしょうがない」（若手官僚）といった声が上がったという(47)。

一〇月二一日の官報には、電気料金の原価に「一般負担金」を加えられるよう電気事業の会計規則を変更する経産省令が掲載された。平均的な家庭で毎月数十円になるものの、再生可能エネルギーの買い取り費用を分担する「賦課金」が電気料金の明細に示されるのとは対照的に、明細には掲載されない。二〇一一〜一六年度で、一般負担金は八三四三億四六五万円（一般負担金は毎年度、計一一六三〇億円〈支援機構の費用三〇億円を含む〉を目標にしているのだが、二〇一一年度は半年分の八一五億円、一二年度は電力会社が「経営が厳しい」と泣きついたため、負担金の減額が認められて一〇〇八億四六五万円が集められた。二〇一三年度から一六年度は、目標通り一六三〇億円が集められた）、東電が利益から支払う特別負担金は、黒字化した二〇一三年度以降で二九〇〇億円（二〇一三年度は五〇〇億円、一四年度は六〇〇億円、一五年度は七〇〇億円、一六年度は一一〇〇億円）が集められている。

しかし、損害賠償の見込み額は増え続け、二〇一六年一二月の経産省の見積もりでは、営業損害や風評被害の賠償などで約七兆九〇〇〇億円（除染を除く）に上るとされている。全国の電気利用者は今後数十年にわたり、負担金を払い続けることになる。(48)

3 菅直人首相の脱原発路線への転換

三〇〇〇万人避難計画

ここからは菅内閣での電力・エネルギー政策の展開を見ていくことにする。

福島第一原発事故が起きるまで、民主党政権は自民党政権を上回る勢いで原発推進・拡大路線を邁進してきた。だが原発事故を経験して、菅直人首相は脱原発へと路線を急転換する。

三月二五日に、近藤駿介・原子力委員会委員長が菅の指示を受けて作成した最悪の事態のシミュレーション「福島第一原子力発電所の不測事態シナリオの素描」が、菅に届けられる。それによると、①一号機で水素爆発が発生し格納容器が破損、放射線量が上昇し作業員全員が退避する、②二、三号機の原子炉や四号機の使用済み核燃料プールへの注水が不可能になる、③四号機プールの燃料が露出して溶融、コンクリートと反応し放射性物質が放出される、④二、三号機の格納容器も破損する、⑤一〜三号機のプールの燃料も溶け、コンクリートと反応する、といった順で事態が悪化し、最初の爆発から反応停止まで、三五四日もかかる見通しとされた。また、その場合には原発から半径一七〇キロ（福島県、宮城県、山形県、栃木県、茨城県の大部分と群馬県、新潟県の一部分）は強制移住、二五〇キロ圏（群馬県、埼玉県、東京都の大部分、千葉県、新潟県、秋田県、岩手県のかなりの部分、横浜市も含む神奈川県の一部分、長野県の一部分）も避難とされた。この「三〇〇〇万人避難計画」を見て、菅は「日本が崩壊する」と思った。菅は、国家が崩壊しかねないほどの原発事故のリスクの大きさを考えたら、原発に依存しないことが最も安全だと確信したという。(49)

幸運による日本壊滅の回避

しかも菅は、福島原発事故で日本壊滅の事態に至らなかったのは、いくつかの幸運が重なったからだと考えている。三月一五日六時一〇分には、二号機の格納容器底部の圧力抑制室（サプレッション・プール）が損傷し、放射性物質が大量に放出された。ただ、この時点で二号機では、ベントが実施できず、注水もできないため、格納容器の圧力は上昇し続けており、格納容器が大破する可能性が高かった。そうなれば作業員は全員撤退せざるを得ず、最悪の事態に陥ることになる。実際のところ一四日夜から一五日未明にかけて、東電は全面撤退を官邸に申し出ている。(50)だが、圧力抑制室の一部が損傷したおかげで、格納容器の圧力が低下し、注水が可能になったのである。

また四号機についても、たまたま定期点検作業の遅れにより原子炉本体に水が満たされており、それが何らかの理由で使用済み核燃料プールに流れ込むという偶然によって、使用済み核燃料のメルトダウンが起きなかった。つまり日本は、幸運にも助かったに過ぎず、そうした幸運が今後もあるとは思えないというのが菅の考えである。(51)

エネルギー政策転換への布石と経産省の思惑

三月三一日に菅は、志位和夫・共産党委員長と会談し、二〇一〇年六月に閣議決定された「エネルギー基本計画」を白紙に戻して見直すことを表明する。同日、来日していたフランスのニコラ・サルコジ大統領との共同記者会見で、菅は、「原子力、エネルギー政策は事故の検証を踏まえ、改めて議論する必要がある」と発言する。これは、「原子力政策を見直す」という意味で、「原子力推進の立場の官僚に対する一種の宣戦布告であった」。四月一八日の参議院予算委員会では、今後の原子力政策について、「安全性をきちんと確かめることを抜きにして、これまでの計画をそのまま続けることにはならない」と答弁し、原発の新増設計画についても、「何か決まっているから、そのままやるということにはならない」と述べた。さらに四月二五日の参議院決算委員会では、「これまで決めてきたエネルギー基本計画をもう一度徹底して検証する中から、ある意味、白紙の立場で考える必要があると思っている」と答弁した。菅はエネルギー政策の見直しについて、着々と布石を打っていたのである。(52)

一方で経産省では、三月末ごろ、上田隆之・官房長が木村雅昭・資源エネルギー庁次長に、エネルギー政策の見直しを検討するよう命じている。経済活動や国民生活のためには原発は絶対必要と考える木村は、四月上旬には、電力に対する国の管理を強化し、原発を維持するという案をまとめる。その文書には、「今回の事故のインパクトの大きさを考えれば『原子力ありき』の予断を持った議論と受け取られないようにする留意が必要。このためエネルギー全体を射程に入れ、議論に時間をかけることで、稼働中の原発の継続運転が必要、及び中長期的には原子力は必要という常識ラインに意見の収斂を図る」と記載されていた。さらに、原発を電力会社から切り離すという選択肢も挙げ、最低限でも既設原発は最大限利用し、建設中の大間原発（青森県下北郡大間町）と島根原発三号機（島根県松江市鹿島町）も稼働させるという案が記されていた。この案を説明すると上田は、「電力システム改革につなげたいんだ。電力の自由化など、もっと大胆に考えていいんじゃないか」と述べたという。しかし木村は、原発維持のためには国が前に出る必要があると考え、電力自由化には反対であった。木村は五月六日には、発送電分離に反対するペーパーを提出する。(53)

さらに経産省原子力安全・保安院は、定期検査に入っている原子炉の再稼働を円滑に進めるため、三月三〇日に、各原発に非常用電源の確保や冷却・注水設備の強化を求める「緊急安全対策」を指示した。(54)

浜岡原発停止要請

菅は三月の終わりごろから、中部電力浜岡原発（静岡県御前崎市）を何とか止められないかと考えていた。浜岡原発は東海地震の想定震源域の真上に立地しており、かねてより危険性が指摘されていたからである。

四月二七日に首相官邸で開かれた中央防災会議でも、文部科学省・地震調査研究推進本部が、三〇年以内にマグニチュード八クラスの東海地震が起きる可能性は八七パーセントと評価していると報告された。海江田万里・経産相は、当日夜に、松永和夫・事務次官や上田隆之・官房長ら首脳陣を集めて、浜岡原発を停止した場合の影響を調べてほしいと要請する。海江田は、事務方は猛反発するだろうと予想していた。ところが彼らは、まったく抵抗することなく了解し、すぐにレポートが提出された。浜岡原発を止めても、電力需給や経済活動への影響は大きくないというものであった。

さらに当日夜には、早くも寺坂信昭・原子力安全・保安院長から片山啓・企画調整課長に、浜岡を止めるという指示が出されている。これを受けて片山は、すぐに浜岡を止める方法を検討し始めている。だが、現行法上は止める手段がなく、行政指導しかなかった。

海江田は五月五日に浜岡原発を視察する。中部電力は、浜岡原発を襲う津波の高さを最大八・三メートルと想定し、海岸線と原発の間にある高さ一〇～一五メートルの砂丘によって津波は防げると主張していた。それに対し川勝平太・静岡県知事は、砂丘頼みの津波対策は見直すべきだとして、定期検査に入っていた三号機の再稼働に難色を示していた。海江田は砂丘を見て、防波堤の役割を果たさないと確信する。

翌六日の午後一時頃に首相官邸を訪れた海江田は、菅に浜岡原発の停止を上申する。菅は、停止を要請する対象は、定期検査で停止中の三号機だけだと思っていたのだが、海江田は、運転中の四・五号機も含めてすべて止めるという(一・二号機は老朽化により、運転を停止していた)。菅は、経産省の事務方が、よく認めたものだと驚いた。海江田は、すぐに記者会見したいと訴えたのだが、菅は、それを止め、夕方に改めて話し合うことにした。午後四時半に官邸での協議が再開する。枝野幸男・官房長官、仙谷由人・官房副長官、福山哲郎・官房副長官、細野豪志・首相補佐官が参加し、経産省の幹部も同席した。

菅の側近で、三月二六日まで首相補佐官を務めていた寺田学・衆議院議員が、途中から協議に参加し、浜岡原発の停止には、周到な準備や理論武装が必要だとして反対する。仙谷は、浜岡原発三号機の再稼働を自主的な判断で取りやめるよう中部電力に要請していたのだが、全基停止を首相が要請するのは、政治的影響が大き過ぎるし、唐突過ぎると苦言を呈した。これに対し海江田や経産省幹部が、今日発表すべきだと主張する。枝野も、情報漏れがあれば浜岡を止められなくなるかもしれないとして、会議が終われば直ちに発表すべきだと主張した。菅は枝野に同意し、浜岡原発の全基停止を決断する。海江田は、経産省で自身が発表することを望んだのだが、菅は重要な問題なので、自ら会見することにした。

会見の内容は、すでに経産省が作成していた。その内容は、原子力安全・保安院が行っている緊急の震災・津波対策は適切で、各地の原発は安全面で信頼が持てるということを長々と述べ、ただし、浜岡だけは地震が発生する可能性が高いので停止するというものであった。浜岡だけを停止して反原発派のガス抜きをし、他の原発は動かす。これが経産省の狙いだったのである。

ところが、菅が自ら会見すると言い出したため、この目論見は崩れてしまった。下村健一・内閣審議官が、経産省の素案をもとに、しかし、他の原発についてはまったく触れない発表文を作成し、菅はそれを読み上げた。中部電力は、菅の要請を受け入れざるを得なかった[55]。

加速する菅の脱原発路線

その後、菅は五月一〇日の記者会見で、東電福島原発事故調査・検証委員会（政府事故調）の発足準備を進めていることを発表する。また現行のエネルギー基本計画は、二〇三〇年における総電力に占める割合として、原子力五〇パーセント、再生可能エネルギー二〇パーセントとなっているのだが、今回の事故が起きたことによって、いったん白紙に戻して議論する必要があると明言する[56]。菅の脱原発路線は、誰の目にも明らかになった。

菅らは、経産省にエネルギー政策を任せてはおけないという気持ちを強くする。五月一八日の記者会見で菅は、原子力推進の資源エネルギー庁と安全規制行政を担う原子力安全・保安院が、ともに経産省にあることを疑問視する発言を行い、五月二四日に発足する予定の政府事故調に、原子力行政のあり方そのものも十分に検討してもらい、根本的な改革の方向性を見出していきたいとの考えを示した。経産省から保安院を分離させる意向を示唆したのである。さらに菅は、発送電分離についての質問に対し、議論する段階は来るとの考えも示した。これを受けて新聞各紙は、菅が発送電分離を検討すると発言したと報じる[57]。電力システム改革が、政府の政策課題として設定されたのである。

五月一九日に菅は、経産省が事務局を務める新成長戦略実現会議（第八回）で、経産省とは別にエネルギー政策を議論する場を設けることを明らかにする。六月七日の第九回会議では、玄葉光一郎・国家戦略担当大臣が議長となり、関係閣僚を構成員として、内閣官房国家戦略室を事務局とする「エネルギー・環境会議」の設置が決められた。エネルギー・環境会議は、新成長戦略実現会議の下部会議として予定されていたのだが、これを国家戦略室に移したのである。当日夜、菅は下村に、「経産省があちこちに人を送って工作をしている。新成長戦略実現会議にも原発復権ペーパーを持ってきたからふっ飛ばしてやった。原子力安全・保安院は経産省から切り離して、環境省の下にぶら下げて原子力安全庁にする」と語っている。(58)

国の原子力政策に異議を唱え続けた佐藤栄佐久・前福島県知事の女婿で、かねてからエネルギー政策に関心を持っていた玄葉は、エネルギー政策を担当することに積極的であった。すでに玄葉は、「一九兆円の請求書」に関わり、リクルートに転出していた伊原智人に声をかけていた。伊原は、エネルギー政策のための任期職員の公募に応募する形で、七月一日から二年任期の内閣企画調整官として採用される。(59)国家戦略室にエネルギー・環境会議事務局が設置され、経産省から出向していた日下部聡・内閣官房内閣審議官がトップに立つ。日下部は、電力の小売り自由化を担当したことがあり、発送電分離にも前向きであった。(60)

激化する菅と経産省との対立

経産省と官邸幹部との対立は激しさを増す。五月二四日に菅は、主要国首脳会議（G８）に出席するため、フランスに向かった。菅は、二五日にパリで開かれる経済協力開発機構（ＯＥＣＤ）の設立五〇周年記念行事で講演を行うことになっていた。その前夜、演説草稿をめぐって福山哲郎・官房副長官と木村雅昭・エネルギー資源庁次長が怒鳴り合いの激論を交わす。

福山は、エネルギー基本計画を見直し、発電電力量に占める再生可能エネルギーの割合を二〇二〇年に二〇パーセントにすると主張する。これに対し木村は、絶対に無理だと反対し、職を賭すとまで述べる。結局、二人は、二〇二〇年代のできるだけ早い時期に二〇パーセントにするよう取り組むということで合意する。木村が「二〇二〇年代」とすることを提案したのだが、二〇二〇年代であれば二〇二九年でもよく、二〇三〇年に二〇パーセントを目指すという従来の方針を一年前倒しにするに過ぎない。そのことに気づいた福山が、「できるだけ早い時期に」という文言を挿入したのである。(61)

サミット期間中、菅は各国首脳との会談を続けて行う。この際、経産省の事務方が用意した想定の応答要領には必ず「原子力エネルギーは変わらず重要であるが」という趣旨の文言が入っていた。菅は、意図的に読み飛ばすのだが、経産省は最後まで、残らず同じ文言を入れてきたという。(62)

4 菅降ろし

安倍晋三による告発

菅内閣の政権基盤は、東日本大震災以前から揺らいでいた。二〇一〇年七月の参議院選挙で与党は過半数を失い、菅の消費増税を示唆する発言が与党敗北の原因と見られたことから、小沢グループを中心として民主党内から、政権への揺さぶりがかけられた。さらに、参議院では多数を占める野党が、大臣の問責決議案を可決するなど、野党の攻勢が続いた。内閣支持率は、二〇一〇年九月に起きた尖閣諸島での中国漁船衝突事件への対応の不手際が批判されて以降、低迷を続けていた。

二〇一一年三月六日には、前原誠司・外務大臣が在日韓国人から政治献金を受け取っていたことを理由に辞任する。そして一一日には菅も、在日韓国人から政治献金を受けていたことが発覚する。ところが東日本大震災の発生により、政争は一時棚上げとなっていた。だが、五月後半以降、菅降ろしの動きが加速する。

五月二〇日に安倍晋三・元首相が、メールマガジンに「菅総理の海水注入指示はでっち上げ」との文書を掲載する。三月一二日一九時四分に一号機への海水注入を開始したところ、菅が「俺は聞いていない！」と激怒し、一九時二五分に海水注入が中断された。だが、実務者や識者の説得により、二〇時二〇分に海水注入が再開されたというのである。そのうえで安倍は、菅首相は「間違った判断と嘘について国民に謝罪し直ちに辞任すべき」と断じた。当日夜のＴＢＳニュースでも、官邸の意向で海水注入が中止されたことが報じられ、翌日には読売新聞が一面トップで、「首相意向で海水注入中断」と報道し、産経新聞も、『首相激怒』で海水注入中断」と報じた。

海水注入中断の真相

ところがこれは、まったくの誤報（今で言うところのフェイクニュース）であり、実際の顚末は以下の通りであった。三月一二日一八時に、指揮所として使われていた官邸五階の応接室に菅が現れた。そこで班目春樹・原子力安全委員長が海水注入を説いた。そこで菅が、海水を入れて再臨界しないのかと質問したところ、班目が、「再臨界の可能性はゼロとは言えない」と答えた。さらに菅が、海水注入の問題点を尋ねると、塩ができて流路がふさがる可能性があるとか、塩分で腐食する可能性があるなどと答えた。そこで菅は、ホウ酸を活用してはどうか、などと発言する。

ここで官邸に常駐していた武黒一郎・東京電力フェローから、一五時三六分に起きた一号機の水素爆発の影響で、海水注入の準備が完了するには一時間半ほど時間がかかると伝えられたため、その間の時間で海水注入に課題がないか調べることになり、協議は一時間半後に再開することとされた。

ところが福島第一原発では、海水注入の準備が完了し、一九時四分には吉田昌郎・福島第一原発所長の判断により、海水注入が始まっていた。武黒は官邸での会議が始まる前に、海水注入のためのポンプはあるのか、注入用の配管に破断はないか、海水を入れて原子炉の制御は可能かの三点について調べるよう求められ、吉田に電話を入れる。すると海水注入が始まっていることを聞かされた。そこで武黒は、海水注入を「止めろ」と命じ、「官邸が、もうグジグジ言ってんだよ」と述べた。武黒は、菅の了解が得られていない段階では海水注入はできないと勝手に判断したのである。

武黒から作業を中止するよう求められた東電本店の清水社長は、一九時二五分に海水注入を止めるよう指示する。しかし現場の吉田は、本店からの中断の指示を無視して、海水注入を止めなかった。海水注入の担当者を呼び、テレビ電話会議システムのマイクに音を拾われないように小声で、海水注入を続けるよう命じ、それから大声で「海水注入を中断」と叫んだ。東電本店や福島第一原発にいた者の大半が、海水注入は中断されたと思ったものの、実際には海水注入は継続されていたのである。

海水注入から三〇分ほどが経過したころに、官邸での協議が再開された。保安院は、ホウ酸を入れて海水注入を続けるべきだと進言する。一九時五五分に菅は海水注入を指示し、海江田経産相が二〇時五分に、海水注入を命じる書面を作成した。武黒は二〇時一〇分に、首相の許可がとれたと東電本店に電話をし、東電は二〇時二〇分に、海水注入を始めたと保安院に報告した。

このように菅が海水注入を止めた事実も、実際に海水注入が中断された事実もなかった。このガセネタ（フェイクニュース）は、東電から流されたものであった。東電本店では、官邸（実は菅ではなく武黒だったのだが）から海水注入停止の要請があったこと、そしてテレビ会議の画面で吉田所長が注水停止を命じた（実際には止めていなかったのだが、停止命令を出したように本店に見せた）ことも知られていた。東電側は、このことを誤解して、自民党やマスコミに情報提供を行ったのである。

菅の事実上の退陣表明

しかし、誤報であっても、菅の指導力には疑問符がつけられ、菅降ろしの動きが加速する。五月二六日には谷垣禎一・自民党総裁が、定例記者会見で内閣不信任決議案の提出について、にわかに踏み込んだ発言を行う。この裏では民主党の小沢一郎・元代表が自民党の森喜朗・元首相に、自民党が内閣不信任決議案を提出したら小沢グループは賛成すると持ちかけていたのである。三〇日には自民党と公明党が幹事長・国会対策委員長会談を開いて対応を協議し、六月一日には、谷垣と山口那津男・公明党代表が内閣不信任決議案の提出で合意する。そして翌二日には、自民党、公明党、たちあがれ日本の三党共同で、内閣不信任決議案が提出されるのである。

同日、菅は民主党の代議士会で、「私がやるべき一定の役割が果たせた段階で、若い世代の皆さんに責任を引き継いでいただきたいと考えている」と述べ、不信任決議案への反対を呼びかける。これは菅の退陣表明と受け止められ、造反は収まり、不信任決議案は否決された。記者会見で菅は、退陣

時期について、「震災の復旧・復興と、原発事故の収束に目処がついたら」と語る。(63)

菅は六月二六日の記者会見で、退陣の条件として、第二次補正予算案、特例公債法案、再生可能エネルギー特別措置法案の成立を挙げた。これらは「退陣三条件」と呼ばれることになる。(64)

5　玄海原発再稼働をめぐる争い

ストレステストの導入

六月一八日に海江田経産相は、「原子力発電の再起動について」と題する大臣談話を発表する。この談話では、原子力は引き続き重要なエネルギーだとし、東海地震の震源域真上にある浜岡原発は例外であり、それ以外の原発の安全性は確認されていると強調された。また、原発依存度を大幅に低めて火力発電への代替を進めると電気料金を引き上げざるを得なくなり、産業空洞化を招きかねないとした。六月二二日に開かれた第一回エネルギー・環境会議でも、海江田は同様の主張を行う。

経産省は、定期点検中の九州電力玄海原発二号機・三号機（佐賀県東松浦郡玄海町）の再稼働を突破口にしようと考えていた。経産省は菅に説明することなく、佐賀県や玄海町と水面下で調整を重ねていた。六月二九日に海江田は佐賀県に赴き、古川康・佐賀県知事と岸本英雄・玄海町長と会談して、原発再稼働を打診する。岸本は、国が安全を保証してくれるというなら九電に再開容認を伝えると述べ、古川も疑問点は解消されたとして、再稼働を了承した。

ところが菅は、古川知事が「総理の見解を聞きたい」と発言したことを報道で知り、海江田に電話をかけてきた。菅は、安全性について原子力安全委員会の意見を聞くなど、十分に確認できているのか尋ねたのである。それに対し海江田は、そばにいた官僚と相談したうえで、電気事業法では、定期検査を終えた原発の再稼働の了解を出すのは保安院であり、原子力安全委員会から了解を得る必要はないと答えた。すると菅は、福島第一原発事故の責任者である保安院の判断だけで決めるのでは、国民の理解は得られないとして、原子力安全委員会の関与を求めた。六月三〇日に官邸に赴いた海江田に対し、菅はストレステスト（耐性検査）の実施を求める。海江田は、「はしごをはずされた」気持ちになった。菅も、定期点検を終えた原発については、安全性が確認されれば再稼働を認めるという立場を表明していたからである。

だが菅からすれば、これは「思いつき」ではなかった。欧州連合（ＥＵ）では福島第一原発事故以後、電源喪失や自然災害などの事故を想定して原発の耐性を調べるストレステストを実施していた。また六月二一日には、国際原子力機関（ＩＡＥＡ）の原子力に関する閣僚会議の分科会があり、天野之弥・事務局長が提案した「全原発の安全調査」を加盟各国が実施することで合意していた。この会合には海江田も出席していたのである。

七月六日の衆議院予算委員会で、菅はストレステストの導入を明言する。一一日にはストレステストの手順が発表された。まず「一次評価」として、定期検査を終えた原発が設計上の想定を超える津波や地震にどれだけ耐え得るかを調べ、再稼働の是非を判断する。次に「二次評価」として、運転中の原発すべてを対象に評価を行い、運転継続や中止を判断するというものである。その際には、電力会社が行った評価を原子力安全・保安院が確認し、そのうえで原子力安全委員会が、その妥当性をチェックすることにした。

ここに至って菅と海江田の対立は決定的となった。七日の参議院予算委員会で海江田は、時期が来たら責任をとると唐突に辞意を表明する。五日には松本龍・復興担当大臣が、被災地での言動を批判されて辞任しており、政権は崩壊の一途であった。

九電の「やらせメール」

ところが、六日の衆議院予算委員会で共産党の笠井亮・衆議院議員が、玄海原発再稼働をめぐる九州電力の「やらせ」について質問を行う。この「やらせ」とは、以下のようなものであった。

玄海原発二号機・三号機の再稼働にあたり、五月一七日に原子力安全・保安院が佐賀県の執行部に対して、玄海原発の緊急安全対策の確認結果を説明した映像が、インターネットで動画配信された。この際、佐賀県庁から九電に対し、「知事の強い希望で、ネットに書き込みをしてほしい」との要請がなされる。これを受けて九電は、原発再開への賛成意見を書き込むよう依頼するメールを社員に送付していた。

さらに六月二六日には、経産省主催で県民説明会が開かれ、ケーブルテレビやインターネットで中継される。その説明会を前にした二一日に古川知事は、九電の副社長らと会談し、「発電再開容認の立場からも、ネットを通じて意見や質問を出してほしい」と注文をつけた。古川は、原発再稼働に積極的ではあったものの、地域住民の手前、国のお墨付きを得て再稼働させたいと考えていた。そのため、「危惧される国サイドのリスクは『菅総理』の言動である。全国知事会議では、再稼働に向けて総理がメッセージを読み上げる予定で、経産相とすりあわせた原稿が用意されていたのに、その場になって読み上げてくれなかった」と不満を漏らしたともいう。九電は、原発関連の管理職や、原発関係の協力会社四社に在籍する九電ＯＢに、ネットでの中継を見て、再稼働に賛成する意見メールを投稿するよう要請するメールを送付する。そのうえ、商工会議所や取引先の中小企業にも、社員が賛成投稿の例文を持参して働きかけを行う。結局、番組に寄せられた四七三件のメールのうち一四一件が「やらせ」であった。

しかも九電は、「やらせ」発覚後に内部調査の第三者委員会を設けたものの、第三者委員会が調査報告書で知事の関与を認定すると、一度は辞意を表明した眞部利應・九電社長が、その内容を否定し、自らも続投を決め、世間をあきれさせた。これにより玄海原発の再稼働は困難となった(65)。

日常茶飯事だった「やらせ」

この「やらせメール」問題を受け、過去のシンポジウムなどでの「やらせ」の実態調査が行われた。二〇一一年九月三〇日に政府の第三者調査委員会は、保安院原子力安全広報課長や資源エネルギー庁原子力発電立地対策・広報室の職員らが電力会社に対して、社員を動員したり住民に賛成意見の表明を呼びかけたりするよう不適切な指示をしていた例が、過去五年間に七件あったことを認定した。このうち四件はプルサーマルに関わるもので、二〇〇五年の玄海原発、二〇〇六年の伊方原発、二〇〇七年の浜岡原発、二〇〇八年の泊原発である。

二〇〇六年の玄海原発の事例については、先述した九電の第三者委員会調査により、次のように報告されている。それによると、当時、プルサーマルには反対の声が強かった。実父が九電の社員として玄海原発の建設に関わっていた古川知事は、受け入れを強行することは避け、公開討論会など住民が参加するタイプのイベントを行い、県民の意見を確認しつつ、事前了解を行える状況を作ろうとした。しかし、二〇〇五年一〇月の国主催のシンポジウムでは、ほぼ慎重派一色となった。そこで古川は、「次の一二月の県主催の討論会では賛成と慎重の両方が舞台に上がって議論をする工夫を」と指示する。しかし九電は、自発的な参加者の中から賛成意見が出るのは難しいと考えた。そこで社員を大量動員し、推進の立場からの質問をあらかじめ用意する「やらせ質問」を行う。当日は九電の社員が農家を装い、「玄海一号機が運転して三〇年になるが、私が作っている米とか野菜が放射能の影響で売れなくなったという話は聞かない」などと発言したのである。(66)

この報告が正しいとするならば、古川知事と九電にとって、「やらせ」など日常茶飯事であったと推察できる。

6 「脱原発宣言」と菅の退陣

菅の「脱原発宣言」

七月一三日に菅は記者会見を開き、「脱原発宣言」を行う。「この原子力事故のリスクの大きさということを考えた時に、これまで考えていた安全確保という考え方だけではもはや律することができない。そうした技術であるということを痛感をいたしました」。「これからの日本の原子力政策として、原発に依存しない社会を目指すべきと考えるに至りました。つまり計画的、段階的に原発依存度を下げ、将来は原発がなくてもきちんとやっていける社会を実現していく」。

だが、この時点では、「脱原発」は閣議決定されたわけではなく、全省庁との調整も済んではいなかった。野党や経済界だけではなく、閣内の与謝野馨・経済財政政策担当大臣からも批判を受け、一五日には菅は、「私の（個人的な）考え」と説明した。そのため菅は、またもや「思いつき」といった批判を受ける。

しかし二九日のエネルギー・環境会議では、原子力への依存度を低減させることが確認された。さらに今後一年間をかけて、国民各層との対話を続けながら、脱原発依存を具体化するための「革新的エネルギー・環境戦略」を作成することも決定された(67)。八月一五日には、原子力安全・保安院の原子力安全規制部門を経産省から分離し、環境省の外局として原子力安全庁（仮称）を設置することを閣議決定した(68)。菅は退陣後も脱原発路線が変更されないように、手を打ったのである。

一方で、菅の思い通りにならないこともあった。菅は原発輸出についても、国会で「原発事故を受け、もう一度きちんと議論しなければならない」と答弁していた。だがベトナム政府は、態度を変えなかった。松本剛明・外務大臣が、「ベトナムは期待している。約束したのは首相自身でしょう」と菅を説得し、八月五日には原発輸出に関し、「諸外国がわが国の原子力技術の活用を希望する場合は、世界最高水準の安全性を有するものを提供していくべきだ」とする政府答弁書が閣議決定される(69)。

菅の退陣と固定価格買い取り制度の開始

七月二五日に第二次補正予算が成立し、八月二六日には公債特例法と再生可能エネルギー特別措置法が成立した。これにより退陣三条件が満たされたため、菅は辞任を表明した。民主党代表選挙を経て、八月三〇日に野田佳彦・財務大臣が首相に就任する。

再生可能エネルギーの全量固定価格買い取り制度は、二〇一二年七月に始まる。経産省の調達価格等算定委員会で四月二七日に意見書としてまとめられた電源種類別の買い取り価格（一キロワット時）は、太陽光は四二円、風力は二〇キロワット以上が二三・一円、二〇キロワット未満が五七・七五円、地熱は一・五万キロワット以上が二七・三円、一・五万キロワット未満が四二円、中小水力は一〇〇〇キロワット以上三万キロワット未満が二五・二円、二〇〇キロワット以上一〇〇〇キロワット未満が三〇・四五円、二〇〇キロワット未満が三五・七円、バイオマスは一三・六五〜四〇・九五円と、「ほぼ業者側の言い値に近い価格帯」（政府関係者）となった。とりわけ「よくても三〇円台後半」（業界関係者）と見られていた太陽光の買い取り価格が思わぬ高値となったことから、メガソーラーの参入企業が相次いだ。(70)

注

第1章

(1) 小澤(二〇一六)、二四頁、電事連ウェブサイト「電気事業について　送電の仕組み　電気が伝わる経路」(http://www.fepc.or.jp/enterprise/souden/keiro/)(二〇一七年一〇月一四日最終確認)。
(2) 橘川(二〇〇四)、七、二五—三六、五五—五七、八四—八六、一二九—一三〇頁、橘川(二〇一一)、一二三—一三〇頁、嶋(二〇一二)、二八頁。
(3) 秋元(二〇一四)、八—九頁。
(4) 田原(二〇一一)、五一—五三頁。
(5) 橘川(二〇一一)、一三〇頁。
(6) 田原(二〇一一)、五三、五七—五九頁。
(7) 橘川(二〇〇四)、一六七—一六九頁、橘川(二〇一一)、一三〇—一三一頁。
(8) 橘川(二〇〇四)、一六七—一六八頁、橘川(二〇一一)、一三〇—一三一頁、田原(二〇一一)、六〇—六一頁。
(9) 橘川(二〇一一)、一三一—一三二頁。
(10) 伊藤(二〇〇三)、一八〇頁。
(11) 橘川(二〇〇四)、一一—一四、一九一—一九七頁、橘川(二〇一一)、一三三—一三四頁、伊藤(二〇〇三)、一八一—一八二頁。
(12) 秋元(二〇一四)、九頁。
(13) 田原(二〇一一)、四八—七〇頁、伊藤(二〇〇三)、一八七—一八九頁、橘川(二〇〇四)、一九一、一九七—二〇〇頁。
(14) 橘川(二〇〇四)、二〇〇頁、橘川(二〇一一)、一三五、一四一頁、伊藤(二〇〇三)、二一〇—二一二頁。
(15) 橘川(二〇〇四)、三三二—三三八頁、橘川(二〇一一)、一三八—一四〇頁、田原(二〇一一)、七〇—七一頁。

(16) 橘川（二〇〇四）、三三二―三三七頁。
(17) NHK ETV特集取材班（二〇一三）、三五頁。
(18) 吉岡（二〇一一）、七一頁、田原（二〇一一）、七八頁。
(19) 吉岡（二〇一一）、七一頁、NHK ETV特集取材班（二〇一三）、三五―三六頁。
(20) 吉岡（二〇一一）、七一―七二頁。
(21) 太田（二〇一五）、八七―八八頁。
(22) 吉岡（二〇一一）、六九―七〇頁、NHK ETV特集取材班（二〇一三）、五四―五六頁。
(23) 吉岡（二〇一一）、四六―六八頁、NHK ETV特集取材班（二〇一三）、二四―二七頁、中日新聞社会部編（二〇一三）、五七―六三頁、山岡（二〇一一）、三五―四〇頁。
(24) 秋元（二〇一四）、二六頁、田原（二〇一一）、八〇頁、中日新聞社会部編（二〇一三）、六七頁。
(25) NHK ETV特集取材班（二〇一三）、五〇―五三頁、山岡（二〇一一）、二六―二八、四二―四五頁。
(26) 吉岡（二〇一一）、七四―八〇頁、NHK ETV特集取材班（二〇一三）、五七―五八頁。
(27) 有馬（二〇〇八）、一一―三二、四七―九〇、一〇三―一二四頁、上丸（二〇一二）、六七―六八、七四―一二七頁、小松（二〇一二）、一〇三―一〇五頁、神林（二〇一二）、九〇―九三頁、NHK ETV特集取材班（二〇一三）、七三―八〇、一一九―一二三、一二六―一二八頁、中日新聞社会部編（二〇一三）、七二―八四、九二―九九頁。
(28) 吉岡（二〇一一）、八一―八二頁、山岡（二〇一一）、七二―七四頁、秋元（二〇一四）、三〇―三二頁。
(29) 武田（二〇一五）、一四八頁。天然ウランには、中性子をぶつけると核分裂して膨大な熱エネルギーを放出するウラン２３５と、核分裂しにくいウラン２３８がある。天然ウラン鉱石のウラン２３５含有率は、わずか〇・七パーセント程度であるため、軽水炉の燃料として使用するためには、これを三〜五パーセントまで濃縮する（ウラン濃縮）必要がある。日本原燃ウェブサイト「事業情報　濃縮事業の概要」（http://www.jnfl.co.jp/ja/business/about/uran/summary/）（二〇一七年九月一日最終確認）。さらにウラン２３５の濃度を二〇パーセント以上に高めたものを高濃縮ウランと呼ぶ。核兵器などの軍事利用には、七〇〜九〇パーセントのものが使われる。このため核開発には、ウラン濃縮技術が必要とされる。
(30) 吉岡（二〇一一）、八二―八三頁。
(31) NHK ETV特集取材班（二〇一三）、三〇―三五頁。

(32) 吉岡（二〇一一）、八二―八五頁、ＮＨＫ　ＥＴＶ特集取材班（二〇一三）、四七―五三、五九―六一、六九―七一頁。
(33) 伊藤（二〇〇三）、二四五―二四九頁。
(34) 吉岡（二〇一一）、二五、二七―二八頁、竹内（二〇一三）、五八頁、秋元（二〇一四）、二一〇―二一一頁、本田（二〇〇五）、六二―六三頁。
(35) ＮＨＫ　ＥＴＶ特集取材班（二〇一三）、八一―八五頁、中日新聞社会部編（二〇一三）、一〇五―一〇六頁、共同通信連載企画『日本を創る　原発と国家』第五部「原子力の戦後史」Vol.01「同床異夢」(http://www.47news.jp/47topics/tsukuru/article/post_51.html)（二〇一七年八月一三日最終確認）。
(36) 有馬（二〇〇八）、一四六―一五〇頁。
(37) ＮＨＫ　ＥＴＶ特集取材班（二〇一三）、九六―一〇四頁。
(38) ＮＨＫ　ＥＴＶ特集取材班（二〇一三）、九〇頁。
(39) 高橋（二〇一二）、一〇六―一一〇頁、小松（二〇一二）、二六―三二頁、ＮＨＫ　ＥＴＶ特集取材班（二〇一三）、七一頁。
(40) 中日新聞社会部編（二〇一三）、五一、一〇一頁。
(41) 吉岡（二〇一一）、八五―八六頁、ＮＨＫ　ＥＴＶ特集取材班（二〇一三）、九〇―九六、一四一頁。
(42) ＮＨＫ　ＥＴＶ特集取材班（二〇一三）、四二―四五頁。
(43) 田原（二〇一一）、八一―八二頁。
(44) ＮＨＫ　ＥＴＶ特集取材班（二〇一三）、四三―四六頁。
(45) 田原（二〇一一）、八二頁、吉岡（二〇一一）、九〇頁。
(46) ＮＨＫ　ＥＴＶ特集取材班（二〇一三）、一四九、一五一―一五三頁。豊田正敏は、東京大学工学部電気工学科を卒業後、一九五一年に東電に入社し、五五年に原子力発電課が設置されると主任に就任、日本原子力発電に出向して東海発電所の建設に携わった後、東電に戻って福島第一原発の計画から運転まで中心となって進めた。
(47) 吉岡（二〇一一）、九〇―九一頁。
(48) 橘川（二〇〇四）、二五九―二六一頁。
(49) 橘川（二〇〇四）、四二四―四二五頁。
(50) ＮＨＫ　ＥＴＶ特集取材班（二〇一三）、一五三頁。
(51) ＮＨＫ　ＥＴＶ特集取材班（二〇一三）、一〇八―一一九頁、吉岡（二〇一一）、八七頁。
(52) 有馬（二〇〇八）、一二三―一二四、一三二―一四〇、一五九―一七二、一七七―一八五頁、山岡（二〇一一）、八六―八九頁。さらに有馬は、正力がプルトニウムを比較的自由に使えることを重視して、アメリカではなくイギリスからの原子炉輸入に突き進んだと論じている。有馬（二〇一二）、六六―一一一頁。

(53) 吉岡（二〇一一）、八三―八九頁、田原（二〇一一）、八三―八八頁、NHK ETV特集取材班（二〇一三）、一一九―一二三頁、秋元（二〇一四）、三八―三九頁、竹内（二〇一三）、五五―五七頁。

(54) 田原（二〇一一）、八七―八八頁、山岡（二〇一一）、九二―九四頁。

(55) NHK ETV特集取材班（二〇一三）、一〇七―一〇八、一二八―一三一、一三七―一四一頁。東海発電所の建設・運転はトラブル続きであり、原電が、そのことを報道されないようにメディア対策を行っていたことについては、有馬（二〇一二）、一一七―一四二頁。

(56) NHK ETV特集取材班（二〇一三）、一〇八、一四三―一四四頁、有馬（二〇〇八）、二一四―二一六頁。

(57) 吉岡（二〇一一）、一一八―一二〇頁、NHK ETV特集取材班（二〇一三）、一五七―一六〇頁。

(58) 吉岡（二〇一一）、一二一頁。

(59) NHK ETV特集取材班（二〇一三）、一六〇―一六一頁。

(60) 田原（二〇一一）、八九―九九頁。

(61) NHK ETV特集取材班（二〇一三）、一六〇―一六二頁、吉岡（二〇一一）、一二一―一二二頁。

(62) 田原（二〇一一）、九九―一〇〇頁。

(63) 吉岡（二〇一一）、一二二―一二三頁。

(64) NHK ETV特集取材班（二〇一三）、一六六―一六九、一七六―一七七頁、桜井（二〇一一）、一二三―一二五頁。

(65) 吉岡（二〇一一）、九三―九四頁。

(66) 中日新聞社会部編（二〇一三）、一五一頁。

(67) 後述するように、電力会社と通産省は一九六〇年代以降、協調関係を強めていく。

(68) 吉岡（二〇一一）、一一九―一二三頁。

(69) NHK ETV特集取材班（二〇一三）、一五一―一六、三〇一―三〇三、三〇九―三一三、三七二頁、竹内（二〇一三）、五八頁。伊原義徳は、一九四七年に商工省機械局に入局し、五四年に通産省工業技術院に異動して、最初の原子力予算の編成を担当する。一九五五年に日本初の原子力留学生として、アメリカのアルゴンヌ国立研究所へ留学し、実用的な原子力の技術を学ぶ。その後、科学技術庁で原子力局次長や事務次官を歴任し、その後も日本原子力研究所理事長や日本原子力学会会長、原子力委員会委員長代理などを務めた。

(70) 吉岡（二〇一一）、一一二―一一三頁、秋元（二〇一四）、七〇頁。
(71) 武田（二〇一五）、一四八頁。
(72) NHK ETV特集取材班（二〇一三）、三一三―三一六頁。
(73) NHK ETV特集取材班（二〇一三）、三二二―三二三頁、吉岡（二〇一一）、一〇七頁。
(74) 桜井（二〇一一）、一三四―一三八頁。
(75) 吉岡（二〇一一）、一〇七―一〇八頁。
(76) 吉岡（二〇一一）、一二四―一二五頁。
(77) NHK ETV特集取材班（二〇一三）、三一九―三二二頁。
(78) 本田（二〇〇五）、六四―六五頁。
(79) 吉岡（二〇一一）、一二五―一二六頁。
(80) 吉岡（二〇一一）、一二六―一二七頁、NHK ETV特集取材班（二〇一三）、三二六頁。
(81) 吉岡（二〇一一）、一二七―一二九頁。
(82) 有馬（二〇一二）、一五七頁。
(83) 吉岡（二〇一一）、一三一頁。
(84) 武田（二〇一五）、一五二頁。
(85) 吉岡（二〇一一）、一二九―一三二頁、国立研究開発法人日本原子力研究開発機構ウェブサイト「バックエンド研究開発部門　人形峠環境技術センター　センターの紹介　センター施設概要　濃縮工学施設」（https://www.jaea.go.jp/04/zningyo/2-7.html）（二〇一七年八月二一日最終確認）。

第2章

(1) 吉岡（二〇一一）、一五二―一五三頁、NHK ETV特集取材班（二〇一三）、二四七―二四九頁。岩佐訴訟については、内橋（一九八六）、二七五―三四二頁。
(2) NHK ETV特集取材班（二〇一三）、二五〇―二五一頁。
(3) 城山（二〇一二）、二六五―二六六頁。
(4) NHK ETV特集取材班（二〇一三）、二五一―二五七頁、本田（二〇〇五）、一三八―一四〇頁、吉岡（二〇一一）、一五九―一六〇、一八六頁、城山（二〇一二）、二六七―二六八頁、内閣官房ウェブサイト「原子力委員会の歴史（一九五〇年代～現代）」内閣府原子力政策担当室（http://www.cas.go.jp/jp/seisaku/genshiryoku_kaigi/dai1/sankou3-1.pdf）（二〇一七年八月二一日最終確認）。
(5) 吉岡（二〇一一）、一〇九、一五七―一五九頁、NHK ETV特集取材班（二〇一三）、二六九―二七〇頁、中日新聞社会部編（二〇一三）、一六七―一六九頁、秋元（二〇一四）、八二―八三頁。
(6) NHK ETV特集取材班（二〇一三）、二七二―二七四頁、福島県ウェブサイト「福島復興ステーション 復興情報ポータルサイト 避難区域の変遷について―解説―」（二〇一七年四月五日更新）(http://www.pref.fukushima.lg.jp/site/portal/cat01-more.html)（二〇一七年九月九日最終確認）。
(7) 秋元（二〇一四）、二二五―二二六頁。
(8) 城山（二〇一二）、二六七―二六八頁、内橋（一九八六）、六二頁。
(9) 秋元（二〇一四）、二一〇頁。
(10) 吉岡（二〇一一）、一四三―一四六頁。また吉岡は、通産省が産業政策的見地から電力業界に要請して、九電力会社をGE・東芝・日立製の沸騰水型軽水炉採用会社グループとウェスティングハウス・三菱グループ製の加圧水型軽水炉採用会社グループに分割させたと推察している。二〇〇〇年末時点で、沸騰水型軽水炉は二八基（東電一七基、中部電力四基、東北電力二基、中国電力二基、北陸電力一基、原電二基）、加圧水型軽水炉は二三基（関電一一基、九州電力六基、北海道電力二基、四国電力三基、原電一基）と、二つの炉型の基数も拮抗しているという。吉岡（二〇一一）、一二三頁。
(11) 吉岡（二〇一一）、一四六―一四八頁、NHK ETV特集取材班（二〇一三）、一五一、一七二、二五七―二六二頁。
(12) NHK ETV特集取材班（二〇一三）、二六二―二六七頁、吉岡（二〇一一）、一六一、一八九―一九一頁。
(13) 吉岡（二〇一一）、一二四、一九〇―一九一頁。
(14) 吉岡（二〇一一）、一四八、一五〇―一五一頁、本田（二〇〇五）、一〇二―一〇五頁、中日新聞社会部編（二〇一三）、一四五―一四八頁。
(15) 橘川（二〇〇四）、三四〇―三四一、四五四―四五七、四八二―四八三頁、橘川（二〇一一）、一四三―一四四頁。
(16) 山岡（二〇一一）、一一四―一一八頁、秋元（二〇一四）、八七頁。
(17) 吉岡（二〇一一）、一八二―一八六頁。
(18) 本田（二〇〇五）、一八四―一八五頁。
(19) 吉岡（二〇一一）、一五一―一五二頁、本田（二〇〇五）、一八六―一八八頁。
(20) 鈴木（一九八三）、三八―四四頁、朝日新聞「原発とメディア」取材班（二〇一三）、二八八―二九一頁、『週刊東洋経済』二〇一一年六月一一日号、五七

頁、NHK ETV特集取材班（二〇一三）、二三八―二四二頁、一般財団法人日本原子力文化財団ウェブサイト「財団紹介」（http://www.jaero.or.jp/data/04profile/profile_top.html）（二〇一七年八月二〇日最終確認）。

(21) NHK ETV特集取材班（二〇一三）、三二三―三二六頁。

(22) 吉岡（二〇一一）、一六二―一六七、一七一、二三八頁。

(23) 以下、核燃料再処理計画については、吉岡（二〇一一）、一六七―一七一頁、本田（二〇〇五）、一八八―一九二、一九四―一九五頁、秋元（二〇一四）、二〇六―二〇七頁、による。

(24) NHK ETV特集取材班（二〇一三）、三二六頁。

(25) 吉岡は、通産省が国内再処理事業推進の立場をとった理由は不明としつつも、石油危機やインド核実験などから、海外への再処理委託が国際政治上のさまざまな要因により不安定さを免れないことを痛感していたからではないかと推察している。吉岡（二〇一一）、一六九頁。

(26) 吉岡（二〇一一）、一四、一七二―一七四頁、NHK ETV特集取材班（二〇一三）、三二七頁。

(27) 吉岡（二〇一一）、一七四―一七五頁。

(28) NHK ETV特集取材班（二〇一三）、三三九―三三二頁、太田（二〇一五）、一二一―一二五頁。

(29) NHK ETV特集取材班（二〇一三）、三三二―三三四頁、有馬（二〇一二）、一一四―一一七、一四五―一五三頁、「NHKスペシャル」取材班（二〇一二）、七二―七九頁。

(30) NHK ETV特集取材班（二〇一三）、三三四―三三五頁。

(31) 吉岡（二〇一一）、一七五頁、中日新聞社会部編（二〇一三）、一六四―一六七頁。

(32) 有馬（二〇一二）、一九六―一九七頁。

(33) 一九七二年九月一日に田中角栄首相はアメリカのリチャード・ニクソン大統領との首脳会談で、アメリカの対日貿易赤字削減策の一環として、一〇年分の濃縮ウラン一万トンSWUの購入を約束している（この際に購入を約束した三億二〇〇〇万ドルの米国製民間航空機が、ロッキード事件につながる）。その後、石油危機が発生し、田中は資源外交を展開、一九七三年九月二三日にフランスのピエール・メスメル首相との会談で、一九八〇年から一〇年間、毎年一〇〇〇トンSWUの濃縮ウランを輸入することを約束した。これにより、一九八〇年からアメリカの独占供給が崩れることになった。山岡（二〇一一）、一三九―一四五頁、

中日新聞社会部編（二〇一三）、一三四―一三七、一四一―一四四頁。

(34) ＮＨＫ ＥＴＶ特集取材班（二〇一三）、三二七―三二八、三三五―三三六頁、吉岡（二〇一一）、一四、一七五―一七六頁、武田（二〇一五）、一五六―一九六頁、太田（二〇一四）、二〇四―二一三頁、中日新聞社会部編（二〇一三）、一五七―一六四頁。交渉の経緯については、有馬（二〇一二）、二〇二―二一二頁、も参照。

(35) ＮＨＫ ＥＴＶ特集取材班（二〇一三）、三三八―三三九頁。

(36) 吉岡（二〇一一）、一七六―一七七頁、ＮＨＫ ＥＴＶ特集取材班（二〇一三）、三三五―三三七頁、武田（二〇一五）、一九七―二〇五頁、太田（二〇一四）、二一三―二一四頁。

(37) 吉岡（二〇一一）、二二九―二三〇頁、有馬（二〇一二）、二一三―二一八頁、太田（二〇一四）、二一五―二一八頁、太田（二〇一五）、一六七―一六九、一七二―一七四頁、中日新聞社会部編（二〇一三）、一七七―一八四頁。

(38) 有馬（二〇一二）、二一九頁。

(39) ＮＨＫ ＥＴＶ特集取材班（二〇一三）、三三九―三四一頁。もっともアメリカは、日本の使用済み核燃料再処理を無条件に認めたわけではなかった。一九八七年の時点で日本の原発で使用する濃縮ウランの九〇パーセントはアメリカに、一〇パーセントはフランスに依存しており、ウラン濃縮の国内事業化は実現できていなかった。しかしアメリカは、日本がウラン濃縮の国産化に成功した場合に備えて、たとえ日本産の核燃料であっても、アメリカが機材提供した原子炉で燃やした場合、出てくる使用済み核燃料を協定の規制対象とするように要求し、その趣旨の条文を入れさせたのである。太田（二〇一四）、二一八―二二二頁。

(40) ＮＨＫ ＥＴＶ特集取材班（二〇一三）、三三八―三三九頁。

(41) 吉岡（二〇一一）、一七一頁。

(42) 吉岡（二〇一一）、一九二―一九五頁、本田（二〇〇五）、一八九、一九二頁。

(43) 吉岡（二〇一一）、一九五―二〇〇頁、山岡（二〇一一）、一五六―一七〇頁、中日新聞社会部編（二〇一三）、一七四―一七五頁、宮崎（二〇一二）。

(44) 吉岡（二〇一一）、二〇一、二〇九―二一〇頁、秋元（二〇一四）、一六六頁。

(45) 原発労働者の被曝問題については、樋口（二〇一一）などを参照されたい。

(46) 以上の経緯については、本田（二〇〇五）、本田

（二〇一四）。

(47) 土井（二〇一一）、一二七―一二九頁。

(48)「安全文化」とは、IAEAがチェルノブイリ原発事故を受けてまとめた調査報告書で用いられた言葉で、その定義は「原子力施設の安全性の問題が全てに優先するものとして、その重要性にふさわしい注意が払われることが実現されている組織・個人における姿勢・特性」というものである。IAEAは報告書で、ソ連の安全文化の欠如を指摘している。NHK ETV特集取材班（二〇一三）、二八一―二八二頁。

(49) 以上、吉岡（二〇一一）、二二〇―二二七頁。

(50) 朝日新聞「原発とメディア」取材班（二〇一三）、三〇七―三〇九頁、本田（二〇〇五）、二三五―二三六頁。

(51) 朝日新聞「原発とメディア」取材班（二〇一三）、三二一―三二三頁、中日新聞社会部編（二〇一三）、一九〇―一九一頁。中田（二〇一一b）、五八―六一頁、も参照。実は日本原子力文化振興財団は、一九八一年にも「PAに影響する社会的ならびに心理的要因に関する調査研究」をまとめ、マスコミ対策の具体的なノウハウを記している。内橋（一九八六）、五七―六〇頁。なお原発PRに関わってきた文化人・タレントについては、佐高（二〇一四）、中田（二〇一一a）、土井（二〇一一）、一一八―一二六頁、などを参照。

(52) 吉岡（二〇一一）、二〇一―二〇二頁、宮崎（二〇一二）、一三四―一四一頁、共同通信連載企画『日本を創る　原発と国家』第四部『電力』の覇権」Vol.06「政治家を操る」(http://www.47news.jp/47topics/tsukuru/article/post_39.html)（二〇一四年一〇月二一日最終確認）、一ノ宮美成＋グループ・K21（二〇一一）、八四―八五頁、『NHKスペシャル　3・11あの日から1年「調査報告　原発マネー」～〝3兆円〟は地域をどう変えたのか～』（二〇一二年三月八日放送）。

(53) 本田（二〇〇五）、二二二―二二四頁、吉岡（二〇一一）、二二八頁。

第3章

(1) 吉岡（二〇一一）、一四三―一四六頁、鈴木（二〇一四）、六五頁。

(2) 吉岡（二〇一一）、二九〇―二九二頁。

(3) 山口（二〇〇七）。

(4) 原発は経済面・安全面から、二四時間休みなく運転を続ける。このため原発の数が多いと、夜間電力が余ってしまう。そこで余剰電力を使って、水を下のダムから上のダムに汲み上げ、昼間に下のダムに水を落として水力発電を行う。これが揚水発電である。吉岡（二〇一一）、二九三頁。

(5) 原発は維持・管理費が圧倒的に高い発電方法である。朝日新聞経済部によると、二〇一二年度には北海道電力泊原発三号機が五月五日まで、関電大飯原発三・四号機が七月から稼働していただけで、国内ではほとんど原発は動いていなかった。しかしながら、九電力会社の「原子力発電費」（維持・管理費、修繕費、そのための人件費など）は、一兆二六五七億円に上る（さらに、東京、関西、中部、北陸、東北の五電力会社が、発電していないにもかかわらず、原電に支払った「購入電力料」も約一五〇〇億円に上る）。各電力会社の原発費用を二〇一〇年度と比べると、平均で七四パーセントにもなる。このように原発は動かさなくても多額の費用がかかるため、電力会社は原発を何としても動かしたいのである。朝日新聞経済部（二〇一三）、一〇―一三頁。

(6) 以上、吉岡（二〇一一）、二九〇―二九五頁、小森（二〇一三）、一四七頁。

(7) 『日本経済新聞』二〇〇八年一一月一九日付夕刊。

(8) 『朝日新聞』二〇一一年七月二三日付朝刊。

(9) 鈴木（二〇一四）、六九―七一頁。

(10) 吉岡（二〇一一）、二三一―二三四頁。

(11) ＮＨＫ ＥＴＶ特集取材班（二〇一三）、三四一―三四四頁。

(12) 『朝日新聞』二〇一七年八月二日付朝刊。

(13) 吉岡（二〇一一）、二三五―二三六頁。

(14) 吉岡（二〇一一）、二三六―二三七頁。

(15) 吉岡（二〇一一）、二三八―二四〇頁。

(16) ＮＨＫ ＥＴＶ特集取材班（二〇一三）、三五一―三五四頁。

(17) 吉岡（二〇一一）、二八四頁。

(18) 吉岡（二〇一一）、二四〇―二四二頁。

(19) 吉岡（二〇一一）、二五〇―二五五頁、ＮＨＫ ＥＴＶ特集取材班（二〇一三）、三五七―三五八頁。

(20) ＮＨＫ ＥＴＶ特集取材班（二〇一三）、三五八―三六〇頁。

(21) 本田（二〇〇五）、二五四―二五七頁、吉岡（二〇一一）、二六四―二六五頁。

(22) 吉岡（二〇一一）、二五六―二六三頁、山岡（二〇一一）、一八九―一九〇頁。

(23) 吉岡（二〇一一）、二七二―二七四、三一三―三一六頁、ＮＨＫ ＥＴＶ特集取材班（二〇一三）、三六一―三六二頁。

(24) 『朝日新聞』二〇一六年二月二八日付朝刊。

(25) 吉岡（二〇一一）、二七四頁。

(26) 吉岡（二〇一一）、二六八―二七二頁。
(27) 吉岡（二〇一一）、二七四―二七八頁、本田（二〇〇五）、二五一頁。
(28) 吉岡（二〇一一）、二七九―二八七頁。
(29) 吉岡（二〇一一）、二八七―二九〇頁、NHK ETV特集取材班（二〇一三）、二八三―二八六頁、北山（二〇〇八）、一二九―一三一頁。
(30) 城山（二〇一二）、二七〇―二七一頁、北山（二〇〇八）、一三〇―一三二頁。
(31) 吉岡（二〇一一）、三七―三八、三〇九―三一〇頁、城山（二〇一二）、二七一―二七二頁。
(32) 安西（二〇一二）、一六八頁。
(33) 本田（二〇〇五）、二五一―二五二頁。
(34) 北山（二〇〇八）、一三三頁、秋元（二〇一四）、二二九―二三〇頁。なお秋元によると、原子力安全と産業保安に携わる官僚の間でも、「文部省（再編後は文部科学省）と一緒になるくらいなら通産省（再編後は経済産業省）の方がいい」という声が強かったという。
(35) 吉岡（二〇一一）、三一一頁。
(36) 共同通信連載企画『日本を創る　原発と国家』第三部「電力改革の攻防」Vol. 02「進まなかった規制官庁独立」(http://www.47news.jp/47topics/tsukuru/article/post_30.html)（二〇一四年一〇月一四日最終確認）、北山（二〇〇八）、一三〇、一三二、一三三―一三四頁。中川秀直・元衆議院議員も、通産省が省を挙げて根回しをし、科技庁の原子力行政部門を確保したと証言している。大鹿（二〇一三）、三五七―三五八頁。もっとも北山俊哉によると、二〇〇〇年代に入り原子力施設の事故や不祥事が相次いだことから、「科学技術庁、文部科学省は、うまく売り抜けた一方、通産官僚の中には『ごみ箱』を押しつけられたという声もある」という。北山（二〇〇八）、一三四頁。
(37) 民主党は野党時代、原子力安全・保安院を、原子力推進の経済産業省から分離・独立させると主張していた。だが民主党政権発足直後に、電力会社出身の国会議員秘書が、原子力政策に関わる官僚の目の前で、「独立した原発の安全審査機関の設立など全力で阻止する」と言い放っていたという。実際のところ民主党政権では、福島第一原発事故が発生するまで、独立した安全規制機関を設置する動きはまったく見られなかった。共同通信連載企画『日本を創る　原発と国家』第三部「電力改革の攻防」Vol. 02「進まなかった規制官庁独立」(http://www.47news.jp/47topics/tsukuru/article/post_30.html)（二〇一四年一〇月一四日最終確認）。

(38) 吉岡（二〇一一）、三一一―三一二頁。

(39) くわえて、ある元経産官僚は次のように解説する。「電力会社は、総括原価の発想で何でも高く買う。プラントメーカーも商社も鉄鋼メーカーも、電力会社に甘やかされた。そして、円高が進んだ一九九〇年代後半、日本の企業は海外のプラント受注で連戦連敗した。国内でも地域経済は電力会社が動向を握っている。このぬるま湯を絶たないと日本の企業は強くならない」。朝日新聞経済部（二〇一三）、一三七頁。ただし中長期的に見た場合、電力自由化が必ずしも電気料金の値下げをもたらすわけではない。主要国のほとんどでは、自由化後のほうが、自由化以前に比べて電気料金が高くなっている。これは、多くの国で自由化後に、環境税や再生可能エネルギー電気の固定価格買い取り制度が導入されたからであり、また火力発電は、燃料価格の動向に影響を受けるからである。小澤（二〇一六）、一一二―一一六頁。

(40) さらに佐藤は、一九九六年一〇月の衆議院総選挙で、中国電力が労組とともに反対陣営に回ったことを恨んでいたともいう。李（二〇一二）、一八七頁。その後、佐藤は二〇〇〇年、二〇〇三年の衆議院総選挙（山口二区）で連敗する（二〇〇三年は比例代表で復活当選）。地元では、電事連の意向を汲んだ中国電力が佐藤の選挙運動をサボタージュしたためと見られていたという。有森（二〇一一）、一五三頁。

(41) 『朝日新聞』二〇一二年一月二九日付朝刊。なお南によると、南自身は完全自由化後の発送電分離には積極的であったのだが、このとき、発送電分離に反対したのには、次のような理由があったという。従来、経産省は、発電所や料金設定について強い関心を持つ一方、送電網にはそれほど関心を持ってこなかった。発電所の場所や大きさ、使う燃料などについては細かく報告を求め、電気料金やサービス内容も、総括原価方式のもとで許可していた。しかし、これらを自由化すると、経産省は許認可権限を失うことになる。そこで経産省は、電気事業者の独占が続くグリッド・システム（送配電網）で許認可権限を強化しようとした。具体的には、送電線や変電設備の配置や規模、発電所を需要に応じて発電したり止めたりするための運営システムを対象にしようとした。電力会社からすると、送電設備や配電設備の設置については、地主などとの交渉が確定しないと決められないし、電気需要への対応や修繕などは臨機応変に行う必要がある。そのため、行政の許認可が関わると対応が不自由になり、安定供給の責任が持てなくなる。それに対し経産省の考えは、送電会社を公的な会社にして、給料は公務員並みとし、料金もぎりぎりまで安くさせ、新しいビジネスはやらなくてよい、要するに、技術系の地味な会社にするというものであった。結局、送電網に対する権限をめぐって両者は対立し、南は発送電分離に真っ向から反対することにしたのだという。朝日新聞経済部（二〇一三）、一四三―一四五頁。このことからすると、経産省の電力自由化派官僚を、自由化を求める改革派とみなすのは短絡的で、実のところ彼らは、電力会社の力を削減し、自らの権限を拡大することを目的としていたようにも見える。

(42) 竹内（二〇一三）、二〇〇、二一二頁。

(43) この内部告発の詳細については、奥山（二〇一四）を参照。

(44) 歴代社長四人が辞任を余儀なくされたのは、改竄発覚後の記者会見で南社長が、福島第一原発でのプルサーマル計画について、「信頼を損ねた以上、私どもからお願いすることはできない」と発言したことに対し、経産省幹部が、「原子力政策の身動きが取れないようになった」と激怒したことが発端という説もある。安西（二〇一二）、一七〇―一七一頁。

(45) 具体的には、地域を越えれば越えるほど託送料が積み重なる「パンケーキ」と言われる制度を廃止し、各地域にある「系統利用料金」に一本化した。竹内（二〇一三）、二〇一頁。

(46) 九電力会社のうち、他社管内で電力を販売している例は、二〇一二年の時点で、九州電力が広島市内のスーパーに電力を供給している一件だけであった。竹内（二〇一三）、一八九―一九〇頁。電力会社は地域独占の維持を図り、業界内での競争を回避しようとしたのである。以上、第一次から第三次にかけての電力自由化の過程については、有森（二〇一一）、一五〇―一五四頁、大鹿（二〇一三）、二六六―二八一頁、竹内（二〇一三）、一八四―二一八頁、斎藤（二〇一二）、二六〇―二七五頁、小森（二〇一三）、一四七―一五三頁、李（二〇一二）、一九二―一九三頁、吉岡（二〇一一）、三〇四―三〇六頁、『朝日新聞GLOBE』二〇〇九年一〇月五日付、『朝日新聞』二〇一二年一月二九日付朝刊、を参照した。

(47) 吉岡（二〇一一）、三二一―三二二頁。

(48) 竹内（二〇一三）、七九頁。東電が日常的に検査官に対して虚偽報告を行っていたこと、それを原発に素人の検査官がまったく見抜けなかったことについては、元東電社員の証言がある。依光（二〇一二）。

(49) 吉岡（二〇一一）、三二二頁。

(50) 本田（二〇〇五）、二七〇頁。科学技術の発展に対して行政の対応は遅れがちであり、原子力安全規制が科学技術の発展に十分対応するものになっていなかったことが、検査記録改竄の一因だとする見解については、城山（二〇一二）、二七二―二七四頁。

(51) 秋元（二〇一四）、一六五―一六六頁、日本原燃ウェブサイト「事業情報　廃棄物管理事業の概要」(http://www.jnfl.co.jp/ja/business/about/hlw/summary/)（二〇一七年九月九日最終確認）。

(52) 太田（二〇一五）、一〇四頁、朝日新聞青森総局（二〇〇五）、五七―五八頁、竹内（二〇一三）、八五、八八―八九頁。

(53) 小森（二〇一六）、一六四―一六五頁、竹内（二〇一三）、八五―八七頁。

(54) 太田（二〇一四）、一八五―一九一頁。

(55) 小森（二〇一六）、一六五―一六六頁。太田昌克によると、二〇〇一年から〇二年にかけて、資源エネルギー庁原子力政策課の幹部であった安井正也は、平沼赳夫・経産相に対して、巨額の事業資金など、使用済み核燃料の再処理を継続することの否定的側面を力説し、事業継続の再考を求めたという。これに対し平沼は、「金の話だけでは済まない」と述べ、核燃料サイクルには経済的な利得を越えた別次元の国益、すなわち、大量のプルトニウムを生成する核燃料サイクルが持つ「潜在的核能力」が関わっているとの認識を示したという。太田の取材に対して平沼は、こうしたやり取りの存在を否定したうえで、「今の国際状況を見たら、あんまり〔外国が日本に〕無理無体を言うのだったら、日本が〔核兵器を〕持つようなことになるかもしれないよ、というブラフくらいはかけてもいいと思う」と述べたという。さらに平沼は、「無理無体を言う」外国には、北朝鮮や中国、そして長年、日本の安全保障を切り札に経済交渉で圧力をかけてきたアメリカも含まれるとし、アメリカが日本を窮地に追い込むようなことがあれば、独自核武装の潜在的能力を梃子にアメリカから譲歩を引き出せるとの考えを示したという。太田（二〇一四）、二三一―二三四頁。

(56) 共同通信連載企画『日本を創る　原発と国家』第三部「電力改革の攻防」Vol.03「試運転直前のクーデター」(http://www.47news.jp/47topics/tsukuru/article/post_31.html)（二〇一六年二月一七日最終確認）。

(57) 吉岡（二〇一一）、三三二―三三三頁、谷江（二〇一五）、経済産業省資源エネルギー庁ウェブサイト「バックエンド事業全般にわたるコスト構造、原子力発電全体の収益性等の分析・評価――コスト等検討小委員会から電気事業分科会への報告」(http://www.enecho.meti.go.jp/committee/council/electric_power_industry_subcommittee/010_pdf/010_005.pdf)（二〇一七年八月三一日最終確認）。

(58) 以上、核燃料サイクルをめぐる若手官僚の行動については、大鹿（二〇一三）、二七八―二八〇頁、竹内（二〇一三）、八五、八九―九八頁、吉岡（二〇一一）、三三四―三三五頁、小森（二〇一六）、一一七―一二一頁、太田（二〇一四）、一七四―一八四、一九一―一九四、一九六―一九八頁。

(59) 小森（二〇一六）、一六六―一六八頁。

(60) 共同通信連載企画『日本を創る　原発と国家』第四部「『電力』の覇権」Vol.02「官界へ影響力行使」(http://www.47news.jp/47topics/tsukuru/article/post_35.html)（二〇一六年二月一七日最終確認）。また、ある経産官僚は、「電力業界は、経産相に官僚の評判を吹き込んで省内人事を操作してきた」と証言している。その官僚は上司に、経産相から聞いた話として、「君は電力から評判が悪いようだね」と言われたともいう。朝日新聞特別報道部（二〇一四）、一七九頁。

(61) 大鹿（二〇一三）、二八〇―二八一頁、竹内（二〇一三）、九一頁。詳細については、『朝日新聞』二〇一四年一〇月二三日付朝刊、も参照。

(62) 吉岡（二〇一一）、三三一―三三八頁、竹内（二〇一三）、九九―一〇三頁。

(63) 『週刊東洋経済』二〇一一年四月二三日号、四四頁。

(64) 斎藤（二〇一二）、二一三、二三四頁。

(65) 大鹿（二〇一三）、二六七―二六九頁、『週刊東洋経済』二〇一一年四月二三日号、四四頁。

(66) 安西（二〇一二）、一七〇頁、斎藤（二〇一二）、二七一頁。一九九六年に発足した橋本龍太郎内閣で官房長官を務めた梶山静六は、自民党が下野した際に新進党に擦り寄った企業を「こっぴどく締め上げた」。とりわけ電力との関係は悪く、発送電分離を打ち上げた佐藤の背後には、梶山がいたと見る向きもある。李（二〇一二）、一八六―一八七頁。

(67) 斎藤（二〇一二）、二三四、二七一頁。

(68) 李（二〇一二）、一八四―一八八頁。

(69) 加納は、参議院議員時代の「秘書五人のうち一人は東電を退職した人で、残る四人は、交代で三年ずつ東電を休職して来てくれました。東電の社長に『いい人がいたら推薦してください』とお願いしたんです」と語っている。『朝日新聞』二〇一一年五月二〇日付朝刊。まさに東電の利益代表であった。

(70) 加納自身、市場原理至上主義、新エネルギーへの過大・幻想的な期待、再処理・高速増殖炉路線を放棄してウラン燃料の使い捨て路線へ、という三つの危機的状況に対抗するため、同法を制定したと説明している。加納（二〇一〇）、九七―九九頁。

(71) 加藤らの反対を押し切り、公明党もRPS法案への賛成を決める。環境重視で反原発色が強かった公明党ではあるが、自民党と連立政権を維持する必要から妥協したと見られた。もっとも、「電力は全方位で政界対策をやっている。公明党に対してもその成果が出た」、「バブル崩壊後の就職氷河期に、電力会社や関連企業がかなりの数の学会員（公明党の支持母体である創価学会員、引用者注）子弟を受け入れていたんです」という指摘もある。李（二〇一二）、一九二頁。

(72) 以上、RPS法とエネルギー政策基本法の制定過程については、李（二〇一二）、一八〇―一八四、一八九―一九二頁、共同通信連載企画『日本を創る　原発と国家』第三部「電力改革の攻防」Vol.04「つぶされた市民自然エネルギー法案」(http://www.47news.jp/47topics/tsukuru/article/post_30.html)（二〇一四年一〇月一四日最終確認）、斎藤（二〇一二）、二七一―二七四頁、秋元（二〇一四）、一七五―一七八頁。

(73)『朝日新聞』二〇一一年五月二五日付朝刊、吉岡（二〇一一）、三三一頁、秋元（二〇一四）、一七八―一七九頁、経産省資源エネルギー庁ウェブサイト「エネルギー基本計画　平成一五年一〇月」(http://www.enecho.meti.go.jp/category/others/basic_plan/pdf/0301007energy.pdf)（二〇一七年九月九日最終確認）。

(74) 吉岡（二〇一一）、三二三―三二五頁、小森（二〇一三）、一六九―一七〇頁、恩田（二〇一一）、一四二―一四四頁、『朝日新聞』二〇〇七年四月二一日付朝刊。

第4章

(1) 鈴木（二〇一四）、八四―八七頁、中野（二〇一五）、三三―三六頁。

(2) 鈴木（二〇一四）、六二―六三頁、吉岡（二〇一一）、一八八―一九一頁。

(3) 鈴木（二〇一四）、七二頁、山岡（二〇一五）、三九―四〇頁。

(4) 吉岡（二〇一一）、三四五頁、中野（二〇一五）、四一頁、安西（二〇一二）、七〇頁。

(5) 吉岡（二〇一一）、三三八―三四〇頁、中野（二〇一五）、九八―一〇〇頁。

(6) 鈴木（二〇一四）、七一―七三頁。

(7) 吉岡（二〇一一）、三四〇―三四一頁、竹内（二〇一三）、一〇九頁。

(8) 竹内（二〇一三）、一一一頁。

(9) 鈴木（二〇一四）、七四―七五頁。

(10) 二〇一〇年にGNEPは、「国際原子力エネルギー協力フレームワーク」（ＩＦＮＥＣ）に名称が変更された。

(11) 以上、鈴木（二〇一四）、八八―九一頁、遠藤（二〇一三）、九三頁。

(12)『朝日新聞』二〇〇九年六月一六日付夕刊。

(13) 大西（二〇一七）、一―四、一七―二八、四〇―四六、五一―五二、六一―九二、二〇五―二〇六頁、小森（二〇一四）、一二一―二〇頁、『朝日新聞』二〇一七年三月九日付朝刊、同一〇日付朝刊。

(14) 大西（二〇一七）、二〇八―二〇九頁、『日本経済新聞電子版』二〇一七年二月四日付、同四月二四日付、同七月三一日付。

(15) 吉岡（二〇一一）、三四二―三四三頁。

(16) 朝日新聞特別報道部（二〇一四）、一四五―一四六頁。

(17) 吉岡（二〇一一）、三二六―三二七頁、内閣府原子力委員会ウェブサイト「原子力の研究、開発及び利用に関する長期計画　平成六年六月二四日」（http://www.aec.go.jp/jicst/NC/tyoki/tyoki1994/chokei.htm）（二〇一七年九月一九日最終確認）。

(18) 朝日新聞特別報道部（二〇一四）、一四四―一四五頁、『朝日新聞』二〇一三年一〇月九日付朝刊。結局、実現されたのはＪヴィレッジのみであった。Ｊヴィレッジは、丘陵地帯五〇ヘクタールに、約五〇〇〇人収容のスタジアムと一一面の屋外練習場、屋内練習場、宿泊施設、フィットネスセンター、コンベンションホール、レストランなどを備えている。恩田（二〇一一）、一五七頁。

(19) ＮＨＫ　ＥＴＶ特集取材班（二〇一三）、三〇一頁。

(20) ＮＨＫ　ＥＴＶ特集取材班（二〇一三）、三四一―三四四、三四九―三六六頁、吉岡（二〇一一）、二四一頁。

(21) 吉岡（二〇一一）、三一三―三二〇、三二七―三二八頁、本田（二〇〇五）、二五八―二六二頁。

(22) 吉岡（二〇一一）、三二七―三三〇頁、『週刊文春　東京電力の大罪』臨時増刊二〇一一年七月二七日号、八九頁。佐藤によると、二〇〇二年に福島県が「核燃料税引き上げに関する条例の改正案」を公表したところ、東電の常務から副知事に電話がかかり、「あらゆる手段をもってしても潰します」と脅されたという。『週刊文春　東京電力の大罪』臨時増刊二〇一一年七月二七日号、八九頁。

(23) 吉岡（二〇一一）、三二三頁。

(24) 吉岡（二〇一一）、三三〇頁、『朝日新聞』二〇〇六年九月二六日付朝刊、同九月二七日付朝刊、同九月二八日付朝刊、同一〇月二四日付朝刊、同一〇月二八日付朝刊。

(25) 小和田（二〇一一）。朝日新聞特別報道部（二〇一四）、一〇八―一一二頁、も参照。

(26) 『朝日新聞』二〇一三年一〇月九日付朝刊。

(27) 『朝日新聞』二〇〇六年九月七日付朝刊、同一〇月二七日付朝刊、二〇〇七年六月二一日付朝刊、同六月二二日付朝刊。

(28) 『朝日新聞』二〇〇八年八月八日付夕刊。

(29) 『朝日新聞』二〇〇九年一〇月一五日付朝刊、同二〇一〇年九月二八日付朝刊。

(30) 『朝日新聞』二〇一二年一〇月一七日付朝刊。

(31) 『朝日新聞』二〇〇七年一月二三日付朝刊、同二〇一三年一〇月九日付朝刊。

(32) 『朝日新聞』二〇〇九年一一月五日付朝刊、同一二月三日付朝刊、同二〇一〇年三月二日付夕刊、同三月三一日付朝刊。

(33) 『朝日新聞』二〇一〇年二月三日付朝刊。

(34) 『朝日新聞』二〇一〇年二月一七日付朝刊、同八月六日付夕刊、同九月一八日付朝刊、同九月一八日付夕刊、同九月一九日付朝刊、同一〇月二七日付朝刊。

(35) 本田（二〇〇五）、二七一頁。

(36) 秋元（二〇一四）、一三八頁。

(37) 吉岡（二〇一一）、三四二―三四三、三四六―三四八頁、『朝日新聞デジタル』二〇〇七年七月二〇日付、同二〇一七年七月一四日付、『毎日新聞』二〇一六年一〇月一二日付夕刊。

(38) 『朝日新聞』二〇一一年六月一六日付朝刊。

(39) 以下、民主党の原子力政策の変遷については、『朝日新聞』二〇一一年九月二五日付朝刊、浅野（二〇一一）、自然エネルギー研究会（二〇一二）、二四―二七、八〇―八五頁、を参照した。

(40) 『朝日新聞』二〇一〇年三月六日付朝刊。

(41) 仙谷（二〇一三）、一九五―一九七頁。

(42) 『朝日新聞』二〇一〇年二月二四日付朝刊、同三月一八日付朝刊、47News ウェブサイト　共同通信連載企画『日本を創る　原発と国家』第六部「原子力マネー」Vol.01「原発輸出の内幕」(http://www.47news.jp/47topics/tsukuru/article/post_58.html)（二〇一六年二月一九日最終確認）。

(43) 『朝日新聞』二〇一〇年六月一九日付朝刊。

(44) 詳細は、47News ウェブサイト　共同通信連載企画『日本を創る　原発と国家』第三部「電力改革の攻防」Vol.04「つぶされた市民自然エネルギー法案」(http://www.47news.jp/47topics/tsukuru/article/post_32.html)（二〇一四年一〇月一四日最終確認）、を参照。

(45) 経産省幹部は、「これまでの原発メーカーだけの戦いに電力会社を巻き込めたことが大きい」と述べたという。『朝日新聞GLOBE』二〇一〇年八月二日付。

(46) 以上、吉岡（二〇一一）、三五六―三五八頁、仙谷（二〇一三）、一九七頁、『朝日新聞』二〇一〇年九月三〇日付朝刊、同一〇月二三日付朝刊、47Newsウェブサイト　共同通信連載企画『日本を創る　原発と国家』第六部「原子力マネー」Vol.01「原発輸出の内幕」(http://www.47news.jp/47topics/tsukuru/article/post_58.html)（二〇一六年二月一九日最終確認）。

(47) 小森（二〇一六）、一三九―一四〇頁。

(48) 『朝日新聞』二〇一〇年六月二六日付朝刊、同七月一一日付朝刊。日印原子力協定は、二〇一六年一一月一一日に安倍晋三首相とナレンドラ・モディ首相とが署名を行い、国会承認を経て、二〇一七年七月二〇日に発効した。日本政府は、インドが核実験をした場合の協力停止措置の明記を目指していたものの、インド側が難色を示した。そこで協定とは別の「見解及び了解に関する公文」と題する関連文書に「日本の見解」として、インドが二〇〇八年九月に行った「核実験モラトリアム（一時停止）」声明を協定の「不可欠の基礎」とし、変更が生じた場合、協定を終了できる権利を有すると記載し、インド側もモラトリアム声明を再確認し、これらを「両国の見解の正確な反映と了解する」ことで折り合った。しかしながら、核実験を行った場合でも、それが対立するパキスタンなどへの対抗措置かどうかなどを考慮することを意味する条文が盛り込まれたため、核実験をしない保証が不十分なまま原子力技術を供与することになるという批判もなされた。『朝日新聞』二〇一六年一一月一二日付朝刊。

(49) 『朝日新聞』二〇一〇年八月二六日付朝刊。

(50) 『朝日新聞』二〇一〇年一一月一日付朝刊。

(51) 「大企業労使連合」については、伊藤（一九八八）、を参照。

(52) 電力中央研究所は、電力各社から拠出される負担金で運営される、職員数八四〇人、年間事業費約三〇〇億円に上る研究機関である。

(53) 添田（二〇一四）、添田（二〇一六）。東海原発については、NHK ETV特集取材班（二〇一三）、二九一頁、も参照。二〇一七年六月三〇日の東京地裁（福島第一原発事故での業務上過失致傷罪をめぐる裁判）での指定弁護士の冒頭陳述では、会長の勝俣恒久も出席した二〇〇九年二月一一日の新潟県中越沖地震をめぐる会議で、耐震バックチェックをめぐる議論がなされ、吉田昌郎・原子力設備管理部長が、「もっと大きな一四メートル程度の津波がくる可能性があるという人もいて、前提条件となる津波をどう考えるか整理する必要がある」と発言したことも指摘されている。『朝日新聞』二〇一七年七月一日付朝刊。

(54) 東京新聞原発事故取材班(二〇一二)、一六七―二一九頁。

(55) 海渡(二〇一一)、五八―七九頁。

(56) 東京新聞原発事故取材班(二〇一二)、一九一頁。電中研のOBは、全電源喪失への対応について、「その研究はタブーだった。そうした研究は東京電力などが許さなかった。原発は、四重、五重の安全策がほどこされている。それが、今度のように一度で全て失われるというような事態は想定していない。『そうした事態はあり得ない』というのが東京電力などの考え方で、『そんな研究をするなら金を出さない』というわけだ」と証言している。志村(二〇一一)、二〇一頁。同様の証言は、元日本原子力研究所職員や、元原子力安全委員会委員長からもなされている。NHK ETV特集取材班(二〇一三)、一七、二七〇―二七一頁。

第5章

(1) 『週刊東洋経済』二〇一一年四月二三日号、三七頁。

(2) 関連会社も多く、二〇一一年七月時点で二六四社(うち子会社一六六社、関連会社九八社)、従業員数は子会社一万六三〇〇人、関連会社一万六五〇〇人で、本社と合わせると六万九五〇〇人に上る。竹内(二〇一三)、二三〇―二三一頁。

(3) 竹内(二〇一三)、二三五―二三六頁、安西(二〇一二)、一三八―一三九頁、『週刊ダイヤモンド』二〇一一年五月二一日号、二八―二九頁。

(4) 『週刊東洋経済』二〇一一年四月二三日号、四一頁。また他の電力会社は、その地域では圧倒的に大きな企業であり、電力会社のトップが、各地域の経済団体のトップかナンバー2を占めてきた。竹内(二〇一三)、二三六頁、『週刊ダイヤモンド』二〇一一年五月二一日号、三三頁。

(5) 大鹿(二〇一三)、二六一―二六二頁、『週刊東洋経済』二〇一一年四月二三日号、四八頁。このため、莫大な設備投資を伴う原発事業が優遇されるようになったという指摘もよくなされる。たとえば、本田(二〇〇五)、六七頁など。

(6) 二〇一二年九月からの料金値上げを審査した電気料金審査専門委員会では、社員一人当たりの年間福利厚生費が三七・五万円、健康保険料の会社負担割合が七〇パーセント、財産形成貯蓄の利子補填率が年三・

五パーセント、リフレッシュ財形貯蓄の利子補塡率が年八・五パーセント、社宅が月三万一〇〇〇円程度、企業年金も高額であることなどが、問題とされた。竹内（二〇一三）、二二二―二二四頁。

(7) 斎藤（二〇一二）、二一八―二一九頁。

(8) 大鹿（二〇一三）、二六七―二六八頁。

(9) 朝日新聞経済部（二〇一三）、一三四―一三五頁。

(10) 『週刊ダイヤモンド』二〇一一年五月二一日号、二八―三二頁。

(11) 共同通信連載企画『日本を創る　原発と国家』第四部「『電力』の覇権」Vol.02「官界へ影響力行使」(http://www.47news.jp/47topics/tsukuru/article/post_35.html)（二〇一四年一〇月二一日最終確認）。

(12) 日本初の商業用軽水炉は原電の敦賀原発一号機で、一九七〇年三月に運転を開始していた。

(13) 橘川（二〇一一）、一四一―一四五頁。

(14) 竹内（二〇一三）、二〇〇、二一一頁。

(15) 有森（二〇一一）、一五〇―一五四頁。

(16) 大鹿（二〇一三）、二六二頁。

(17) 『週刊東洋経済』二〇一一年四月二三日号、三四頁。

(18) 大鹿（二〇一三）、二一〇、二四六頁。

(19) それゆえ、原子力政策での政官業の関係は「鉄の三角形」モデルよりも「三すくみ論」で説明できると見る向きもある。朝日新聞特別報道部は、「『電力業界』は〝許認可権〟を握る『官僚』に弱く、『官僚』は〝人事権〟を握る『政治家』に弱い」、「そこで『電力業界』は〝選挙とカネ〟で『政治家』に近づく」としている。朝日新聞特別報道部（二〇一四）、一七六頁。

(20) 大鹿（二〇一三）、三九七頁。

(21) 小松（二〇一二）、七一―七三頁、三宅（二〇一一）、一〇四―一一二頁、グループ・K21（二〇一一c）。東電が天下りを引き受けているのは経産官僚だけではない。二〇一一年八月末の時点で東電に天下りしている中央官庁の官僚OBは約五〇人で、経産省のほか、国土交通省、外務省、財務省、警察庁、海上保安庁と多岐にわたる。また、電力会社が資金を拠出しているエネルギー関連公益法人には、少なくとも一二一人の官僚OBが天下りしていたことが明らかになっている。土井（二〇一一）、八二頁、『毎日新聞』二〇一一年九月二五日付朝刊。

(22) 小松（二〇一二）、七一―七四頁、グループ・K21（二〇一一c）。東電から官庁への出向は二〇〇〇年以降、二三人であったという。共同通信連載企画『日本を創る　原発と国家』第四部「『電力』の覇権」

Vol.02「官界へ影響力行使」(http://www.47news.jp/47topics/tsukuru/article/post_35.html)（二〇一四年一〇月二一日最終確認）。

(23) 土井（二〇一一）、八二―八三頁。

(24) 小松（二〇一二）、七一―七四頁、グループ・K21（二〇一一c）。

(25) 朝日新聞経済部（二〇一三）、一三五頁。

(26)『週刊文春　東京電力の大罪』臨時増刊二〇一一年七月二七日号、九〇頁。

(27) 伊藤（二〇一一）、九三頁。

(28) 大鹿（二〇一三）、四〇一頁。有森隆は、「コネで東電に入った有力政治家や高級官僚の子弟は多数いる」と記している。有森（二〇一一）、一五二頁。

(29) 朝日新聞経済部（二〇一三）、一三五―一三六頁。

(30)『週刊文春　東京電力の大罪』臨時増刊二〇一一年七月二七日号、九〇―九一頁。

(31)『朝日新聞』二〇一一年一〇月一日付朝刊。

(32) 小松（二〇一二）、八五―八六頁。

(33) 志村（二〇一一）、一五一―一五四頁、朝日新聞特別報道部（二〇一四）、一六八頁。

(34) 朝日新聞特別報道部（二〇一四）、一七〇頁、志村（二〇一一）、一五七―一五九頁。

(35) グループ・K21（二〇一一a）。

(36) 朝日新聞特別報道部（二〇一四）、一七〇頁。このとき、電事連の広報予算は年間五〇億円と説明された。朝日新聞「原発とメディア」取材班（二〇一三）、二九四頁。

(37) 中日新聞社会部編（二〇一三）、一九一頁。

(38) 朝日新聞特別報道部（二〇一四）、一六二―一六六頁。東電の交際費は二〇〇九年度で約二一億円に上る。小松（二〇一二）、一二四―一二五頁。東電の交際費には、パーティー券の購入費用や原発の地元対策費も含まれるという。志村（二〇一一）、一六〇―一六一頁。東日本大震災後、電力業界の政界対策の主役は関電が担うようになり、東電は実質国有化された後、パーティー券の購入を打ち切った。しかしながら、東電の主要グループ企業である関電工がパーティー券購入を続けており、会社が目立たないようにするため役員個人で購入する分も増えているという。朝日新聞特別報道部（二〇一四）、一七四―一七五頁。

(39) 朝日新聞特別報道部（二〇一四）、一八〇―一八三頁。さらに先述したように、「コネで東電に入った有力政治家や高級官僚の子息は多数いる」という。有森（二〇一二）、一五二頁。コネかどうかは不明ではあるが、二〇一一年四月には自民党の石破茂・衆議院議員の娘が、東電に総合職として入社したことが報じられ、話題を呼んだ。『週刊文春』二〇一一年四月二八日号。
(40) 佐々木（二〇一一b）、一〇二―一〇四頁。
(41) 小松（二〇一二）、八九―九〇頁、土井（二〇一一）、九四―九九頁、『週刊東洋経済』二〇一一年四月二三日号、四一頁、『週刊文春　東京電力の大罪』臨時増刊二〇一一年七月二七日号、九二頁。
(42) 小松（二〇一二）、七五―七七頁。
(43) 石橋（二〇一一）、一二八―一二九頁、小松（二〇一二）、八七―八八頁。
(44) 『週刊東洋経済』二〇一一年六月一一日号、六九頁、『週刊ダイヤモンド』二〇一一年五月二一日号、三七頁、共同通信連載企画『日本を創る　原発と国家』第四部「『電力』の覇権」Vol. 05「反原発学者を監視」(http://www.47news.jp/47topics/tsukuru/article/post_38.html)（二〇一四年一〇月二一日最終確認）。
(45) 『週刊東洋経済』二〇一一年六月一一日号、六九頁。
(46) 日本労働組合総連合会ホームページ「連合について　構成組織」(http://www.jtuc-rengo.or.jp/rengo/shiryou/kousei/)（二〇一四年一〇月五日最終確認）。
(47) 小松（二〇一二）、六一―六六頁。
(48) 朝日新聞特別報道部（二〇一四）、一七四頁、『朝日新聞』二〇一一年二月一日付朝刊。
(49) 二〇一〇年参議院選挙愛媛選挙区で民主党から出馬した岡平知子も、四国電力総連から推薦を得るために労組幹部の面接を受け、原発についてどのように思っているのか、厳しく問いただされたと証言している。共同通信連載企画『日本を創る　原発と国家』第四部「『電力』の覇権」Vol. 06「政治家を操る」(http://www.47news.jp/47topics/tsukuru/article/post_39.html)（二〇一四年一〇月二一日最終確認）。
(50) 『朝日新聞』二〇一一年一二月一日付朝刊。
(51) 『朝日新聞』二〇一二年五月三〇日付朝刊。
(52) 『朝日新聞』二〇一二年一一月二五日付朝刊。
(53) グループ・K21（二〇一一b）、土井（二〇一一）、一三〇―一三四頁、小松（二〇一二）、六四―六五頁、『朝日新聞』二〇一一年一二月一日付朝刊。
(54) 『朝日新聞デジタル』二〇一二年一一月二五日付。
(55) 東電は労使一体の企業であった。東電に詳しい企業アナリストは、「東電では『労組にタテつくと人事考課が下がる』といわれています。労組委員長はほぼ例外なく役員になっているし、経営側がいいにくいことは労組が音頭をとったり、両者はまさに車の両輪。持ちつ持たれつの関係にあります」と解説している。

恩田（二〇一一）、一四九―一五〇頁。このような労使一体の企業になった背景については、斎藤（二〇一二）、が参考になる。
(56) 吉岡（二〇一一）、一九八―一九九頁、本田（二〇〇五）、二四頁。
(57) 本田（二〇〇五）、一四二頁。
(58) 『週刊ダイヤモンド』二〇一一年五月二一日号、三四―三六、四二頁。さらに二〇〇〇年一二月には、原発の周辺地域への振興策を一般会計からの国庫補助により強化する「原子力発電施設等立地地域の振興に関する特別措置法」（原発特措法）が成立する。
(59) 吉岡（二〇一一）、一五二頁、本田（二〇〇五）、一四三―一四四頁。
(60) 『週刊ダイヤモンド』二〇一一年五月二一日号、三六、四二頁。このため電源三法交付金で「ハコモノ」を作り、維持費の負担に苦しむ自治体からは、使途の拡充を求める声が高まった。そこで政府は二〇〇四年度から、使途や交付時期によって複雑に分かれていた交付金メニューを「電源立地地域対策交付金」に一本化し、原子力関連施設の立地段階だけではなく、運転段階でも手厚く交付が受けられるようにした。また、これまで公共施設の整備、企業誘致や産業近代化のための事業に限定されていた交付金の使途に「地域活性化事業」を追加し、特産品の開発、イベント支援、福祉、NPO支援、人材育成などのソフト事業にも充てられるようにした。くわえて、この交付金で整備した施設だけではなく、他省庁の交付金や市町村の自主財源で建設した施設の人件費や維持管理費にも使えるようにした。朝日新聞青森総局（二〇〇五）、一三―一四頁。
(61) 佐藤（二〇〇九）、五四頁、『朝日新聞』二〇〇九年一〇月一四日付朝刊（地方面・福島全県）。
(62) 吉岡（二〇一一）、三八三―三八四頁。
(63) 青森県ウェブサイト「しごと・産業」「原子力立地対策」「使用済燃料中間貯蔵施設（リサイクル燃料備蓄センター）の概要」（https://www.pref.aomori.lg.jp/sangyo/energy/0001tyuukan.html）（二〇一七年九月二五日最終確認）。
(64) 二〇一二年に放送されたNHKスペシャルによると、「むつ小川原地域・産業振興財団」には総額一八四億五七七〇万円（設立時五〇億円、その後、毎年五～六億円）が寄付されていた。その資金は、電事連が電力会社から集めたもので、それが財団に寄付され、青森県の全市町村に配られていた。きっかけは一九九一年の青森県知事選挙で、核燃料サイクル施設建設推進の現職が苦戦したため、調査したところ、原子力関連施設がなく交付金が配布されていない自治体で核燃料サイクル反対運動が高まっていたことがわかった。そこで青森県幹部が電事連幹部に要請して、一九九四年から寄付金の配分が始められたという。『ＮＨＫスペシャル　3・11　あの日から1年「調査報告　原発マネー」～〝3兆円〟は地域をどう変えたのか～』（二〇一二年三月八日放送）。

(65)　以上、東電の寄付金については、『朝日新聞』二〇一一年九月一五日付朝刊、朝日新聞特別報道部（二〇一四）、一四二―一四三頁。

(66)　『朝日新聞』二〇一一年一一月六日付朝刊。

(67)　『朝日新聞』二〇一一年一一月四日付朝刊。

(68)　本田（二〇〇五）、一四二―一四三頁。

(69)　『朝日新聞デジタル』二〇一四年三月二六日付。

(70)　『週刊ダイヤモンド』二〇一一年五月二一日号、三六―三七頁、『週刊東洋経済』二〇一一年四月二三日号、四三頁。東電がゼネコンにリベートを払い、ゼネコンが土地買収やクレーム処理など地元対策を行っている実例については、朝日新聞特別報道部（二〇一四）、六七―一五九頁、を参照のこと。

(71)　『ＮＨＫスペシャル　3・11　あの日から1年「調査報告　原発マネー」～〝3兆円〟は地域をどう変えたのか～』（二〇一二年三月八日放送）。

(72)　首相を議長とする電源開発調整審議会において、原発計画着手が承認され、電源開発基本計画に組み入れられるには、地元情勢を踏まえた地元都道府県知事の意向について考慮がなされるとされている。一般財団法人高度情報科学技術研究機構ウェブサイト「原子力百科事典ＡＴＯＭＩＣＡ」「電源開発調整審議会の役割と廃止後の措置（01-09-05-09）」（更新年月　二〇〇九年三月）（http://www.rist.or.jp/atomica/data/dat_detail.php?Title_No=01-09-05-09）（二〇一四年一〇月一六日最終確認）。なお電源開発調整審議会は、省庁再編により廃止され、その機能は、新たに設置された経産省総合資源エネルギー調査会の電源開発分科会に引き継がれた。

(73)　以上、本田（二〇〇五）、二四―二六頁、吉岡（二〇一一）、二六四―二六八頁。

(74)　政治学者であれば、マシュー・Ａ・クレンソンの非決定権力の研究で登場する、インディアナ州ゲーリー市でのＵＳスチールをすぐに想起するであろう。Crenson (1972). 日本では、熊本県水俣市でのチッソが典型例である。

(75)　恩田（二〇一一）、一五八―一六〇頁。

(76)　朝日新聞「原発とメディア」取材班（二〇一三）、三〇四―三〇七頁。

(77) 電力九社の普及開発関係費は、一九七〇年度から二〇一一年度までの四二年間で二兆四〇〇〇億円に上る。東電の普及開発関係費は、一九六五年度には七億六〇〇〇万円であったが、二〇一〇年度には二六九億円に増えている。またこれ以外にも、メディア以外でのPRやイベントに使われる「販売促進費」が、年間数百億円はあったという。海渡編（二〇一四）、二八、三二頁。

(78) 『週刊東洋経済』二〇一一年六月一一日号、七三頁。

(79) 以上、原発反対運動への嫌がらせについては、海渡編（二〇一四）。

(80) 寺澤（二〇一一）。

(81) 原発訴訟は、原子炉設置許可処分の取り消しあるいは無効を求める行政訴訟と、建設・運転の差し止めを求める民事訴訟に大別される。新藤（二〇一二）、二九、三八頁。

(82) 伊方原発一号炉設置許可取り消し訴訟では、原子炉安全専門委員会が設けた部会の延べ一三人が、いずれも一、二日の調査を七回行っただけであったこと、書類審査の資料の大半が、企業や関係省庁によって提出されたものであったこと、安全審査のための会議では審査委員の欠席が多く、議事録も作成されていなかったことが明らかになった。朝日新聞「原発とメディア」取材班（二〇一三）、九五―九七頁、海渡（二〇一一）、六―七頁。

(83) 海渡（二〇一一）、五八―七九頁。

(84) 二〇〇三年一月に名古屋高裁金沢支部が下した、内閣総理大臣による高速増殖炉もんじゅの原子炉設置許可処分の無効および動燃によるもんじゅの建設・運転の差し止め判決と、二〇〇六年三月に金沢地裁が下した、北陸電力志賀原発二号機の運転差し止め判決。

(85) 大嶽（一九九六）、四二―四五頁。

(86) 桜井（二〇一一）、一五六―一五七頁。

(87) 磯村、山口（二〇一三）、四〇―四七頁。

(88) 磯村、山口（二〇一三）、七六―八九頁。新藤宗幸は、最高裁事務総局が裁判官の人事評価や異動、昇給の基準を公開せずに、不透明な人事政策を行っているため、個々の裁判官が最高裁・上級審の意向に追随することで、司法内での地位向上や身分の安定を図るようになると論じている。新藤（二〇一二）、一四八―一四九、二〇八―二一二頁、磯村、山口（二〇一三）、一七〇頁。また新藤は、裁判官が法務省の訟務検事に、検事が裁判所の判事や判事補に任命される「判検交流」の悪影響についても論じている。裁判官が法務省の訟務検事となり、被告となった国側の代理人を務めることで、行政庁の判断に誤りはないという考えを強めてしまうというのである。新藤は、裁判官から法務省の訟務検事に転じ、原発訴訟で国側代理人を務め、後に判事に戻った裁判官の実例も挙げている。新藤（二〇一二）、一四九―一五八頁。

(89) 海渡（二〇一一）、六―八、二二二―二二六頁、磯村、山口（二〇一三）、一六三―一六八頁、朝日新聞「原発とメディア」取材班（二〇一三）、一〇六―一〇九頁、NHK ETV特集取材班（二〇一三）、二三三―二三四頁。

(90) もっとも、その裁判官によると、判決を出す前には、その影響の重さを考えると、なかなか寝付けず、真冬なのに体中から汗が噴き出すこともあったという。磯村、山口（二〇一三）、九二―九四、一一六頁。

(91) 磯村、山口（二〇一三）、二八―三〇頁、新藤（二〇一二）、五〇―五六頁。

(92) 磯村、山口（二〇一三）、四七―五一頁。一九九〇年三月二〇日の東電福島第二原発一号炉設置許可取り消し訴訟の仙台高裁判決では、「日本の全発電量の三割が原発」であり、「わが国は原子爆弾を落とされた唯一の国であるから、わが国民が原子力と聞けば、猛烈な拒否反応を起こすのはもっともである。しかし、反対ばかりしていないで落ち着いて考える必要がある」とし、「研究を重ねて安全性を高めて原発を推進するほかない」とする異例の意見が付けられている。これが、当時の多くの裁判官たちの素朴な考えであったのだろう。朝日新聞「原発とメディア」取材班（二〇一三）、一〇八頁、新藤（二〇一二）、三〇頁、秋元（二〇一四）、一〇六―一〇七頁。

(93) 土井（二〇一一）、八五頁、三宅（二〇一一）、一九六―二〇一頁。

(94) 詳細は、上丸（二〇一二）、朝日新聞「原発とメディア」取材班（二〇一三）、本間（二〇一六）、神林（二〇一一）、佐々木（二〇一一a）、佐々木（二〇一一c）、高橋（二〇一一a）、高橋（二〇一二）、中田（二〇一一b）などを参照。

(95) 資源エネルギー庁は、原子力への理解を促進させるため、二〇〇八年度には次のような事業を行い、多額の予算を費やしている。原子力意識動向調査（全国約三五〇〇人を対象にアンケートを行うとともに、マスメディア〈地方紙〉との意見交換会、教育関係者、低関心層に対するヒアリングを実施）二一四六・七万円、エネルギー座談会（国と立地地域住民〈一〇名程度〉との意見交換会）一〇五三・一万円、NPO等活動整備事業（原子力・エネルギーに関する情報発信を行っているNPO等への支援）九五八・七万円、情報誌作成・配布（原発・核燃料サイクル施設立地地域の住民向け）二億四五四四・六万円、テレビ等広報番組（青森県等で放射線の理解促進、地域振興、産消交流の番組を制作・放映）一億五〇八四・二万円、シンポジウム・意見交換会（原発・核燃サイクル施設立地地域や、プルサーマルの実施が計画されている地域の住民に対して、シンポジウムや講演会を実施）一億一三九二・一万円、核燃料サイクル施設立地市町村広報対策（首都圏民と青森県六ケ所村民の意見交換会を通じた交流事業）一八四九・二万円、核燃料サイクル施設隣接市町村広報対策（青森県で核燃料サイクルの必要性を説明するイベント、施設見学会、講演会を開催）一億二四九五万円、シンポジウム・新聞広告関連事業（日本経済新聞社と協力して「核燃料サイクルが切り開く未来」と題するシンポジウムを開催し、その結果を日曜版に掲載）二二〇七・一万円、パンフレット作成・配布（「わかる！　プルサーマル」、「プルサーマルってなーに？」など六種類各二万部を作成）一三一二・五万円、雑誌広告（エネルギーや原子力に対する理解を深めるための広告を、ANA機内誌に三回、女性誌『オレンジページ』に二回掲載）二五九三・五万円、地域メディア広報（地域の生活情報誌、タウン誌等を活用した広報）二三八二・二万円、女性向けセミナー・懇談会（女性の視点で捉えたエネルギー・原子力に関するセミナー・懇談会を開催）一六六一・一万円、原子力ポスターコンクール（次世代層を中心に、広く原子力に関するポスターの募集・発表を実施）四三〇〇・四万円、電力生産地・消費地交流事業（小学校高学年を対象に、都市部から原発立地に学童を訪問させ、体験型交流学習を実施。産経新聞が委託下請け）八七八三・八万円、体験型移動展示館（小中高生を対象に、エネルギー・原子力に関する映像・模型・実験装置パネル等を使用した体験型の展示会を実施）一億一六六六・三万円、原子力政策情報提供事業（各界の専門家、学識経験者等から、エネルギーに関する情報の発信源となる人材を発掘し、原子力エネルギーに関する情報の提供・交換・共有を行うための会議を開催する）四八三万円、原子力発電所見学会（全国の教職員、自治体職員等が中心）一七八六・四万円、原子力有識者派遣事業（全国の民間団体が行うエネルギー、環境問題、原子力等をテーマにした講演会等へ講師を派遣）三九九〇万円、即応型情報提供事業（原子力政策の情報をホームページで提供するとともに、新聞、雑誌等への不正確な報道に対応する）一八九七・四万円。神林（二〇一二）、経済産業省ウェブサイト「総合資源エネルギー調査会電気事業分科会原子力部会第二〇回配付資料3（1）」「核燃料サイクル及び国民との相互理解促進・地域共生（平成二一年五月二五日）」（http://www.meti.go.jp/committee/materials2/downloadfiles/g90525b04j.pdf）（二〇一四年一〇月二五日最終確認）。即応型情報提供事業については、朝日新聞「原発とメディア」取材班（二〇一三）、五四一五五頁も参照。

(96) Bachrach and Baratz (1962).

(97) ルークス（一九九五）。権力概念についての解説としては、大嶽・鴨・曽根（一九九六）五九―六二頁、伊藤・田中・真渕（二〇〇〇）、二四―二六頁を参照。

(98) これでも減っていて、二〇〇六年三月期では電力一〇社一〇三七億円、うち東電は二九三億円であった。朝日新聞「原発とメディア」取材班（二〇一三）、二八三、二八七頁。

(99) 小松（二〇一二）、九八―九九頁。

(100) 朝日新聞「原発とメディア」取材班（二〇一三）、三二〇―三二一頁。

(101) 小松（二〇一二）、一一五―一一九頁、朝日新聞「原発とメディア」取材班（二〇一三）、三一〇―三一三頁、加藤（二〇一二）、一三八―一八三頁、グループ・K21（二〇一一d）、共同通信連載企画『日本を創る　原発と国家』第四部「『電力』の覇権」Vol.03「新聞・テレビに浸透」（http://www.47news.jp/47topics/tsukuru/article/post_36.html）（二〇一四年一〇月二七日最終確認）。

(102) 大鹿（二〇一三）、一七―二二頁、朝日新聞「原発とメディア」取材班（二〇一三）、二七九―二八三頁、高橋（二〇一一a）、七〇―七二頁。

(103) 朝日新聞「原発とメディア」取材班（二〇一三）、三一九頁。

(104) 神林（二〇一一）、五二―五三頁。

(105) 上丸（二〇一二）、二八九―二九〇、三三一―三三四、三五四―三五六頁、朝日新聞「原発とメディア」取材班（二〇一三）、二七九―二八〇頁、高橋（二〇一二）、九五―一〇二頁、土井（二〇一一）、一〇一―一〇四頁。

(106) 朝日新聞「原発とメディア」取材班（二〇一三）、二七六―二七八頁、高橋（二〇一二）、一〇二―一〇六頁。

(107) 朝日新聞「原発とメディア」取材班（二〇一三）、五四頁。

(108) 朝日新聞「原発とメディア」取材班（二〇一三）、三一七頁。

(109) 神林（二〇一一）、五三―五四頁、佐々木（二〇一一a）。

(110) 二〇一五年度のNUMOの役員を見ると、理事長は元内閣府原子力委員会委員長の近藤駿介、副理事長は元関電社長の藤洋作、専務理事は経産省から出向してきた西塔雅彦である。常勤の理事には、元中部電力執行役員の宮澤宏行、元日本原子力研究開発機構地層処分研究開発部門長の梅木博之、元東電執行役員の伊藤眞一、元九州電力川内原子力総合事務所副所長の小野剛が、非常勤の理事には、慶應義塾大学商学部教授の井手秀樹、関電執行役員で電事連副会長・最終処分推進本部長の廣江譲が、常勤の監事には、経産省から出向してきた長谷川直之が、非常勤の監事には、日本経済新聞社論説委員や東京工業大学原子炉工学研究所教授を歴任した、科学技術振興機構JST事業主幹の鳥井弘之が、それぞれ就いている。評議員には、大江俊昭（東海大学工学部原子力工学科教授）、児玉敏雄（国立研究開発法人日本原子力研究開発機構理事長）、西川正純（元柏崎市長）、崎田裕子（ジャーナリスト、環境カウンセラー、特定非営利活動法人持続可能な社会をつくる元気ネット理事長）、城山英明（東京大学公共政策大学院教授・院長）、住田裕子（弁護士）、高橋恭平（昭和電工株式会社取締役会長）、田中裕子（フリーアナウンサー、元NHKアナウンサー）、長辻象平（産経新聞社論説委員）、西垣誠（岡山大学大学院環境生命科学研究科特任教授）、東原紘道（東京大学名誉教授、元独立行政法人防災科学技術研究所地震防災フロンティア研究センター長）、八木誠（電事連会長、関電社長）、山地憲治（東京大学名誉教授、公益財団法人地球環境産業技術研究機構理事・研究所長）が名を連ねている。原子力発電環境整備機構（NUMO）ウェブサイト「組織情報」(http://www.numo.or.jp/about_numo/soshiki/)、「新役員の略歴（二〇一四年度）」(https://www.numo.or.jp/about_numo/soshiki/ryakureki.html)、「新役員の略歴（二〇一五年度）」(https://www.numo.or.jp/about_numo/soshiki/ryakureki2015.html)（二〇一六年五月三日最終確認）。

(111) 朝日新聞「原発とメディア」取材班（二〇一三）、三二三―三二四頁、神林（二〇一二）、九二―九四頁、斎藤（二〇一一）、一三―五二頁。

(112) 佐々木（二〇一一a）、六九頁。「フォーラム・エネルギーを考える」のメンバーリスト（二〇一七年六月一六日現在）は、同ウェブサイトに掲載されている(http://www.ett.gr.jp/about/member.html)（二〇一七年九月二五日最終確認）。

(113) 朝日新聞青森総局（二〇〇五）、八八―九一頁。

(114) 高橋（二〇一一b）。

(115) 共同通信連載企画『日本を創る　原発と国家』第四部「『電力』の覇権」Vol. 05「反原発学者を監視」(http://www.47news.jp/47topics/tsukuru/article/post_38.html)（二〇一四年一〇月二一日最終確認）。
(116) 朝日新聞「原発とメディア」取材班（二〇一三）、三五九—三六二頁。
(117) これは、二〇〇一年に科技庁が文部省に吸収されたことで、旧科技庁の官僚が教育現場への影響力を得たためだとも考えられる。
(118) 斎藤（二〇一一）、五二—五九頁、秋元（二〇一四）、二〇二頁、共同通信連載企画『日本を創る　原発と国家』第四部「『電力』の覇権」Vol. 05「反原発学者を監視」(http://www.47news.jp/47topics/tsukuru/article/post_38.html)（二〇一四年一〇月二一日最終確認）、（財）日本生産性本部・エネルギー環境教育情報センター（二〇一〇）、三〇頁。

第6章

(1) 大鹿（二〇一三）、二〇八頁、安西（二〇一二）、九八頁。
(2) 遠藤（二〇一三）、一四二—一四三頁、安西（二〇一二）、九九頁。
(3)『日本経済新聞電子版』二〇一一年六月二〇日付。
(4)『朝日新聞デジタル』二〇一一年五月三一日付。
(5) 安西（二〇一二）、九九頁。
(6) 遠藤（二〇一三）、一四二—一四三頁、『日本経済新聞』二〇一一年四月二九日付朝刊。
(7) 大鹿（二〇一三）、二〇八—二一一頁、遠藤（二〇一三）、一四三頁、安西（二〇一二）、一〇九—一一二頁。
(8) 大鹿（二〇一三）、二一一—二一六頁、遠藤（二〇一三）、一四三頁、安西（二〇一二）、一一二—一一三頁、『日本経済新聞』二〇一一年五月二九日付朝刊。なお町田徹は、三月二五日の奥・松永会談を受けて各行が融資を決めたという見方に対し、三月二三日には緊急融資をめぐる関係者の調整は済んでおり、二五日の会談は、「交渉や意見調整と言うよりも、緊急融資決定に関するお礼の挨拶の色彩が強かった」（大手紙経済記者）という見立てが正しいだろうと論じている。町田（二〇一二）、三三一—三四頁。
(9) 大鹿（二〇一三）、二二二—二二五頁。
(10) 大鹿（二〇一三）、二二二—二二三、二二七—二二〇頁、国会会議録検索システム (http://kokkai.ndl.go.jp/)（二〇一六年三月三一日最終確認）。
(11) ＮＨＫ ＥＴＶ特集取材班（二〇一三）、一三一—一三七頁。なお原子力損害賠償法制定の経緯については、遠藤（二〇一三）、第一章、にまとめられているのだが、引用に誤りや歪曲のあることが指摘されているため、ここでは参照しなかった。朴・大島（二〇一六）を参照。

(12) 仙谷（二〇一三）、六八、七八―八六頁。遠藤典子によると、支援スキーム策定に関わった官僚たちも、当初から免責条項の適用は不可能だと判断していたという。東電の過失がなかったとはとても断定し得ない状況であったため、東電を免責すると、東電の過失責任を追及する訴訟が続発し、東電の経営がさらなる混乱に陥ると危惧したのである。ある政策担当者は、「免責条項を適用したら、訴訟の頻発による混乱で東京電力は潰れる」と「言い切った」という。遠藤（二〇一三）、一六〇―一六一頁。

(13) 大鹿（二〇一三）、二二四―二二九頁。

(14) 大鹿（二〇一三）、二二九―二三四頁、町田（二〇一二）、三七―三八頁。

(15) 大鹿（二〇一三）、二三四―二四一頁。一方で日本経済新聞は、森信親・金融庁審議官が三井住友銀行に、「電力の安定供給を確保しながら金融市場の不安を払拭し、しかも東電が賠償を続けられるよう上場を維持する策はないか」と打診し、三井住友銀行から上がってきた案を、産業再生機構設立時の部下にあたる山下に見せ、協議の結果、できたプランだと報じている。『日本経済新聞電子版』二〇一一年五月二九日付、安西（二〇一二）、一一四―一一五頁。

(16) 町田（二〇一二）、四〇―四一頁。

(17) 安西（二〇一二）、一三六―一三八頁。

(18) 勝栄二郎・財務事務次官は、東電を破綻させず、国有化しないことには同意したものの、東電の賠償負担に上限を設けることには反対していたという。『日本経済新聞電子版』二〇一一年五月二九日付、安西（二〇一二）、一一四―一一五頁。

(19) 大鹿（二〇一三）、二四三―二四七頁、仙谷（二〇一三）、八六―八七頁。

(20) 以下、官僚たちが東電を存続させた理由については、遠藤（二〇一三）、一四四―一四五頁。

(21) この点に関し遠藤典子は、政策担当者は「電力版システミック・リスク」を恐れたと論じる。九電力会社が発行する電力債の発行残高（国内債）は、二〇一一年三月期で総額一二兆九八九八億円、社債市場全体の二〇・九パーセントに上っていた。また電力債は、電気事業法によって社債権者に優先弁済権が与えられており、国債に準じる信用を得て、他の事業会社の社債の信用力判定の目安ともなっていた。このため、東電への会社更生法の適用によって電力債の信用が大きく低下してしまうと、電力会社の資金調達が難しくなり、資金繰りが行き詰まると判断したという。遠藤（二〇一三）、一七七―一七八頁。

(22) 遠藤典子によると政策担当者たちは、損害賠償や廃炉費用の総額が確定できず、更生計画案の作成に長い期間を要するため、迅速かつ適切な損害賠償を行うことがきわめて難しくなるとして、会社更生法の適用は回避すべきと考えたという。遠藤（二〇一三）、一六九―一八〇、二一二頁。

(23) 安西（二〇一二）、一一三―一一四、一一六、一二二―一二三頁、『日経ビジネス』二〇一三年一二月二日号、四三頁。

(24) 四月二〇日の予定を五月二〇日に延期していた。町田（二〇一二）、五八頁。

(25) 特別負担金は、賠償金の支払いや、電力の安定供給のための設備投資、燃料調達など、業務運営上で必要な支出を除いた収益の範囲内から、できるだけ高い額を支払うとされ、年度ごとに金額は変わる。このため原子力損害賠償支援機構が、当該決算期の利益処分を対象として、東電の事業効率化、経費削減などリストラ努力をチェックして特別負担金の納付額を決めることになった。実際には、東電が黒字となった二〇一三年度から支払いが開始された。

(26) ある財務官僚は、政府が賠償の責任を負わずに、支援機構を設置して東電を賠償の主体としたことについて、「政府は政治的なプレッシャーに弱い。東電ではなく、政府が表に出てやっていたら賠償はとっくの昔に一〇兆円を超えていただろう」と説明している。朝日新聞経済部（二〇一三）、一四―一五頁。遠藤典子も、財務省は、「大きな政府」を志向する民主党政権では、賠償額が際限なく膨らむ救済措置を採用してしまうのではないかと危惧したと論じている。ある政策担当者は、「支援機構スキームの設計の根底には、われわれの政治に対する不信がある」と語っていたという。遠藤（二〇一三）、一六二―一六三頁。

(27) 以上、東電支援スキームの内容およびその策定過程については、大鹿（二〇一三）、二四三―二五三、二九〇頁。

(28) 齊藤（二〇一五）、二六―三〇頁。

(29) 仙谷（二〇一三）、八六―八八頁。

(30) 遠藤典子によると、官僚たちも会社更生法を適用した場合、事故収束作業に大きな支障をきたすおそれがあると懸念していたという。事故現場での作業は、常駐する東電社員の指示を受け、複数の取引先企業の社員が担当していた。だが会社更生手続きに入ると、債権債務関係の整理が、裁判所の判断にしたがって、管財人・会社と取引先企業（債権者）との間で行われることになるため、東電と現場の取引先企業との債権債務関係が切れてしまうことも起き得たというのである。遠藤（二〇一三）、一七八頁。

(31) 以上、仙谷の判断については、仙谷（二〇一三）、八八—九五、一九〇—一九一頁。

(32) 大鹿（二〇一三）、二八四—二八七頁。

(33) 町田（二〇一二）、五九—六〇頁、国会会議録検索システム（http://kokkai.ndl.go.jp/）（二〇一六年四月八日最終確認）。

(34) 大鹿（二〇一三）、二八七—二八九頁。

(35) 遠藤（二〇一三）、一八〇頁。

(36) 47News ウェブサイト　共同通信連載企画『日本を創る　原発と国家』番外編「原子力の戦後史を聞く」Vol. 01「(上) 与謝野馨元通産相」(http://www.47news.jp/47topics/tsukuru/article/post_70.html)（二〇一七年一〇月二五日最終確認）。

(37) 大鹿（二〇一三）、二八九—二九五頁、仙谷（二〇一三）、九〇—九一頁。

(38) 遠藤典子によると、東電支援スキームを策定した官僚たちは、銀行に債権放棄を行わせると、東電が融資先として不良債権化しているということになって、それ以降の新規融資が難しくなり、その後の東電の資金調達に支障をきたすと考えたという。遠藤（二〇一三）、一八四頁。

(39) 以上、大鹿（二〇一三）、二九五—三〇三頁。

(40) 仙谷（二〇一三）、九六—九八頁。なお勝俣会長は、免責の主張を放棄した理由を次のように説明している。弁護士からは免責を主張して法的に勝つ可能性はあると言われたものの、損害賠償を求める被災者相手に免責を主張して裁判を戦った場合、判決が確定するまで数年はかかる。その間、東電に対して社会的糾弾が激しくなり、銀行も融資を行わなくなるかもしれず、結果、経営破綻に至る可能性がある。だから免責を主張し続けることは難しいと考えたというのである。『日本経済新聞電子版』二〇一二年六月二六日付、遠藤（二〇一三）、一六一—一六二頁。安西巧は、勝俣のこの発言をもとに、東電の経営陣は免責を主張することで自分たちへの風当たりが強まることを恐れたと推測している。というのも、北海道拓殖銀行や日本長期信用銀行、日本債券信用銀行など、経営破綻して、その処理に国費が使われた金融機関の経営陣は、刑事責任を問われることになったからである。そのため東電の経営陣も、経営破綻に追い込まれれば、刑事事件で裁かれる可能性があると考えたのではないかというのである。安西（二〇一二）、一〇六—一〇七頁。

(41) 大鹿（二〇一三）、三〇三―三〇五頁。
(42) 町田（二〇一二）、八六―八七頁。
(43) 仙谷（二〇一三）、九八頁、町田（二〇一二）、七一―七四頁。
(44) 大鹿（二〇一三）、三〇五―三〇六頁。
(45) 町田（二〇一二）、六一―六七頁。官僚たちは電力会社に対し、機構に負担金を拠出するのは、電力版システミック・リスクの発生を回避するためと考えれば、企業価値の低下を防ぐもので株主利益には反しないとして、その受け入れを説得したという。遠藤（二〇一三）、一九三―一九四頁。
(46) 大鹿（二〇一三）、四六五―四六八頁。
(47) 大鹿（二〇一三）、四二七―四三一頁。
(48) 『朝日新聞』二〇一六年一月一一日付朝刊、朝日新聞経済部（二〇一三）、一六頁、原子力損害賠償・廃炉等支援機構ウェブサイト「賠償支援」「業務の概要」（http://www.ndf.go.jp/gyomu/gyoumu_gaiyou.html）（二〇一七年九月二六日最終確認）。
(49) 大鹿（二〇一三）、一八七―一九二頁、太田（二〇一四）、五―六頁、菅（二〇一二）、一五〇―一五二頁、菅（二〇一四）、二九―三二頁、自然エネルギー研究会（二〇一二）、六九―七〇頁。
(50) 東電側は、全面撤退を申し出てはいないと主張している。
(51) 菅（二〇一二）、一一八―一二〇頁。
(52) 菅（二〇一二）、一五二―一五四頁、大鹿（二〇一三）、三三九―三四〇頁。
(53) 小森（二〇一三）、一三六―一四六頁、大鹿（二〇一三）、三二六―三三五頁。
(54) 仙谷（二〇一三）、一二六―一二七頁。
(55) 菅（二〇一二）、一五五―一五八頁、大鹿（二〇一三）、三〇八―三二六頁、小森（二〇一三）、一五五―一五六頁。
(56) 菅（二〇一二）、一五八―一五九頁、大鹿（二〇一三）、三三六―三四〇頁。
(57) 大鹿（二〇一三）、三五六―三六一頁。
(58) 大鹿（二〇一三）、三三三―三三四、四〇一―四〇四頁。
(59) 大鹿（二〇一三）、四〇六頁、小森（二〇一三）、一五七―一五九頁。
(60) 山岡（二〇一五）、一一八―一一九頁。
(61) 大鹿（二〇一三）、三六一―三六六頁、小森（二〇一三）、一四一―一四三頁。その後、木村は六月二二日付で官房付となり、七月七日には日本経済新聞が、木村がエルピーダメモリの資本増強策が公表される前に、同社株のインサイダー取引を行っていた疑いを報じる。木村は、NECエレクトロニクスとルネサステクノロジの合併計画公表前に、NECエレクトロニクスの株を計五〇〇〇株、エルピーダメモリの再建策の公表前にも、同社株計三〇〇〇株を買い付けており、このことがインサイダー取引にあたるとされたのである。木村は、二〇一二年二月に起訴され、休職する。結局、二〇一六年一一月に最高裁は、インサイダー取引が成立するとして、木村の上告を棄却し、懲役一年六月、執行猶予三年などとした一、二審判決が確定した。『日本経済新聞電子版』二〇一六年一一月三〇日付。

(62) 大鹿（二〇一三）、三六八頁。

(63) 大鹿（二〇一三）、一二三―一二九、三七五―三九五頁、菅（二〇一二）、一六〇―一六二頁、菅（二〇一四）、一〇六―一一三頁、安西（二〇一二）、一八四―一九一頁。

(64) 菅（二〇一二）、一七〇頁。

(65) 大鹿（二〇一三）、四一〇―四二七頁、菅（二〇一二）、一七〇―一七三頁。さらに九電社内では、第三者委員会委員長の郷原信郎・弁護士や枝野経産相を誹謗中傷する内容のブログを印刷したものが大量に撒かれた。さらに一〇月末からは、社内のネットワーク・セキュリティを緩めて、そのブログを社内のパソコンで勤務中に閲覧できるようにしていた。九電の「やらせメール」問題での常軌を逸した対応については、安西（二〇一二）、一三九―一四九頁も参照

(66) 朝日新聞経済部（二〇一三）、九三―九六頁、『朝日新聞』二〇一一年一〇月一日付朝刊。その他の原子力安全・保安院原子力安全広報課による「やらせ」の実態については、秋元（二〇一四）、二三一―二三四頁を参照。

(67) 菅（二〇一二）、一七三―一七七頁、大鹿（二〇一三）、四三一―四三二頁、自然エネルギー研究会（二〇一二）、六九―七二頁、町田（二〇一二）、八四―八五頁。

(68) 菅（二〇一二）、一七九―一八〇頁。

(69) 47Newsウェブサイト　共同通信連載企画『日本を創る　原発と国家』第六部「原子力マネー」Vol.01「原発輸出の内幕」(http://www.47news.jp/47topics/tsukuru/article/post_58.html)（二〇一六年二月一九日最終確認）。

(70) 安西（二〇一二）、八三―八七頁、経済産業省ウェブサイト「調達価格等算定委員会」(http://www.meti.go.jp/committee/gizi_000015.html)（二〇一六年五月八日最終確認）。

参考文献一覧

日本語文献

青山寿敏（二〇一五）「福島第一原発の汚染水問題」『調査と情報』第八三九号（国立国会図書館 ISSUE BRIEF NUMBER 839（2015.1.8.））(http://dl.ndl.go.jp/view/download/digidepo_8891268_po_0839.pdf?contentNo=1)。

秋元健治（二〇一四）『原子力推進の現代史――原子力黎明期から福島原発事故まで』現代書館。

秋吉貴雄（二〇一六）「原子力安全規制の政治過程――行政体制再構築における政策学習」辻中豊編『震災に学ぶ社会科学 第一巻――政治過程と政策』東洋経済新報社、一一五―一三四頁。

浅野一弘（二〇一一）「民主党と危機管理――東日本大震災を中心に」『季刊行政管理研究』第一三六号（二〇一一年一二月）、一―三二頁。

朝日新聞青森総局（二〇〇五）『核燃マネー――青森からの報告』岩波書店。

朝日新聞経済部（二〇一三）『電気料金はなぜ上がるのか』岩波書店。

朝日新聞「原発とメディア」取材班（二〇一三）『原発とメディア2――3・11責任のありか』朝日新聞出版。

朝日新聞特別報道部（二〇一四）『原発利権を追う――電力をめぐるカネと権力の構造』朝日新聞出版。

有馬哲夫（二〇〇八）『原発・正力・CIA――機密文書で読む昭和裏面史』新潮社。

有馬哲夫（二〇一二）『原発と原爆――「日・米・英」核武装の暗闘』文藝春秋。

有森隆（二〇一一）「経団連奥の院『原発シンジケート』の闇　東電&電事連『財界』『政界』支配の暗黒史」『別冊宝島1796　日本を脅かす！原発の深い闇――東電・政治家・官僚・学者・マスコミ・文化人の大罪』宝島社、一五〇―一五六頁。

安西巧（二〇一二）『さらば国策産業――「電力改革」450日の迷走と失われた60年』日本経済新聞出版社。

石橋克彦（二〇一一）「まさに『原発震災』だ――『根拠なき自己過信』の果てに」『世界』二〇一一年五月号、一二六―一三三頁。

磯村健太郎、山口栄二（二〇一三）『原発と裁判官――なぜ司法は「メルトダウン」を許したのか』朝日新聞出版。

一ノ宮美成、グループ・K21（二〇一一）「国民が大量被曝しても頭の中は『カネ』と『票』　原発再稼働で蠢く！永田町の罪深き『原発族』――その全実名」『別冊宝島1796　日本を脅かす！原発の深い闇――東電・政治家・官僚・学者・マスコミ・文化人の大罪』宝島社、七八―八六頁。

伊藤博敏（二〇一一）「5年、10年後を見据えた政界工作が始まった！〝怪物〟東電に飲み込まれる野田民主党」『別冊宝島1821　日本を破滅させる！原発の深い闇2――国民の被曝を隠蔽する政官財メディアの犯罪』宝島社、八八―九三頁。

伊藤正次（二〇〇三）『日本型行政委員会制度の形成――組織と制度の行政史』東京大学出版会。

伊藤光利（一九八八）「大企業労使連合の形成」『レヴァイアサン』二号、五三―七〇頁。

伊藤光利・田中愛治・真渕勝（二〇〇〇）『政治過程論』有斐閣。

内橋克人（一九八六）『原発への警鐘』講談社。

NHK　ETV特集取材班（二〇一三）『原発メルトダウンへの道――原子力政策研究会100時間の証言』新潮社。

「NHKスペシャル」取材班（二〇一二）『〝核〟を求めた日本――被爆国の知られざる真実』光文社。

遠藤典子（二〇一三）『原子力損害賠償制度の研究――東京電力福島原発事故からの考察』岩波書店。

大鹿靖明（二〇一三）『メルトダウン――ドキュメント福島第一原発事故』講談社（文庫版）。

太田昌克（二〇一四）『日米〈核〉同盟――原爆、核の傘、ヒロシマ』岩波書店。

太田昌克（二〇一五）『日本はなぜ核を手放せないのか――「非核」の死角』岩波書店。

大嶽秀夫（一九九六）『増補新版　現代日本の政治権力経済権力――政治における企業・業界・財界』三一書房。

大嶽秀夫、鴨武彦、曽根泰教（一九九六）『政治学』有斐閣。

大西康之（二〇一七）『東芝 原子力敗戦』文藝春秋。

大山耕輔（一九九六）『行政指導の政治経済学――産業政策の形成と実施』有斐閣。

奥山俊宏（二〇一四）「内部告発者」朝日新聞特別報道部『プロメテウスの罠8――決して忘れない！ 原発事故の悲劇』学研パブリッシング、五三―一一一頁。

小此木潔（二〇一二）「脱原発の攻防」朝日新聞特別報道部『プロメテウスの罠2――検証！ 福島原発事故の真実』学研パブリッシング、二三九―二六七頁。

小澤祥司（二〇一六）『電力自由化で何が変わるか』岩波書店。

小和田三郎（二〇一一）「特捜部に事情聴取されていた東電・荒木浩元会長 検察が追いかけた幻の『東電首脳背任疑惑』」『別冊宝島1796 日本を脅かす！原発の深い闇――東電・政治家・官僚・学者・マスコミ・文化人の大罪』宝島社、一〇六―一一一頁。

恩田勝亘（二〇一一）『東京電力 帝国の暗黒』（初版第2刷）七つ森書館。

海渡雄一（二〇一一）『原発訴訟』岩波書店。

海渡雄一編（二〇一四）『反原発へのいやがらせ全記録――原子力ムラの品性を嗤う』明石書店。

加藤久晴（二〇一二）『原発テレビの荒野――政府・電力会社のテレビコントロール』大月書店。

加納時男（二〇一〇）『三つの橋を架ける――国政参画十二年の挑戦』日本電気協会新聞部。

菅直人（二〇一二）『東電福島原発事故 総理大臣として考えたこと』幻冬舎。

菅直人（二〇一四）『菅直人「原発ゼロ」の決意――元総理が語る福島原発事故の真実』七つ森書館。

神林広恵（二〇一一）「誰も書けなかったテレビ・新聞・雑誌の腐敗 東電広告&接待に買収されたマスコミ原発報道の舞台裏！」『別冊宝島1796 日本を脅かす！原発の深い闇――東電・政治家・官僚・学者・マスコミ・文化人の大罪』宝島社、五〇―五七頁。

神林広恵（二〇一二）「血税を使った国民洗脳 やらせ官庁『経産省資源エネルギー庁』原発推進PRの大罪」一ノ宮美成、小出裕章、鈴木智彦、広瀬隆ほか『原発再稼働の深い闇』宝島社、七六―九四頁。

北山俊哉（二〇〇八）「原子力監督体制の刷新」真渕勝、北山俊哉編『政界再編時の政策過程』慈学社、一二八―一三五頁。

北山俊哉（二〇一一）『福祉国家の制度発展と地方政府――国民健康保険の政治学』有斐閣。

橘川武郎（二〇〇四）『日本電力業発展のダイナミズム』名古屋大学出版会。

橘川武郎（二〇一一）『東京電力　失敗の本質――「解体と再生」のシナリオ』東洋経済新報社。

グループ・K21（二〇一一a）「原発マネーと政治①徹底調査！　自民党の政治資金団体に電力9社役員が1億円をダミー献金！」『別冊宝島1796　日本を脅かす！原発の深い闇――東電・政治家・官僚・学者・マスコミ・文化人の大罪』宝島社、八七―九一頁。

グループ・K21（二〇一一b）「原発マネーと政治②初公開！　民主党議員に献金される全国電力系労組の莫大な組合費！」『別冊宝島1796　日本を脅かす！原発の深い闇――東電・政治家・官僚・学者・マスコミ・文化人の大罪』宝島社、九二―九五頁。

グループ・K21（二〇一一c）「電力会社による霞が関支配の尖兵　初公開リスト！経産省・文科省・内閣官房に『天上がり』する電力会社社員」『別冊宝島1796　日本を脅かす！原発の深い闇――東電・政治家・官僚・学者・マスコミ・文化人の大罪』宝島社、九六―九七頁。

グループ・K21（二〇一一d）「関西電力『大阪毎日放送圧力事件』の真相」『別冊宝島1821　日本を破滅させる！原発の深い闇2――国民の被曝を隠蔽する政官財メディアの犯罪』宝島社、五三頁。

原子力資料情報室編（二〇一七）『原子力市民年鑑2016-17』七つ森書館。

小松公正（二〇一二）『原発にしがみつく人びとの群れ――原発利益共同体の秘密に迫る』新日本出版社。

小森敦司（二〇一三）「原発維持せよ」朝日新聞特別報道部『プロメテウスの罠5――福島原発事故、渾身の調査報道』学研パブリッシング、一三五―一七四頁。

小森敦司（二〇一四）「原発のごみ」朝日新聞特別報道部『プロメテウスの罠8――決して忘れない！　原発事故の悲劇』学研パブリッシング、一―五二頁。

小森敦司（二〇一六）『日本はなぜ脱原発できないのか――「原子力村」という利権』平凡社。

斎藤貴男（二〇一一）『民意のつくられかた』岩波書店。

斎藤貴男（二〇一二）『「東京電力」研究　排除の系譜』講談社。

齊藤誠（二〇一五）『震災復興の政治経済学――津波被災と原発危機の分離と交錯』日本評論社。

（財）日本生産性本部・エネルギー環境教育情報センター（制作）（二〇一〇）『チャレンジ！　原子力ワールド――中学生のためのエネルギー副読本』文部科学省・経済産業省資源エネルギー庁（発行）。

桜井淳（二〇一一）『原発裁判』潮出版社。

佐々木奎一（二〇一一a）「読売新聞、週刊新潮、ソトコト、月刊ＷｉＬＬ、潮……週刊誌・新聞の『東電広告』出稿頻度ワーストランキング！」『別冊宝島１７９６　日本を脅かす！原発の深い闇――東電・政治家・官僚・学者・マスコミ・文化人の大罪』宝島社、六四―六九頁。

佐々木奎一（二〇一一b）「東大・京大・阪大への情報公開請求で発覚　御用学者が受け取った原子力産業の巨額寄付金！」『別冊宝島１７９６　日本を脅かす！原発の深い闇――東電・政治家・官僚・学者・マスコミ・文化人の大罪』宝島社、一〇二―一〇四頁。

佐々木奎一（二〇一一c）「国民が気づかない世論工作①『読売新聞』に原発推進広告を出す『地球を考える会』の資金源」『別冊宝島１８２１　日本を破滅させる！原発の深い闇２――国民の被曝を隠蔽する政官財メディアの犯罪』宝島社、六九―七一頁。

佐高信（二〇一四）『原発文化人50人斬り』光文社。

佐藤栄佐久（二〇〇九）『知事抹殺――つくられた福島県汚職事件』平凡社。

塩崎恭久（二〇一一）『「国会原発事故調査委員会」立法府からの挑戦状』東京プレスクラブ。

塩崎恭久（二〇一二）『ガバナンスを政治の手に――「原子力規制委員会」創設への闘い』東京プレスクラブ。

自然エネルギー研究会（二〇一二）『菅直人の自然エネルギー論――嫌われ総理の置き土産』マイナビ。

嶋理人（二〇一二）「一九三一年改正電気事業法体制の特徴と変質――京成電気軌道の東京電灯千葉区域譲受問題をめぐって」『歴史と経済』第二一七号（二〇一二年一〇月）、二八―四二頁（https://www.jstage.jst.go.jp/article/rekishitokeizai/55/1/55_KJ00008274405/_pdf）。

清水真人（二〇一五）『財務省と政治――「最強官庁」の虚像と実像』中央公論新社。

志村嘉一郎（二〇一一）『東電帝国　その失敗の本質』文藝春秋。

上丸洋一（二〇一二）『原発とメディア――新聞ジャーナリズム2度目の敗北』朝日新聞出版。

城山英明（二〇一二）「原子力安全規制――戦後体制の修正・再編成とそのメカニズム」森田朗、金井利之編著『政策変容と制度設計――政界・省庁再編前後の行政』ミネルヴァ書房、二六三―二八八頁。

新藤宗幸（二〇一二）『司法よ！お前にも罪がある――原発訴訟と官僚裁判官』講談社。

鈴木健（一九八三）『電力産業の新しい挑戦――激動の10年を乗り越えて』日本工業新聞社。

鈴木真奈美（二〇一四）『日本はなぜ原発を輸出するのか』平凡社。

仙谷由人（二〇一三）『エネルギー・原子力大転換――電力会社、官僚、反原発派との交渉秘録』講談社。

添田孝史（二〇一四）『原発と大津波　警告を葬った人々』岩波書店。

添田孝史（二〇一六）「葬られた津波予測、次々と見つかる新事実」『科学』二〇一六年三月号（八六巻三号）、二四〇―二四五頁。

高橋篤史（二〇一一a）「労働運動の元闘士から暴力団に繫がる会員制情報誌主宰者まで　東電の『裏マスコミ対策』に暗躍した業界人たち」『別冊宝島1796　日本を脅かす！原発の深い闇――東電・政治家・官僚・学者・マスコミ・文化人の大罪』宝島社、七〇―七六頁。

高橋篤史（二〇一一b）「国民が気づかない世論工作②　電力会社のお抱え女性団体、NPOにご用心！――持続可能な社会をつくる元気ネット、あすかエネルギーフォーラム」『別冊宝島1821　日本を破滅させる！原発の深い闇2――国民の被曝を隠蔽する政官財メディアの犯罪』宝島社、七二―七四頁。

高橋篤史（二〇一二）「原子力文化振興財団、電力中央研究所ほか　原子力ムラの公益法人に〝天下り〟した新聞社幹部たちの実名」一ノ宮美成、小出裕章、鈴木智彦、広瀬隆ほか『原発再稼働の深い闇』宝島社、九五―一一二頁。

田川寛之（二〇一六）「震災発生後の東京電力と政治」辻中豊編『震災に学ぶ社会科学　第一巻――政治過程と政策』東洋経済新報社、二〇三―二二九頁。

竹内敬二（二〇一三）『電力の社会史――何が東京電力を生んだのか』朝日新聞出版。

武田悠（二〇一五）『「経済大国」日本の対米協調――安保・経済・原子力をめぐる試行錯誤、一九七五～一九八一年』

ミネルヴァ書房。

谷江武士（二〇一五）「電力会社の廃炉会計と電気料金」『名城論叢』第一五巻特別号、一九―三四頁（http://wwwbiz.meijo-u.ac.jp/SEBM/ronso/no15_s/07_TANIE.pdf）。

田原総一朗（二〇一一）『ドキュメント東京電力――福島原発誕生の内幕（新装版）』文藝春秋。

中日新聞社会部編（二〇一三）『日米同盟と原発――隠された核の戦後史』東京新聞。

寺澤有（二〇一一）「脱原発運動の取締まりで活気づく『警備・公安警察』 電力会社は警察の優良天下り先」『別冊宝島1796 日本を脅かす！原発の深い闇――東電・政治家・官僚・学者・マスコミ・文化人の大罪』宝島社、一一八―一二三頁。

土井淑平（二〇一一）『原子力マフィア――原発利権に群がる人々』編集工房 朔。

東京新聞原発事故取材班（二〇一二）『レベル７――福島原発事故、隠された真実』幻冬舎。

中田潤（二〇一一ａ）「北野武、大前研一、勝間和代、茂木健一郎……ｅｔｃ．『原発文化人』の妄言メッタ斬り！」『別冊宝島1796 日本を脅かす！原発の深い闇――東電・政治家・官僚・学者・マスコミ・文化人の大罪』宝島社、五八―六三頁。

中田潤（二〇一一ｂ）「世論誘導の中枢は新聞人だらけ 57年前からあった『やらせ』！ 原発推進『世論操作』の腐った歴史」『別冊宝島1821 日本を破滅させる！原発の深い闇２――国民の被曝を隠蔽する政官財メディアの犯罪』宝島社、五四―六一頁。

中野洋一（二〇一五）『世界の原発産業と日本の原発輸出』明石書店。

西岡晋（二〇一四）「政策研究に『時間を呼び戻す』――政策発展論の鉱脈」『季刊行政管理研究』第一四五号（二〇一四年三月）、一六―三〇頁。

朴勝俊、大島堅一（二〇一六）「遠藤典子氏『原子力損害賠償制度の研究』第一章に見られる欠陥の一端」ＮＧＯ e-みらい構想ウェブサイト（https://e-miraikousou.jimdo.com/）。

樋口健二（二〇一一）『新装改訂 原発被曝列島』三一書房。

ピアソン、ポール［粕谷祐子監訳］（二〇一〇）『ポリティクス・イン・タイム――歴史・制度・社会分析』勁草書房

(Paul Pierson 〈2004〉 *Politics in Time: History, Institutions, and Social Analysis.* Princeton University Press)。

本田宏（二〇〇五）『脱原子力の運動と政治——日本のエネルギー政策の転換は可能か』北海道大学図書刊行会。

本田宏（二〇一四）「政治の構造」本田宏、堀江孝司編著『脱原発の比較政治学』法政大学出版局、七一―八九頁。

本間龍（二〇一六）『原発プロパガンダ』岩波書店。

前田史郎（二〇一五）「検証もんじゅ」朝日新聞特別報道部『プロメテウスの罠9——この国に本当に原発は必要なのか!?』学研パブリッシング、二六九―三〇五頁。

町田徹（二〇一二）『東電国有化の罠』筑摩書房。

三宅勝久（二〇一一）『日本を滅ぼす電力腐敗』新人物往来社。

宮崎知己（二〇一二）「ロスの灯り」『プロメテウスの罠2——検証！福島原発事故の真実』学研パブリッシング、九七―一五一頁。

宮本太郎（二〇〇八）『福祉政治——日本の生活保障とデモクラシー』有斐閣。

森功（二〇一五）「首相を振りつける豪腕秘書官研究」『文藝春秋』二〇一五年一二月号、二九二―三〇一頁。

山岡淳一郎（二〇一一）『原発と権力——戦後から辿る支配者の系譜』筑摩書房。

山岡淳一郎（二〇一五）『日本電力戦争——資源と権益、原子力をめぐる闘争の系譜』草思社。

山口聡（二〇〇七）「電力自由化の成果と課題——欧米と日本の比較」『調査と情報』第五九五号（国立国会図書館ISSUE BRIEF NUMBER 595（2007. 9. 25.））(http://www.ndl.go.jp/jp/diet/publication/issue/0595.pdf)。

吉岡斉（二〇一一）『新版　原子力の社会史——その日本的展開』朝日新聞出版。

依光隆明（二〇一二）「原始村に住む」朝日新聞特別報道部『プロメテウスの罠2——検証！福島原発事故の真実』学研パブリッシング、一一―四四頁。

李策（二〇一二）「手放しでは喜べない『再生エネ法』の成立　電事連&永田町〝自然エネルギー潰し〟の手口」一ノ宮美成、小出裕章、鈴木智彦、広瀬隆ほか『原発再稼働の深い闇』宝島社、一七九―一九七頁。

ルークス、スティーブン［中島吉弘訳］（一九九五）『現代権力論批判』未来社（Steven Lukes 〈1974〉 *Power: A Radical View.* Macmillan Press)。

英語文献

Bachrach, Peter, and Morton S. Baratz (1962) "Two Faces of Power." *The American Political Science Review* 56 (4): 947–52.

Crenson, Matthew A. (1972) *Unpolitics of Air Pollution: Study of Non-decision Making in the Cities*. Johns Hopkins University Press.

Derthick, Martha, and Paul J. Quirk (1985) *The Politics of Deregulation*. Brookings Institution Press.

Hacker, Jacob S. (2005) "Policy Drift: The Hidden Politics of US Welfare State Retrenchment." In *Beyond Continuity: Institutional Change in Advanced Political Economies*. ed. Wolfgang Streeck and Kathleen Thelen. Oxford University Press, pp. 40–82.

Hacker, Jacob S., Paul Pierson, and Kathleen Thelen (2015) "Drift and Conversion: Hidden Faces of Institutional Change." In *Advances in Comparative-Historical Analysis*. ed. James Mahoney and Kathleen Thelen. Cambridge University Press, pp. 180–208.

Kato, Junko (2003) *Regressive Taxation and the Welfare State: Path Dependence and Policy Diffusion*. Cambridge University Press.

Pierson, Paul (1994) *Dismantling the Welfare State?: Reagan, Thatcher, and the Politics of Retrenchment*. Cambridge University Press.

著者紹介

上川 龍之進（かみかわ りゅうのしん）

1976年生まれ。京都大学法学部を卒業。京都大学大学院法学研究科博士後期課程を修了，博士（法学）を取得。日本学術振興会特別研究員，愛媛大学法文学部助手，講師などを経て，
現在：大阪大学大学院法学研究科教授。専門は政治過程論。
主著：『日本銀行と政治――金融政策決定の軌跡』（中公新書，2014年），『小泉改革の政治学――小泉純一郎は本当に「強い首相」だったのか』（東洋経済新報社，2010年），『経済政策の政治学――90年代経済危機をもたらした「制度配置」の解明』（東洋経済新報社，2005）など。

電力と政治（上）
日本の原子力政策 全史

2018年 2月20日 第1版第1刷発行
2018年10月20日 第1版第3刷発行

著 者 上《かみ》川《かわ》龍《りゆう》之《の》進《しん》
発行者 井 村 寿 人

発行所 株式会社 勁《けい》草《そう》書 房

112-0005 東京都文京区水道2-1-1 振替00150-2-175253
（編集）電話03-3815-5277 FAX 03-3814-6968
（営業）電話03-3814-6861 FAX 03-3814-6854
精興社・松岳社

ISBN978-4-326-35172-5 Printed in Japan

事項索引

ア 行

カ　行

サ 行

タ 行

ナ　行

ハ 行

マ　行

ヤ　行

ラ　行

ワ　行

アルファベット

人名索引

ア　行

カ　行

サ　行

タ　行

ナ　行

ハ　行

マ　行

ヤ　行

ラ　行

ワ　行